JN000118

キャラクタアニメーションの数理とシステム

3次元ゲームにおける
―身体運動生成と人工知能―

博士（工学） 向井 智彦
博士（工学） 川地 克明 【共著】
三宅陽一郎

コロナ社

ま え が き

本書は，インタラクティブな3次元コンピュータグラフィックス（3次元CG）の映像における，キャラクタの動きを生成する技術に焦点をあてた教科書である。対象とする読者は3次元CGの数理的な基礎知識を持つことを前提とし，動的なキャラクタアニメーションを担うソフトウェアシステムに必要な技術要素とその構成方法について，初めて学ぶことを想定している。

現在，3次元CGは映画やテレビコマーシャルなどの映像を作成する手段として広く利用されている。また，プレイヤの対話的な操作入力によって映像を動的に変化させることを目的として，ビデオゲームやバーチャルリアリティシステムといったソフトウェアにも応用されている。エンターテインメント作品では人間や動物に類する形態の魅力的なキャラクタがCG映像中に登場し，こうしたキャラクタは作品の表現を支える中心的な働きをする。

計算機の演算処理能力向上により，近年ではCG映像の中で高度に実在感のあるキャラクタの所作を表現することが可能になっている。これは同時に，映像を生成する計算機の処理能力によって表現力が制限されることを意味している。一般に，インタラクティブな映像生成システムで利用できる計算機の能力は，映画などの静的な映像制作に使用される計算能力よりもはるかに制限されたものになる。ビデオゲームの映像で身体運動の表現力が場面によって大きく変化する現象はその好例であり，キャラクタがプレイヤの入力操作によって動作している場面と，事前に準備した静的データに従って運動している場面とでは，利用している計算能力に大きな差があることを直接反映している。

本書では，計算能力に制約のある3次元CGアプリケーションにおけるアニメーションシステムの設計概念や各種要素技術について，体系的な説明を試みている。具体的には，プレイヤの操作入力やゲームAIの状況判断に応じてキャラクタの運動を高速かつ堅牢に即時生成するための基盤技術を取り扱う。

本書に類する題材を扱った書籍としては，ヒューマノイドロボットの運動生成に関する技術書が挙げられる。著者も含む多くのキャラクタアニメーション技術の研究開発者は，ロボット工学分野の書籍を通じてフォワードキネマティクス（3.4 節）やインバースキネマティクス（5.1 節），動力学計算（5.2 節）などの要素技術を学んできた。しかし，現実世界のロボットとは異なり，ビデオゲームなどのアプリケーションでは物理法則よりも制作者の演出意図を優先する必要があり，専門技能を持つアニメータの手によってキャラクタの振舞いがデザインされている。本書ではこのような CG アプリケーションに特有の制作工程を踏まえ，著者自身が初学者のときに学びたかった内容を中心に，キャラクタアニメーション生成技術の基礎知識を網羅的に説明している。なお，本書の執筆分担は，向井（第 2〜4 章，付録），川地（第 1，5，6 章，付録），三宅（第 7 章）である。

本書にまとめた知識は，アニメーション生成技術の開発や研究だけでなく，各種ゲームエンジンで提供されているアニメーションシステムの動作を深く理解する手助けにもなると期待している。また，可能な限り原典を掲載するとともに，比較的新しい研究事例についても紹介している。本書を手にとった学生・開発者・研究者の一助になればたいへん幸いである。

そして，本書で解説したキャラクタアニメーションの技術構成は，あくまで現時点での局所的な最適解の一つであることに留意してほしい。将来，革新的な人工知能のアルゴリズムがキャラクタの振舞いを司ることで，先進的な映像出力デバイス上にいままでにない遊びの楽しさが現れるであろうことを見据え，これをキャラクタの身体運動として実現するアニメーション技術にもまた革新が必要である。本書をきっかけとしてキャラクタアニメーション技術に携わる開発者・研究者の同志が増えることで，素晴らしい CG アニメーションを目にする機会に恵まれることを願う。

2020 年 6 月

著者一同

目　　　次

1. 概　　　論

2. 形状変形アニメーション

3. スケルトンアニメーション

4.　アニメーションシステム

5. 環境への適応

6. 連 携 と 疎 通

7. キャラクタアニメーションと人工知能

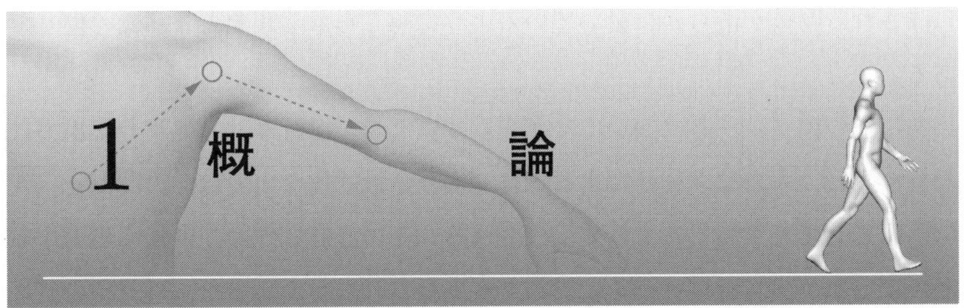

1 概　論

本書は，ビデオゲームのようなリアルタイム CG（Computer Graphics）アプリケーションにおいてキャラクタアニメーションを生成するシステムに着目し，そのシステムを構成する技術について説明する。

リアルタイム CG アプリケーションの特徴は，映像として出力される内容がアプリケーションのユーザによる対話的な操作入力に応じて変化することにある。こういったアプリケーションの中でも，典型的なビデオゲームにおいては計算機上にモデル化された 3 次元空間に人間や動物などのキャラクタを配置し，これらのキャラクタがユーザによって直接操作されるか，あるいはプログラムによってその動きが制御される。本書の主題としているキャラクタアニメーションを生成するシステムは，キャラクタの身体各部の位置姿勢を時々刻々変化させることによって 3 次元空間内でのキャラクタの動きを作り出すために利用される。

1.1 ゲームプログラムにおけるアニメーションシステム

ゲームプログラムでは，計算機上にモデル化された 3 次元空間の物体について，その位置や姿勢を一定の時間間隔で更新した結果を画面に表示する。時間間隔はゲームの設計や表示装置の性能によって決まるが，おおむね 1/30 秒よりも短い間隔で更新し続けることにより，物体の姿勢が少しずつ変化する様子が表示装置に出力される。一回分の更新のための計算処理の時間と，この更新によって出力される画像のことを**フレーム**（frame）と呼ぶ。

前後するフレームにおける物体の位置姿勢は離散的に変化しているが，30 Hz や 60 Hz といった頻度で姿勢を変化させ続けることにより，人間の目には物体があたかも連続して運動しているかのように見える。これは，映画やテレビに映される物体が滑らかに動いているように感じられる現象とまったく同一である。

ある一つのフレームにおいて，ゲームプログラムが行う計算処理の入出力に着目すると，入力はユーザによる操作であり，最終的な出力はその瞬間を一枚の画像として表すことによって生成される。この計算処理は，映像を出力するどのようなゲームプログラムにおいても実行されている。また，計算機の処理能力向上にしたがって，より複雑な計算処理が可能となり，映像の細部まで詳細な描写を行えるようになっている。

映像を生成する処理は計算機のソフトウェアとして実装されるため，計算機の処理能力が許す限りにおいて，その内部でどのように処理を行うことも自由である。しかし実際には，あるフレームにおける計算処理をいくつもの処理機能部品（コンポーネント）の組合せとして捉えれば，映像生成の計算処理をコンポーネントへと分割する構成の方法は，多くのゲームプログラムでおおむね共通した方法が採用されている。

ゲームプログラムにおけるアニメーションシステムは，上述の計算処理における一つのコンポーネントである。アニメーションシステムを中心としてあるフレームにおける計算処理を説明すると，処理の各ステップは以下のような入出力を持つ機能として記述できる。

(1) **ゲームロジックによるキャラクタの内部運動状態の更新**　ゲームロジックは，ゲームプログラムをゲームたらしめる核となる処理である。このステップでは，ユーザの操作入力によってプレイヤを表すキャラクタの運動状態を変化させる。また，計算機によって制御されるキャラクタは，3次元空間内でのプレイヤとの位置関係などを考慮して行動を決定し，自らの運動状態を変化させる。後者はいわゆるゲーム AI と呼ばれるアルゴリズムに基づいて計算処理が行われる。これらの計算から，プレイヤを含む複数のキャラクタが相互に影響を及ぼすゲームプレイが生み出される。

(2) **アニメーションシステムによるキャラクタ姿勢の更新**　アニメーショ

ンシステムに対する入力として，各キャラクタが目標とする運動状態がゲームロジックから与えられる。このような運動状態の例としては，移動の方向や速度を挙げることができる。このステップでは，キャラクタの内部状態として保持している現在の運動状態を開始点とし，与えられた運動状態を目標として内部運動状態を更新する処理を行う。また，更新した運動状態に基づいて，キャラクタの姿勢を表す関節の角度を変化させて出力する。

(3) **描画システムによる画像の生成**　描画システムには，アニメーションシステムが更新した関節の角度が入力として与えられる。このステップでは，関節の角度によってキャラクタの位置姿勢を変化させ，その表面形状を変形させる。さらに，3 次元空間内に配置されたキャラクタや物体の位置関係と，あらかじめ詳細に定義しておいた表面の色や質感，そして，空間内の光源などを考慮することにより，3 次元空間がある視点からどのように見えるかを計算し，1 枚の画像として出力する。

1.2　ソフトウェア機能部品としてのアニメーションシステム

ゲームプログラムを構成する処理機能部品（コンポーネント）は，その入力としてユーザの操作やほかのコンポーネントからの出力を与えられる。そして，コンポーネントに実装されたアルゴリズムに基づいて，与えられた入力に計算処理を施した結果を出力する。出力された計算結果は，別のコンポーネントの入力として利用される。

個々のコンポーネントに与えられる入力は，さまざまに変化するゲームの状態を反映している。このような入力に加えて，事前に準備しておいた静的なデータを参照し組み合わせることにより，コンポーネントにおける複雑な計算処理が可能になっている。静的なデータの代表例としては，キャラクタや物体の形状を表現する多面体データや，色や質感を表すテクスチャデータ，そして，関節角度の時間的変化を表すアニメーションデータなどを挙げることができる。

コンポーネントの計算処理において静的なデータを利用する目的の一つは，データ生成の複雑な演算を事前に済ませておくことで，プログラムを実行するとき，すなわち**ランタイム**（runtime）での計算量を減らすためである。もう一つの目的は，計算アルゴリズムとして定式化できない，高度に専門的な手作業によって生み出されるデータを格納することにある。近年では，このような静的データを作成・管理するソフトウェアとゲームプログラムを一つに統合した，**ゲームエンジン**（game engine）と呼ばれる統合開発環境が広く一般に利用されている。

1.3　アニメーションシステムのための静的データ

アニメーションシステムが実行時に参照するアニメーションデータは，キャラクタの全身骨格構造を構成する関節について，その位置や姿勢の変化を時間軸に沿って記録している。このようなデータの作成作業はアニメーション作成の専門的技能を持つアニメータによって行われ，**DCC ツール**（Digital Content Creation tool）と呼ばれるオーサリング用のソフトウェアが利用される。

アニメーションデータ作成時には，人間の演者による運動を**モーションキャプチャ**（motion capture）によって測定したデータを参考のために利用する場合も多い。ただし，演者とキャラクタの体節の長さの違いに起因する修正や，要求されるゲームデザインに合致させるための調整，測定時に発生したノイズの除去といった作業が必要になるため，測定したデータに手を加えないまま静的なアニメーションデータとして使われるわけではない。

静的なアニメーションデータはキャラクタの動作をそのまま記録しているため，ゲームによって必要とされる動きの性質や自然さを備えたデータを準備することができる。その一方で，体格が大きく異なるキャラクタや動きの性質の異なる運動に対しては，すべての組合せについて別々のアニメーションデータをそれぞれ準備しておく必要がある。また，静的なアニメーションデータの作成は熟練の技術者であるアニメータによる手作業を必要とするため，制作作業のコストが高い。さらに，ゲームプログラムで使用できる主記憶装置（メモリ）の容量は限られており，その大部分が多面体形状データやテクスチャデータに占有される。データの大きさに起因するこうした制約から，ゲーム中で行われるあらゆる動作を静的なアニメーションデータとして用意しておくことは不可能であることがわかる。

アニメーションデータの総量に対して上述のような制約がある中で，多数の短いアニメーションデータを動作の基礎部品として準備し，キャラクタの運動状態に応じてこれらを組み合わせることにより，多様な動作を作り出す方法が利用されている。このような動作部品としてのデータは，アニメーションクリップと呼ばれる。アニメーションクリップを組み合わせる場合には，もとになるデータの性質をできるだけ損なわないように配慮しつつ，あるクリップから別のクリップへと滑らかに切り替えたり，複数のクリップを混ぜ合わせるといった演算操作が行われる。

また，キャラクタが置かれる環境がさまざまに変化する場合に対応した多様なアニメーションを生成するためは，静的なアニメーションデータの組合せによって生成した動きに対して，計算処理によって動的に生成したアニメーションを重畳する方法が利用されている。その例としては，ほかのキャラクタとのインタラクションに対応して姿勢を変化させる効果の生成や，キャラクタの置かれた環境から外力を受けたことによるリアクション動作の生成などが挙げられる。

以上のような静的データとアルゴリズムの組合せによるアニメーション生成の方法は，少数のアニメーションデータからキャラクタの多様な動きを生み出すことが可能であり，現在多くのゲームプログラムで共通して用いられるようになっている。

1.4　アニメーション計算処理アルゴリズムの特徴

ゲームプログラムは，ユーザによる対話的な操作を入力として動作する。そのため，ゲームプログラムで利用されるアニメーションシステムにおける計算処理は，以下に詳述する (1) 計算の即応性，(2) 計算の制御性，(3) 計算の安定性といった制約をすべて満足するアルゴリズムを必要とする。

1.4.1 計算の即応性に関する制約

ゲームプログラム実行時のアニメーションシステムは，多数のキャラクタの動作をフレームごとに生成する必要があるため，1 体のアニメーション処理に確保できる計算時間はごく短いものである。さらに，フレームごとに利用可能な全計算時間のうち，ほとんどの時間はゲームロジックやキャラクタの AI，そして描画システムでの処理に費やされる。そのため，残りのわずかな時間内でアニメーションの処理を完了させるためには，その計算処理で用いるアルゴリズムはきわめて高速に動作することが求められる。

また，ゲームに対するユーザの操作入力やゲーム AI が与える運動状態の目標指示に対して，キャラクタは即時に反応してその動きを変化させなければならない。したがって，アニメーションの計算処理は，1 フレームごとに逐次的に計算を行うことで連続的にキャラクタの姿勢を生成してゆくようなアルゴリズムを用いる必要がある。これとは反対に，一定の長さを持つアニメーションクリップに対してクリップ全体を対象とした複雑な計算処理を一度にまとめて施し，その結果を 1 フレームずつ出力してゆくようなアルゴリズムは，即応性の観点からゲームプログラムのアニメーション処理には適していないといえる。

1.4.2 計算の制御性に関する制約

コンピュータゲームの制作では，作業を開始した時点でゲームの詳細まで設計が完了していることは少ない。その代わり，小規模に試作したゲームによって改良すべき点を把握し，設計を改良しながら何度も試作を繰り返す方法が用いられる。このような制作方法では，試作の回数を増やすほどゲームがより面白くなるため，必要なデータやプログラムをできるだけ速く作成できることが重要になる。キャラクタのアニメーションについても，ゲームの設計に沿ってアニメーションのデータやプログラムを作成するために必要な時間はより短いほうが望ましい。また，いったん作成したアニメーションについても，ゲームの試作と改良のために，アニメーションの性質を調整するための修正が頻繁に必要となる。

このようにキャラクタのアニメーションを効率よく作成・修正するためには，アニメーション生成に用いられる計算処理について，入力となるデータやパラメータをどのように変化させれば必要な結果が得られるかが明らかである手法が望ましい。そのような手法の例として静的なデータとしてのアニメーションクリップを利用する方法について考えれば，データの作成や修正には時間がかかるが，意図したアニメーションを確実に再現できる手法だといえる。その一方で，動力学に基づく運動シミュレーションは多様なアニメーションを自動的に生成できるが，意図した動きに近づける方法は明らかでない場合が多いため，制作工程の作業効率や必要となる動作の性質を考慮して，適切な計算手法を選択することが重要である。

1.4.3 計算の安定性に関する制約

キャラクタがゲーム中で行うアニメーションは，ゲームを遊ぶユーザに対するメッセージとして機能する。そのキャラクタが持つ身体能力や，その瞬間における意思や感情，そして，身体の好調・不調といった状態が，キャラクタの動作を介してユーザに伝達される。したがって，ゲームを遊ぶ中で伝えたい情報として設計されたアニメーションデータがユーザに正しく伝達されるためには，ゲームデザインにおいて意図していなかった動作がアニメーションシステムの計算処理によって生成されてはならない。このような要件に鑑みれば，静的なアニメーションデータを基礎的入力として利用する手法は，データとして準備した動作の再現性が安定しているという点において優れているといえる。

アニメーションに対する計算処理手法の中でも，たがいに性質の異なるアニメーションデータを入力として与えた場合に，計算処理を制御するパラメータをそれぞれのアニメーションデータごとに調整しなければ正常な結果が得られないアルゴリズムが存在する。静的なアニメーションデータを作成するツールでこのような計算処理を使用する場合には，専門技能を持つアニメータが計算処理の結果を目視検査して制御パラメータを調整することにより，試行錯誤を含む反復的な制作工程として成立させることができる。しかし，このようなアルゴリズムをゲームプログラムの一部として動作させた場合には，アニメーション計算処理の結果として設計意図と異なる動きが生成されたとしてもこれを排除することできないため，計算の安定性の観点からゲームプログラムのアニメーション処理には適さない。

1.5 ま と め

コンピュータゲームが誕生した瞬間から，キャラクタを対話的に操作して動きを生成する計算処理はつねに必要とされており，これを実現するアニメーション処理システムの実装についてはさまざまな方法が試みられてきた。ゲームが動作する計算機ハードウェアの能力向上はめざましく，その能力を活用するためにゲーム AI やレンダリング，そしてアニメーションなどを専門的に処理するソフトウェアコンポーネントが発達した。

ゲームプログラムにおける典型的なアニメーションシステムは，キャラクタが必要とする動きの基礎的な性質を規定するために静的なアニメーションデータを利用する。そして，短いアニメーションデータを組み合わせることにより，キャラクタの状態に応じて変化する一連の動きを生成する。さらに，計算処理によって生成した動きと重ね合わせることで，キャラクタ外部の環境に応じて動作を変化させる。以降の章では，このようなアニメーションシステムで用いられる代表的な技術について，それぞれ詳説する。

2 形状変形アニメーション

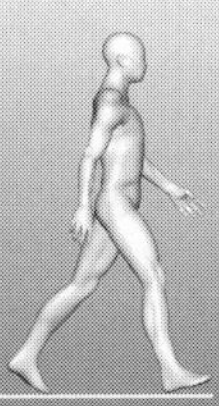

コンピュータアニメーションは，モデル形状を時々刻々と変形することで制作される。本章では，キャラクタアニメーション制作に活用される代表的な形状変形手法とそのシステム構成について解説する。まず，頂点アニメーションと呼ばれる，事前制作された形状変形データをランタイム再生する技法について説明する。つぎに，線形代数演算を用いた形状変形法である，ブレンドシェイプと自由形状変形，スキンモデルについて解説する。そして，力学則に基づいてモデルの形状変形をシミュレーションする技法のうち，質点系力学の原理やフィードバック制御理論をリアルタイムアプリケーション向けに応用した技法について説明する。最後に，リグと呼ばれる形状変形機構を構築する方法と，リグを通じて形状変形を操作する方法をまとめる。なお，本章で扱うモデルは，すべてポリゴンメッシュとして構築されているものとする。また，各手法の説明ではポリゴン頂点座標についての計算手順にのみ言及するものとし，法線などほかの幾何情報に関する算出手順については説明を割愛する。

2.1 形状変形アニメーションのデータ表現

ポリゴンメッシュで表現された形状モデルのアニメーションは，**図 2.1** に示すように，3 次元空間におけるモデルの位置・方向・スケール成分の時間変化と，メッシュ形状そのものの変形に分けて扱う。このとき前者は，モデルごとに固有に定義される局所的なモデル原点の位置・方向・スケールの時間変化として表現される。一方，後者はモデル原点を基準とした，各ポリゴン頂点の相対座標値の時間変化として表される。例えば，硬い金属や木材などを素材とする剛体としてモデリングされた球体の運動は，図 (a) に示すように，モデル原

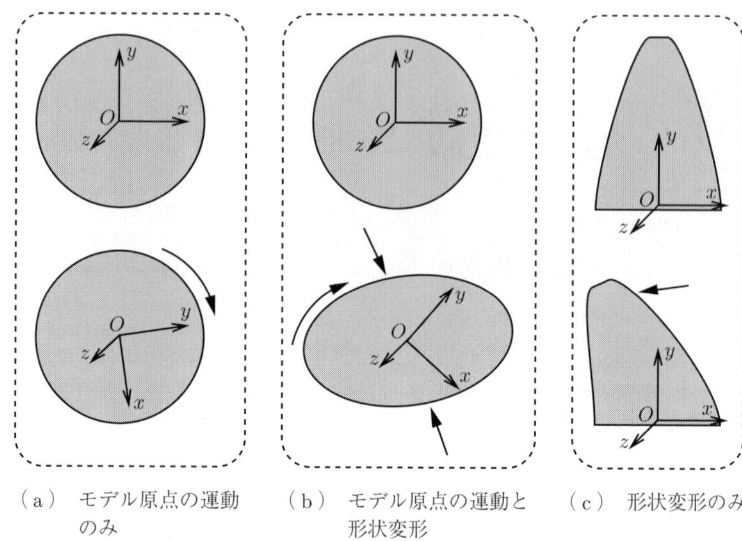

（a） モデル原点の運動のみ　（b） モデル原点の運動と形状変形　（c） 形状変形のみ

図 2.1 モデル原点の運動と形状変形

点から各ポリゴン頂点への相対座標を保ちつつ，モデル原点を移動や回転させることで表現する。また，柔軟なゴムなどを素材とする弾性体のアニメーションは，図 (b) に示すように，モデル原点の移動や回転に加えて，各ポリゴン頂点の相対位置を連続的に時間変化させることで制作する。さらに，図 (c) に示すような，床面上に固定された柔軟なガイドポストを模した弾性体モデルの場合は，モデル原点の位置と方向を固定しつつ，各ポリゴン頂点の相対位置を変化させることで形状変形アニメーションを生成する。

本章では，各ポリゴン頂点の相対座標の操作によって形状変形を表現する技術のうち，特にキャラクタアニメーション制作に活用される代表的な技法について説明する。なお，アニメーションシステムは，アニメーション生成に必要な最小限のパラメータのみを静的データとして格納する。そうした形状変化を表すパラメータのことを，本書では**アニメーションパラメータ**（animation parameter）と呼称する。また，アニメーションパラメータの時系列のことを，**アニメーションカーブ**（animation curve）と呼称する。つまり，アニメーションシステムが扱うデータは，モデル原点の位置・回転・スケールの時間変化を表すアニメーションカーブと，ポリゴン頂点の相対座標変化を記述する各種アルゴリズム固有のパラメータに対応するアニメーションカーブで構成される。

2.2 頂点アニメーション

ポリゴンモデルの形状変形アニメーションを生成する最も単純な方法は，各ポリゴン頂点それぞれに対してアニメーションデータを割り当てる方式である。すなわち，各頂点の 3 次元座標時系列を静的データとして事前制作し，そのデータを無加工でランタイム再生する方式である。この技法は**頂点アニメーション**（vertex animation）と呼ばれ†，各時刻における頂点座標値を個別に設定することで，モデル全体の変形をボトムアップ的に生成する。つまり頂点アニメーションでは，**図 2.2** に示すように，各頂点座標それぞれを独立したアニメーションパラメータとみなし，異なるアニメーションカーブを割り当てる。そしてランタイム再生時には，頂点アニメーションデータから任意時刻におけるポリゴン頂点座標を取得し，レンダリングシステムに出力するという単純な処理を行う。

ここで，V 個の頂点で構成されるポリゴンモデルに対して，T フレーム分の

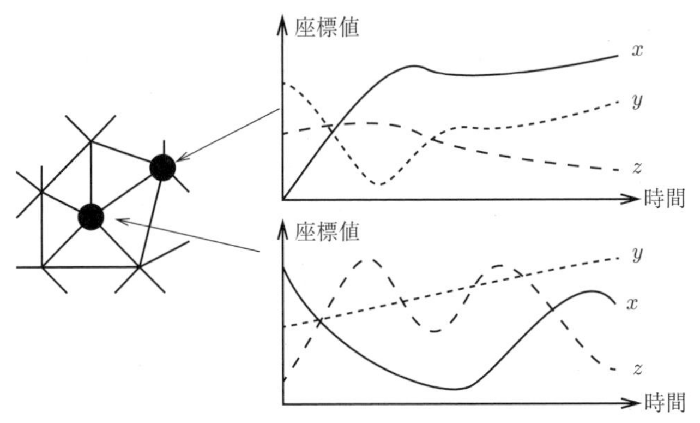

図 2.2 頂点アニメーションの原理

† 類似する用語として頂点キャッシュがあるが，これは厳密には頂点アニメーションデータおよび静的データ制作のための事前計算を指す。

頂点アニメーションデータを制作する場合を考える。また，i 番目の頂点の τ 番目のフレームにおける座標を $\boldsymbol{p}_{i,\tau}$ と表す。なお，$\boldsymbol{p}_{i,\tau}$ はモデル原点に対する相対座標とすることが多いが，3 次元空間における絶対的な座標値としてもよい。このような設定のもとで，頂点アニメーションの静的データは式 (2.1) に示す集合 $\mathcal{P}$ として表される。

$$\mathcal{P} = \{\boldsymbol{p}_{i,\tau} | i \in \{1, \cdots, V\}, \tau \in \{1, \cdots, T\}\} \tag{2.1}$$

このように，頂点アニメーションのデータ量は $3VT$ に比例する。ここでゲームで扱う頂点数 V は数千～数万と非常に多いことから，おのずと頂点アニメーションのデータ量も大きくなる。また，フレームを更新するたびに頂点数 V に比例する量の座標データを処理しなければならないことから，アニメーション再生時にはつねに大きなメモリ帯域を占有する。さらに実際には，頂点座標のみならず法線ベクトルや接ベクトルも保存する必要があることから，その数倍のデータ量を要する。もちろん，空間的・時間的に連続的に変化するアニメーション特性を活用した各種圧縮技術を適用できるが，以降に述べるほかの形状変形技法と比較すると，依然として全体のデータ量およびその処理に要する計算コストは大きい。そのため，ゲームシーン内におけるすべての形状モデルに頂点アニメーションを適用するのは現実的ではない。さらには，基本的には事前制作された静的データを無加工で再生する方法であるため，ユーザ操作などに応じて対話的に変形を制御するような用途には適用できない。

しかしながら，ポリゴン頂点単位の微小かつ複雑な変形をともなうようなアニメーションを表現できる点は，その用途によっては大きな特長となる。例えば，キャラクタの顔アニメーションのように，微細な形状変形によってキャラクタの細やかな心象変化を表現しなければならないシーンにおいては，後述する各種変形手法やシミュレーション法では表現能力に欠ける。一方，頂点アニメーションであれば，事前制作された静的アニメーションデータの品質を欠くことなくランタイム再生できる。例えば，3 次元形状計測機器を用いてモーションキャプチャされた人物の顔アニメーションを忠実に再現できる。このように，実在する俳優の繊細な演技を再現するような用途においては，頂点アニメーションの利用が有力な選択肢となる。また，膨大な計算量を費やす高度な物理シミュレーションであっても，事前計算した結果を静的な頂点アニメーションとして出力することで，高精細な挙動を高速にランタイム再生できる。このように頂点アニメーションはメモリ負荷が高い方法ではあるが，演出上きわめて重要なシーンに限定して利用するなどの工夫のもとで活用される。

2.3 ブレンドシェイプ

2.3.1 ブレンドシェイプの原理

ブレンドシェイプ（blendshape）は，モデルに生じうる複数の変形パターンを事前に制作したうえで，それらのポリゴン頂点座標値を補間することで中間的な新しい形状を生成する技術である[1)†]。与えられる変形パターンは**ターゲットシェイプ**（target shape），あるいは単に**ターゲット**（target）と呼ばれる。そして形状モデルを構成する各ポリゴン頂点について，すべてのターゲットの座標値の線形結合を計算する。具体的には，ターゲットの総数を B，b 番目のターゲットにおける頂点 i の座標を $\boldsymbol{p}_{i,b}$ と表すとき，ブレンドシェイプの計算は式 (2.2) で表される。

$$\boldsymbol{p}_i^* = \sum_{b=1}^{B} \beta_b \boldsymbol{p}_{i,b} \tag{2.2}$$

ここで，β_b は，生成結果 $\boldsymbol{p}_i^*$ に占める b 番目のターゲットの割合を表す**ブレンドウェイト**（blend weight）である。ブレンドウェイトはすべてのターゲットについて $0 \leq \beta_b \leq 1$ を満たすものとし，負値や 1 以上の値を与えないものとする。また，この B 個のブレンドウェイト $\{\beta_b | b \in \{1, \cdots, B\}\}$ が，ブレンドシェイプにおけるアニメーションパラメータとなる。すなわち，ターゲットはランタイム計算を通じて不変であり，それらに対するブレンドウェイトを連続的に時間変化させることで形状変形アニメーションを生成する。その際，アニ

† 肩付き番号は巻末の引用・参考文献番号を示す。

メーション中の重要なポーズや形状，いわゆるキメとなるポーズをターゲットとして確実に指定できることから，特にフェイシャルアニメーションを中心に応用されている。

簡単な例として，**図 2.3** に示すような 2 次元形状のブレンドシェイプを考える。一つ目のターゲットは各辺が座標軸に平行な正方形であり，それを時計回りに 45° 回転させた正方形を二つ目のターゲットとする。アニメーション開始時点のブレンドウェイトを $\beta_1 = 1, \beta_2 = 0$，終了時を $\beta_1 = 0, \beta_2 = 1$ とし，それぞれ時間経過にしたがって線形に増減させるとき，各頂点は破線に沿った軌跡を描く。例えば，アニメーションの中間時刻では，太線に示す正方形が変形結果として得られる。ここで，各頂点の軌跡は直線を描いており，また太線に示す正方形は二つのターゲットより小さくなっていることがわかる。これは式 (2.2) に示した線形結合の効果であり，たとえターゲットが合同な形状であっても，ブレンド結果はスケール縮小をともなう相似変形を示す。

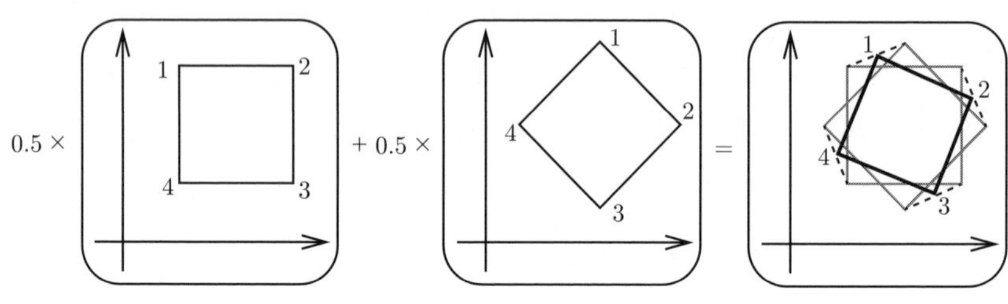

図 **2.3**　ブレンドシェイプの原理

ここで，式 (2.2) に示す単純な線形計算を用いる場合には，直観に即した変形結果を得るためにブレンドウェイトを慎重に操作しなければならない。例えば，**図 2.4** に示すように，二つのターゲットに対するブレンドウェイト β_1，β_2 をともに最大値 1 に設定すると，変形後の頂点位置は $\boldsymbol{p}_i^* = \boldsymbol{p}_{i,1} + \boldsymbol{p}_{i,2}$ となる。その結果，図の「ブレンド結果」に示すように，モデルが 2 倍ほどの大きさに拡大し，かつモデルの中心が基準座標系原点から 2 倍ほど離れた位置に移動する。これは明らかに，複数のターゲットの補間によって中間的な形状を生成するという，ブレンドシェイプへの想定に反する。こうした不具合を回避するた

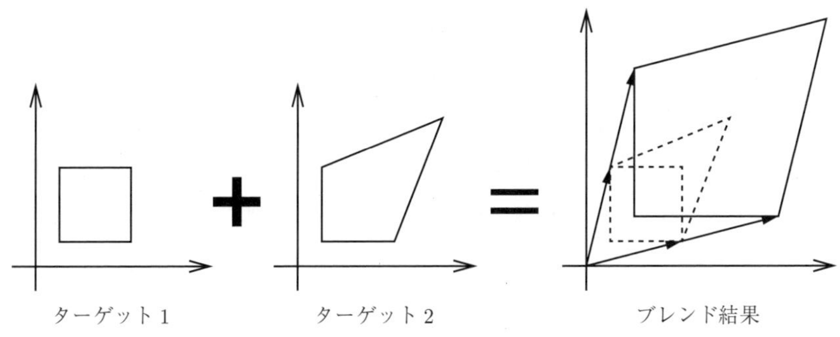

図 **2.4** ブレンドシェイプに生じるスケール変化と平行移動

めには，モデル全体の中心位置や大きさが保たれるように，ブレンドウェイトを試行錯誤的に調整しなければならない。

さらに，ブレンドシェイプの適用に際しては，すべてのターゲットの頂点数や接続構造が一致していなければならない。例えば，図 **2.5**(a) に示すようにターゲット間で頂点番号が整合している場合には，直観に即した中間形状が得られる。一方，図 (b) のように対応関係が損なわれている場合には，図 (b) の一番右

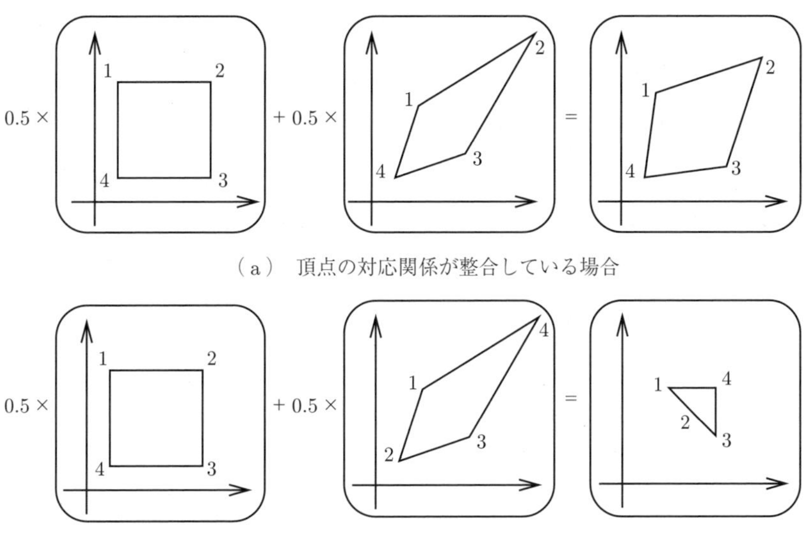

（a） 頂点の対応関係が整合している場合

（b） 頂点の対応関係がとれていない場合

図 **2.5** ブレンドシェイプと頂点の対応関係

に示す三角形状のように，いずれのターゲットとも異なる形状が得られる。こうした不具合は，特に3次元形状計測機器を用いて実在の物体形状を計測する場合のように，各ターゲットを個別にモデリングする場合に発生しやすい。もし，頂点の総数が異なるモデルや，頂点番号の対応関係が損なわれたモデルを扱う場合には，再メッシュ化などなんらかの正規化処理を施すことで，ブレンドシェイプに適したターゲットを再構築しなければならない。

ちなみに，中間形状を計算する類似技術として**モーフィング**（morphing）が挙げられるが，これはブレンドシェイプとは計算目的が異なる。すなわちモーフィングは，ある形状から別の形状に至る滑らかな遷移の生成に主眼を置く。例えば，三つのターゲット①，②，③が与えられたとき，モーフィングでは形状①から②に滑らかに変形した後，さらに②から③へ変形するようなアニメーションの制作を意図する。一方，ブレンドシェイプは二つ以上の形状を補間することで中間形状を生成する点と，形状変化の方向が必ずしも定められない点でモーフィングとは異なる。例えば，ブレンドシェイプではターゲット①と②の中間形状からアニメーション再生を開始し，①と③の中間形状を経由して②と③の中間形状に至るような応用もありえる。すなわち，ブレンドシェイプにおけるターゲットは，あくまでも新しい形状を計算するための素材として扱われる。

2.3.2 線形ブレンドシェイプ

平行移動やスケール変化を生じないブレンドシェイプを実現するために，ブレンドウェイトの総和を $\displaystyle\sum_{b=1}^{B}\beta_b = 1$ に制約することが考えられる。つまり，単純な線形結合によるブレンドではなく，アフィン結合を用いた**補間**（interpolation）に置き換える。これは**線形ブレンドシェイプ**（linear blendshape）と呼ばれる技法であり，生成結果はターゲットの内挿によって得られる中間的な形状に限定される。より正確に書けば，ブレンドによって得られる頂点座標値がすべてのターゲットの座標値によって構成される，凸包の内部に含まれることを保証する計算法である。したがって，モデル全体の平行移動やスケールの変化が生じない，直感に近い補間計算が実現される。また，ブレンドウェイトの総和に関する制約条件は，$\boldsymbol{p}_i^* = \sum_{b=1}^{B} \frac{\beta_b}{\sum_{a=1}^{B} \beta_a} \boldsymbol{p}_{i,b}$ のような正規化を通じて容易に満たせる。

それでもなお，ブレンドウェイトの調整は必ずしも直観的な作業とはならない。例えば，三つのターゲット①，②，③のブレンドシェイプを求める場合，まずターゲット①に対するウェイトのみ $\beta_1 = 1.0$ として，ほかのターゲットに対するウェイトを $\beta_2 = 0$, $\beta_3 = 0$ とした状態を考える。つぎに，ターゲット②に対するウェイトをしだいに $\beta_2 = 0.5$ まで増加させる。そのとき，ウェイト総和に関する制約を満たすため，最初に設定したターゲット①のウェイトを $\beta_1 = 0.5$ に減少させる。続いて，ターゲット③に対するウェイトを $\beta_3 = 0.4$ まで増加させる際には，ほかの二つのターゲットに対するウェイトを $\beta_1 = 0.3$, $\beta_2 = 0.3$ まで同時に減少させなければならない。このように，単一のターゲットに対するウェイト調整が，ほかの複数のウェイト値に同時に波及するような操作体系にならざるをえない。その結果，複数のターゲットの相互関係をつねに念頭に置きながらの，試行錯誤をともなう煩雑な作業になってしまう。

2.3.3 加算ブレンドシェイプ

ブレンドシェイプの特長を生かしつつ，より直観的なウェイト調整を実現する方法として**加算ブレンドシェイプ**（additive blendshape）が用いられる。この手法では，すべてのターゲットの基準となる一つの基本形状と，その変形状態を表す複数の派生形状をターゲットとして制作する。そして，中間形状生成時には，基本形状から各ターゲットへの差分情報をブレンドして基本形状に加算する。例えば，**図 2.6** に示す例では，左側に示す正方形を基本形状とし，その右上の頂点のみ移動させることで図中央に示すような派生形状を制作している。このとき，太い矢印で表される基本形状から派生形状への変位ベクトルをブレンドウェイトに応じてスケーリングしながら基本形状に加算することで，中間形状を生成する。基本形状と B 個の派生形状の頂点座標値をそれぞれ $\bar{\boldsymbol{p}}_i$,

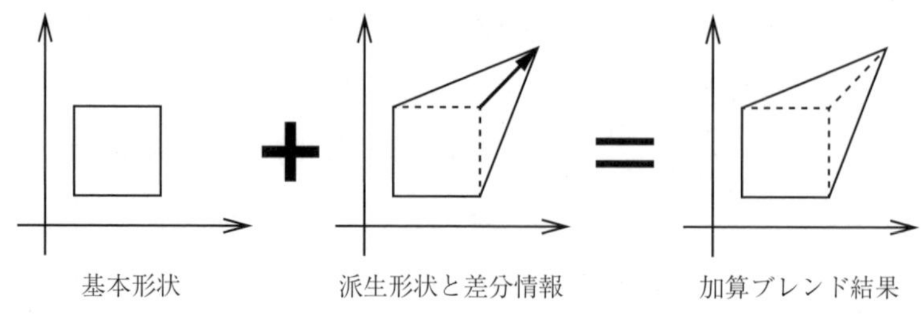

図 **2.6**　加算ブレンドシェイプ

$\boldsymbol{p}_{i,b}$ と表すとき，加算ブレンドシェイプの計算は式 (2.3) および式 (2.4) で表される。

$$\boldsymbol{p}_i^* = \bar{\boldsymbol{p}}_i + \sum_{b=1}^{B} \beta_b \Delta \boldsymbol{p}_{i,b} \tag{2.3}$$

$$\Delta \boldsymbol{p}_{i,b} = \boldsymbol{p}_{i,b} - \bar{\boldsymbol{p}}_i \tag{2.4}$$

ここで，$\Delta \boldsymbol{p}_{i,b}$ は，式 (2.4) に示すとおり，ターゲットの頂点座標値 $\boldsymbol{p}_{i,b}$ から基本形状の座標値 $\bar{\boldsymbol{p}}_i$ を減じた差分を表し，ランタイムシステムが扱う静的データとして事前計算される。また，式 (2.3) の右辺第二項は，基本形状 $\bar{\boldsymbol{p}}_i$ からの各ターゲット $\boldsymbol{p}_{i,b}$ への形状差分 $\Delta \boldsymbol{p}_{i,b}$ の線形結合を表す。すなわち，基本形状に加算する各頂点座標の変位を，ブレンドウェイト β_b を通じて決定する。そして，このブレンドウェイト β_b をアニメーションパラメータとして時間変化させることで，形状変形アニメーションを生成する。

ただし，式 (2.3) はあくまで式 (2.2) を式変形したものにすぎず，二つの計算式に本質的な差異はない。これは，式 (2.2) において基本形状 $\bar{\boldsymbol{p}}_i$ の番号を $b = 0$ とおき，さらにブレンドウェイトを $\beta_0 = 1 - \sum_{b=1}^{B} \beta_b$ とすることで，加算ブレンドシェイプを表す式 (2.3) が導かれることから明らかである。つまり，加算ブレンドシェイプにおいても，ブレンドウェイトの設定次第でモデル全体に平行移動やスケーリングを生じる可能性がある。また，その解決のためにブレンドウェイトの総和を 1 に制約した補間計算を用いる場合にも，非直観的なウェイト調整作業を要するという問題点が依然として残される。

しかしながら，基本形状からの変形部位をターゲットごとに独立に設定するという，運用上の制約を課すことで加算ブレンドシェイプは有用性を増す。再び顔アニメーションを例に挙げると，**図 2.7**(a) に示すように，まず両目と口を開けた無表情の基本形状を制作する。つぎに，図 (b) に示すように，モデルを複数のパーツに分割したうえで，単一のパーツのみを変形したターゲットを制作する。例えば，基本形状から片目のみ細めたターゲット，鼻の幅のみ広げたターゲット，片眉のみ下げたターゲットなどのように，ターゲットごとに異なるパーツを変形する。すると，変形したパーツにあたる形状差分のみ $\Delta \boldsymbol{p}_{i,b} \neq \emptyset$ となり，また任意の頂点について $\Delta \boldsymbol{p}_{i,b} \neq \emptyset$ となるターゲットは必ず一つだけに限定される。このように，複数のターゲット間で変形部位が重複しないよ

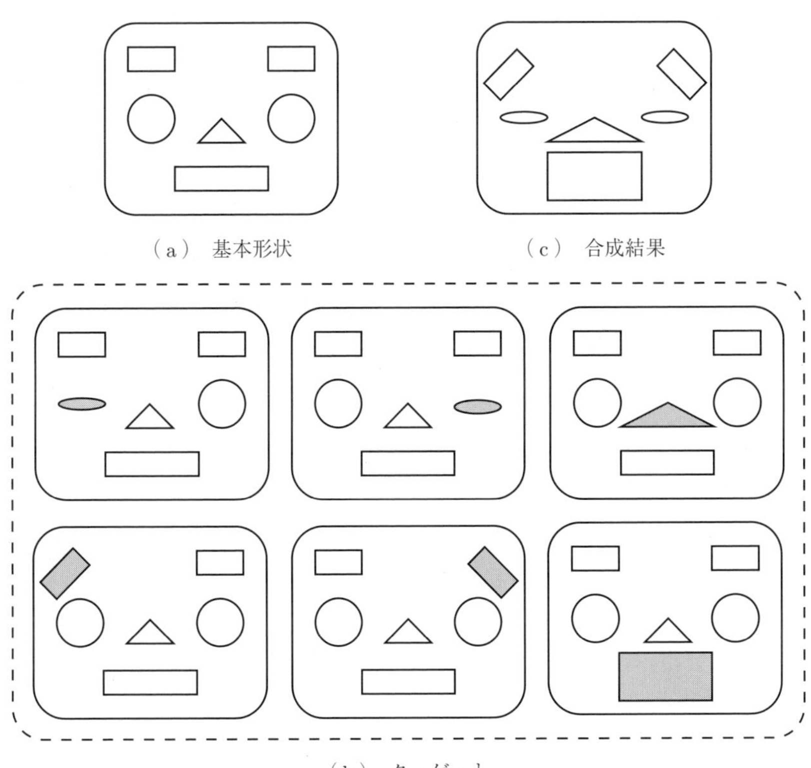

図 2.7 パーツ単位の加算ブレンドシェイプ

うに分割することで，合成結果に与えるブレンドウェイトの影響も独立になる。そのため複数のブレンドウェイトを同時に 1.0 に設定しても，図 (c) に示すように，モデル全体の位置やスケールを保った破綻のない変形を実現できる。

ただし，この特長はあくまでも運用上の工夫によって得られるものである。言い換えれば，式 (2.3) に示す加算ブレンドシェイプの特徴ではなく，制作者の工夫と試行錯誤のうえに成り立つ特長である。実際，図 2.7 に示したように顔の各細部を独立に形状変形するという手順は，人体の解剖学的構造と照らし合わせると非現実的である。例えば，眉とまぶたを個別のパーツとみなして加算ブレンドシェイプモデルを構築すると，眉を大きく下げつつ目を大きく見開くような，不自然な表情の制作も許容することになる。もちろん，非現実的な表情の生成や細かい表情制御を実現するために，あえてモデル各部位間の連動関係を無視することもあるが，妥当なアニメーションの制作には熟練を要する。

2.4　ポーズスペース変形法

ポーズスペース変形法 (Pose Space Deformation method)，あるいは **PSD 法**と略記される手法は，ブレンドシェイプを直観的に操作するための拡張技術である[2)]。2.3 節で説明したように，ブレンドウェイトの手動設定に際してはさまざまな問題が生じる。特に線形ブレンドシェイプでは，単一のウェイトの調整がそのほかの複数のウェイト設定にも波及するという大きな問題がある。そこで PSD 法では，形状の定量的特徴を表す任意の形状パラメータをアニメーションパラメータとして導入する。このとき，形状パラメータによって構成される空間は**ポーズスペース**（pose space）と呼ばれ，固有の形状パラメータ値が割り当てられたターゲットが配置される。そして，任意の目標形状パラメータ値が指定されたとき，各ターゲットに対するブレンドウェイトを自動的に最適化することで，目標値を近似する所望の中間形状を生成する。

図 2.8 に，2 次元の形状パラメータを用いた PSD 法の模式図を示す。ここではモデルの大きさを表す形状パラメータを用いて，灰色で示す四つの直方体ター

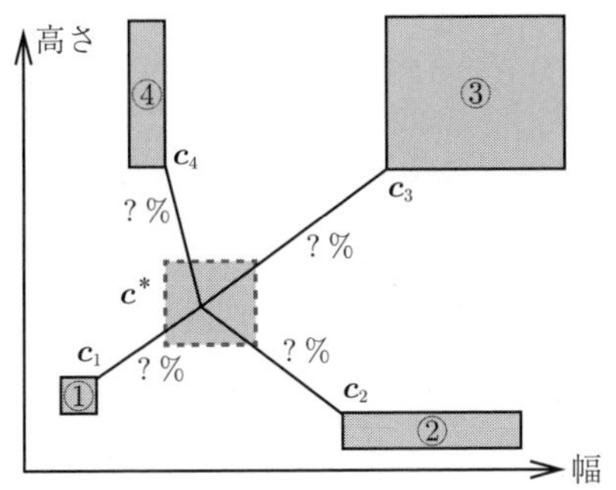

図 2.8　ポーズスペース変形の概要

ゲットを補間する。ポーズスペースの縦軸と横軸は，それぞれ直方体の高さと幅に対応しており，また，四つのターゲット ①～④ にはおのおのの高さと幅を表す形状パラメータ値 $\boldsymbol{c}_1 \sim \boldsymbol{c}_4$ が割り当てられている。こうした設定下で，任意の目標形状パラメータ値 $\boldsymbol{c}^*$ が指定されたとき，各ターゲットの形状パラメータ値との相対距離関係に基づいて，各ターゲットに対するブレンドウェイトを自動推定する。ここでは $\boldsymbol{c}^*$ と $\boldsymbol{c}_1$ が近接していることから，ターゲット ① に対するブレンドウェイトが最も大きくなり，ターゲット ②～④ に対するブレンドウェイトは相対的に小さくなる。そうして推定されたウェイトを用いたブレンドシェイプによって，破線に示す中間形状が生成される。このように PSD 法は，ポーズスペース内の座標値 $\boldsymbol{c}^*$ に対応するブレンドウェイトを自動推定することで，ブレンドシェイプの計算を間接的に制御する。

ほかの具体例として，顔アニメーションの制作を考える。この場合，喜怒哀楽の度合いを表すような形状パラメータを定義したうえで，複数の異なる形状パラメータ値に対応するターゲットをそれぞれ制作する。そして，ランタイム実行中には，指定された感情値を満たす表情が生成されるよう，各ターゲットへのブレンドウェイトを算出してブレンドシェイプを計算する。またこのとき，線形ブレンドシェイプの制約条件 $\displaystyle\sum_{b=1}^{B} \beta_b = 1$ を課したウェイト推定も可能である。このように，意味解釈が容易な少数の形状パラメータを通じて，より多数のターゲットに対するブレンドウェイトを間接的に操作することで，直観的な形状変形操作を実現できる。

なお，PSD 法におけるブレンドウェイト推定では，指定された形状パラメータと近い値を示すターゲットに大きなウェイトを与え，大きく異なる形状パラメータを示すターゲットには小さなウェイトを割り当てる計算アプローチをとる。本節では，スカラ値の形状パラメータに適したウェイト推定法である区分線形補間法と，任意次元数の形状パラメータの利用に適した散布データ補間法の応用について説明する。

2.4.1 区分線形補間法

形状パラメータがスカラ値をとる場合の代表的なウェイト推定法として，**区分線形補間法**（piese-wise linear interpolation method）が挙げられる。この方法では，ターゲットの形状パラメータ値によって形状パラメータの定義域を区切り，その各区間における内挿計算によってブレンドウェイトを算出する。ここで，B 個のターゲットと対応する形状パラメータ値 $\{c_b | b \in \{1, \cdots, B\}\}$ が与えられ，また，任意のターゲットについて $c_b \leq c_{b+1}$ を満たすものとする。こうした設定下で任意の目標形状パラメータ値 c^* が指定されたとき，区分線形補間法ではまず $c_b \leq c^* < c_{b+1}$ を満たす区間 $[c_b, c_{b+1})$ を探索する。そして，その区間における c^* に関する内分比を用いて，ブレンドウェイトを $\beta_b = (c_{b+1} - c^*)/(c_{b+1} - c_b)$，$\beta_{b+1} = (c^* - c_b)/(c_{b+1} - c_b)$ と算出する。なお，区間端点にあたる二つのターゲット以外へのブレンドウェイトは 0 とする。また，目標値が定義域外にあたる場合には，$c^* < c_1$ のときは $\beta_1 = 1$，$c^* \geq c_B$ のときは $\beta_B = 1$ とする。このように，区分線形補間法は，探索された 1 次元ポーズスペース各区間の両端にあたる二つのターゲットの線形補間を求めるアルゴリズムである。

例えば，**図 2.9** に示すように，ゴムのような柔らかい素材を持つ円筒の変形アニメーションを，円筒長を形状パラメータとする PSD 法によって制作する場面を考える。この例におけるターゲットは，伸長にともなって中央付近が細くなるような，長さがそれぞれ $c_1 = 10\,\mathrm{cm}$，$c_2 = 30\,\mathrm{cm}$，$c_3 = 40\,\mathrm{cm}$ の三つの円筒モデ

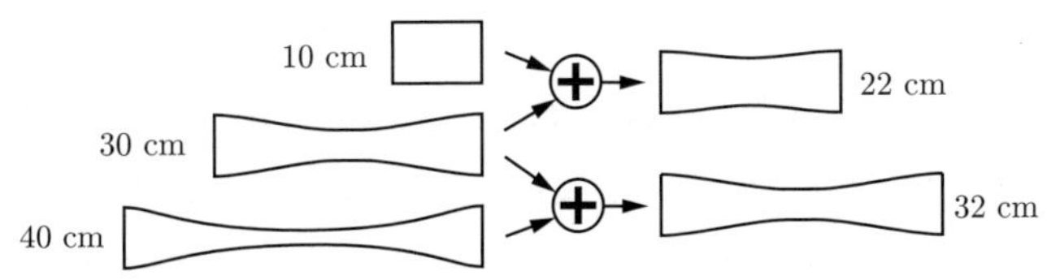

図 **2.9**　モデル長を形状パラメータとする 1 次元ポーズスペース変形例

ルである。このとき，まず目標円筒長として $c^* = 10\,\mathrm{cm}$ を指定すると，c^* が属する形状パラメータ区間は $[c_1 = 10, c_2 = 30)$ と定まる。そして，その区間における内分比に基づいてブレンドウェイトが $\beta_1 = (c_2 - c^*)/(c_2 - c_1) = 20/20 = 1$, $\beta_2 = (c^* - c_1)/(c_2 - c_1) = 0/20 = 0$, $\beta_3 = 0$ と求まる。この状態から目標長を $c^* = 22\,\mathrm{cm}$ まで伸ばすと，同様の計算手順で，$\beta_1 = (30 - 22)/(30 - 10) = 0.4$, $\beta_2 = (22 - 10)/(30 - 10) = 0.6$, $\beta_3 = 0$ が求まる。さらに目標長を $c^* = 32\,\mathrm{cm}$ まで伸長させると，属する形状パラメータ区間は $[c_2 = 30, c_3 = 40)$ となり，ブレンドウェイトは $\beta_1 = 0$, $\beta_2 = 0.8$, $\beta_3 = 0.2$ と求まる。このように 1 次元の PSD 法は，形状パラメータ目標値が属する小区間の探索と内分比の計算という，単純な処理によって実現できる。こうした計算によって得られる目標円筒長とブレンドウェイトの関係を図 **2.10** のグラフに表す。各区間において，各ターゲットに対するウェイトが線形に増減しており，また二つ以下のターゲットに対するウェイトのみが 0 以外となっている様子が確認できる。

ただし，区分線形補間法は形状パラメータがスカラ値の場合にのみ利用でき

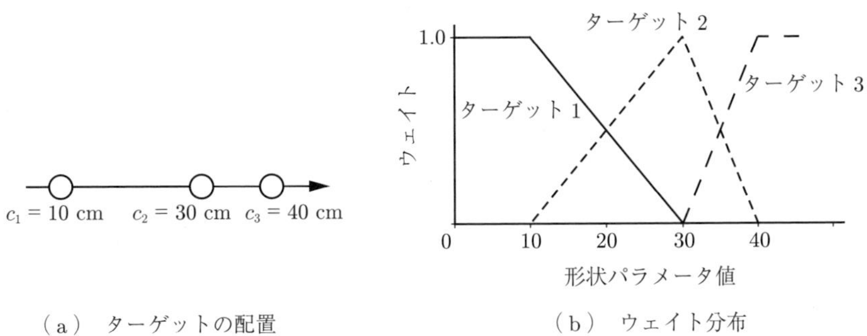

（a）　ターゲットの配置　　（b）　ウェイト分布

図 **2.10**　区分線形補間法によるブレンドウェイト分布

るアルゴリズムである。そのため，2 次元の場合はバイリニア補間法[†]や，3 次元に拡張したトリリニア補間法など，次元数に応じたアルゴリズムを利用することになる。ただし，こうした区分線形補間法を多次元に拡張したアルゴリズムは，ポーズスペースを格子状に分割したうえで，そのすべての格子頂点座標に対応するターゲット制作しなければならない。すなわち，制作すべきターゲット数が形状パラメータの次元数に関して指数的に増加するという，比較的厳しい利用条件が課される。

2.4.2　散布データ補間法

任意次元数の形状パラメータを統一的に扱える代表的なアルゴリズムとして，**散布データ補間法**（scattered data interpolation method）が挙げられる。散布データ補間法は，任意次元空間内に離散的かつ不規則に与えられたデータを，滑らかに補間する技術の総称である。この技術を応用することで，特定のルールに則らずに制作された複数のターゲットを任意次元数のポーズスペース内に配置したうえで，指定された形状パラメータに対応する中間形状を補間できる。ここでは代表的な散布データ補間法であるシェパード補間法と，動径基底関数補間法，そしてK 近傍補間法について，それぞれの計算手順と特性についてまとめる。

〔1〕 シェパード補間法　　**シェパード補間法**（Shepard's interpolation method）は，式 (2.5) で表されるように，ポーズスペース内の距離の逆数を用いてブレンドウェイトを算出する。

$$\beta_b = \begin{cases} 1 & \text{if } \boldsymbol{c}^* = \boldsymbol{c}_b \\ 0 & \text{if } \boldsymbol{c}^* = \boldsymbol{c}_{b' \neq b} \\ \dfrac{1}{\|\boldsymbol{c}^* - \boldsymbol{c}_b\|^\gamma} \Bigg/ \displaystyle\sum_{a=1}^{B} \dfrac{1}{\|\boldsymbol{c}^* - \boldsymbol{c}_a\|^\gamma} & \text{otherwise} \end{cases} \tag{2.5}$$

ここで，$\boldsymbol{c}^*$ は形状パラメータの目標値，$\boldsymbol{c}_b$ は b 番目のターゲットに対応する形状パラメータ，γ は 1 以上の自然数をとる累乗係数である。つまり，ポーズス

[†] バイリニア補間法の具体的な計算手順については，4.4.3 項を参照されたい。

ペースにおけるターゲットと目標値のユークリッド距離を計算し，その逆数の γ 乗に比例したブレンドウェイトを算出する方法である。さらに，ウェイトの総和を1に正規化することで，破綻の少ない補間結果を求める。

ただし，シェパード補間法による推定されるブレンドウェイトは，必ずしも直観的な結果を与えない。例えば，図2.9に示す円筒の例と同じく，長さ10 cm, 30 cm，40 cm に対応する三つのターゲットを考える。ここで目標パラメータを $c^* = 35.0\,\mathrm{cm}$ とすると，理想的には区分線形補間法の結果と同様に，30 cm と 40 cm のターゲットに対していずれも0.5のウェイトを与えることが期待される。しかし，$\gamma = 1$ のときの計算結果は，それぞれ $\beta_1 = 0.09$，$\beta_2 = 0.455$，$\beta_3 = 0.455$ となり，10 cm のターゲットに対して約1割ものウェイトを割り当てることになる。そして，算出されたウェイトを用いて合成された円筒の長さは約32.7 cm と，目標パラメータから2.3 cm もの誤差が生じる。また，$\gamma = 2$ の場合も，おおむね $\beta_1 = 0.02$，$\beta_2 = 0.49$，$\beta_3 = 0.49$ となり，ブレンド結果の円筒長は34.5 cm と精度は改善しているが，依然として一定の誤差が生じている。

これは，区分線形補間法は目標パラメータ付近のターゲットのみを用いた計算を行うことで，それ以外の離れたターゲットからの影響を遮断する効果を持つ一方で，シェパード補間法はそうした遮断効果を示さないためである。例えば，図 **2.11**(a)，(b) 両方のウェイト分布を見ると，理想的にはパラメータ区

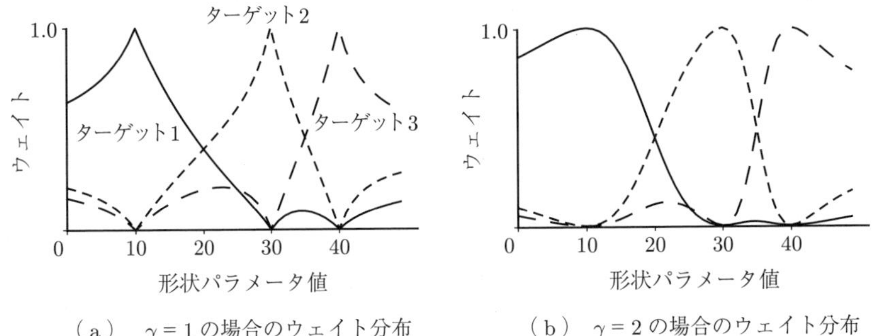

（a） $\gamma = 1$ の場合のウェイト分布　（b） $\gamma = 2$ の場合のウェイト分布

図 2.11 シェパード補間法によるブレンドウェイト推定例

間 [30, 40) 内では 10 cm のターゲットの影響は遮断されるべきである。しかし，シェパード補間法では，すべてのターゲットに必ず 0 より大きな重み，ポーズスペース内でどれほど離れたターゲットであってもブレンド計算に影響する。このようにシェパード補間法は，アルゴリズムが単純であるがゆえに高速な演算が可能である一方で，必ずしも推定精度は高くないことから，さほど高い品質が求められない場面においては有力な手法となる。

〔**2**〕 **動径基底関数補間法**　シェパード補間法と並ぶ代表的な散布データ補間法として，**動径基底関数補間** (Radial Basis Function interpolation method)，あるいは **RBF 補間法**と略記される手法が挙げられる。RBF 補間法では，ポーズスペース内の距離に関する任意の基底関数を用いて，ポーズスペース内における各ターゲットの影響範囲と分布を表現する。すなわち，シェパード法と同様，目標形状パラメータ値とターゲット間の距離に応じてブレンドウェイトを決定する手法であり，その際にさまざまな基底関数を組み合わせることで補間精度の向上を図る。その中でも，式 (2.6) に示すような，ガウス関数を基底とする RBF 補間法が広く用いられている。

$$\beta_b = \frac{\mathcal{N}(\|\boldsymbol{c}^* - \boldsymbol{c}_b\|; \sigma_b^2)}{\sum_{a=1}^{B} \mathcal{N}(\|\boldsymbol{c}^* - \boldsymbol{c}_a\|; \sigma_a^2)} \tag{2.6}$$

ここで，$\mathcal{N}$ は原点を中心とする分散 σ_b^2 のガウス関数を表す。こうしたガウス関数を用いた RBF 補間は，目標パラメータ値との距離が近いターゲットに大きなウェイトを与えるが，距離が大きくなるにつれて急激にウェイトを低減させることを特徴とする。そして，一定以上の距離を示すターゲットには 0 とみなせる程度の小さなウェイトのみ与える。すなわち，各ターゲットの影響範囲をポーズスペース内の局所領域に制限することで，遠方のターゲットの影響を遮断して補間精度を改善する。

図 2.9 に示す円筒の例を対象として，すべてのターゲットに対してガウス関数を基底関数として用いる例を考える。このとき，すべての基底関数の分散を $\sigma^2 = 20, 50, 100$ と変えるとき，$c^* \in [0, 50)$ の形状パラメータ定義域において**図 2.12** に示すブレンドウェイト分布が得られる。まず，各基底関数は図 (a) に

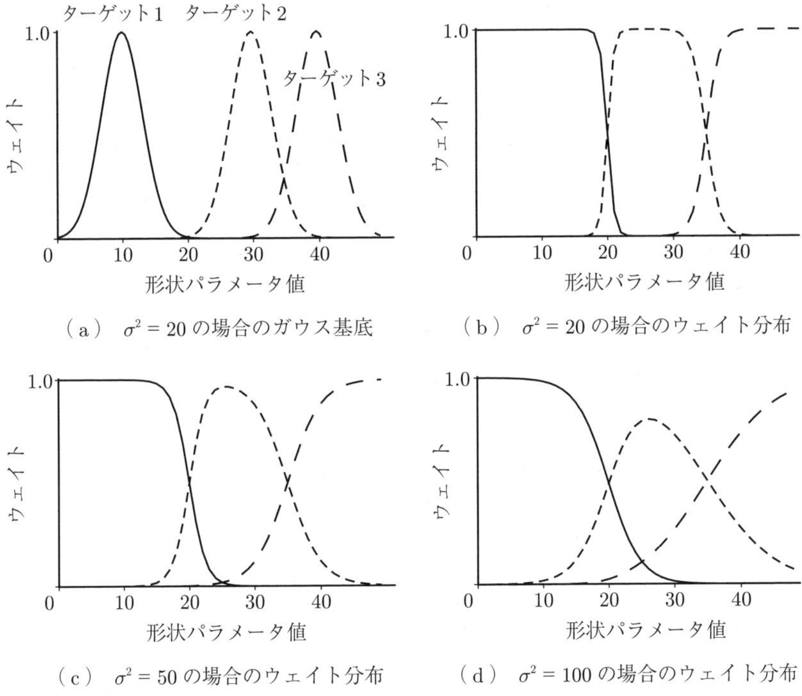

（a）　$\sigma^2 = 20$ の場合のガウス基底

（b）　$\sigma^2 = 20$ の場合のウェイト分布

（c）　$\sigma^2 = 50$ の場合のウェイト分布

（d）　$\sigma^2 = 100$ の場合のウェイト分布

図 2.12　RBF 補間法によるブレンドウェイト推定例

示すように，ターゲットの形状パラメータを中心とするガウス関数を示している。そして，式 (2.6) を通じた正規化を経て，図 (b)，(c) に示すようなウェイト分布が得られる。このように，分散が小さいほどウェイト分布が急峻な変化を示す一方で，分散が大きくなるほどウェイト変化が滑らかになるが，ターゲット付近での推定精度が著しく低下する様子が確認できる。例えば，形状パラメータ値 40 が指定されたとき，$\sigma^2 = 100$ の場合にはターゲット 2 へのブレンドウェイトが大まかに $\beta_2 = 0.3$，ターゲット 3 へのブレンドウェイトが $\beta_3 = 0.7$ ほどと大きな誤差が生じている（図 (d)）。

このように，RBF 補間法を用いて所望の結果を得るためには，適切な基底関数の選択，および各基底関数の計算パラメータ調整が求められる。例えばガウス関数を基底とする場合には，ポーズスペース全域に広く分布するような基底や，狭い領域に局所的に分布するような基底を適切に組み合わせるように，ターゲットごとに分散 σ_b^2 を調整しなければならない。さらには，ガウス関数以外の基底，例えば，シェパード法が採用する距離の逆数など，異なる種類の基底関数を混在させることが求められる場合もある。このような手間をともなう反面，非常に自由度の高いポーズスペース設計が可能であることから，精細な形状変形制御が求められる用途に適している。なお，ガウス関数のほかにも，3 次スプライン関数を基底とする RBF 補間法や，線形回帰と RBF 補間法を組み合わせる方法[3)] なども提案されているが，それらの詳細については原著を参照されたい。

〔3〕 **K 最近傍補間法**　シェパード補間法や RBF 補間法のように，与えられたすべてのターゲットを対象とする補間計算では，ターゲットの数が増えるほど計算量が多くなるとともに，遮断効果に欠けるアルゴリズムでは補間精度が低下しやすい。そこで，ポーズスペース空間内で目標形状パラメータ値に近接する少数のターゲットのみを適応的に選択し，局所的に散布データ補間を施すアプローチが用いられる。その中でも K 個のターゲットのみ自動選択して用いる方法は **K 最近傍補間法** (K-Nearest Neighbor interpolation method)，あるいは **KNN 補間法**と呼ばれる。K 最近傍補間法の例として，**図 2.13** に示すような，12 個のターゲットが配置された 2 次元ポーズスペースを考える。このとき，黒丸で示す目標形状パラメータ値 $\boldsymbol{c}^*$ が指定された場合には，最も小さ

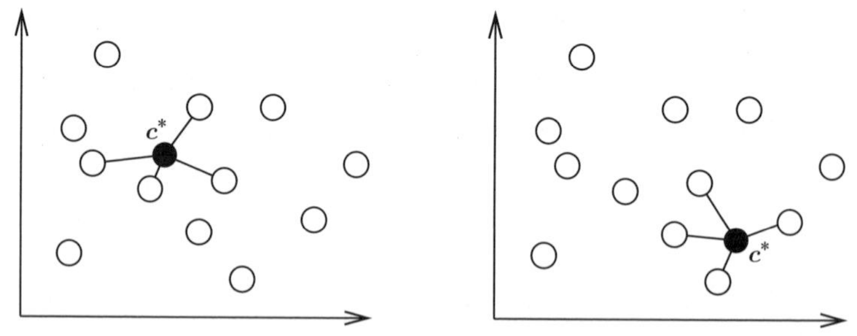

（a） 4 近傍を用いたポーズスペース変形　（b） 異なる目標形状パラメータの指定

図 2.13　K 最近傍補間法の概要

いユークリッド距離を示す K 個のターゲットのみを補間対象として，シェパード補間法や RBF 補間法を施す。例えば $K = 4$ とするとき，図 (a) の場合にはポーズスペース中央付近のターゲットが選択され，また，図 (b) の場合には右下付近のターゲットが選択される。このように，少数のターゲットのみを補間対象にすることで計算量を削減しつつ，また，離れたターゲットの影響を明示的に遮断することで補間精度の向上を図る。

ただし，近傍数 K の設定は，ポーズスペース内のターゲットの分布を踏まえて慎重に行わなければならない。特に近傍数 K の値が小さいときには，補間対象となるターゲットの選択状態が変化するときに，ブレンドウェイトが不連続に変化する問題が生じる。その中でも，近傍数を $K = 1$ に限定する方法は**最近傍補間法**（nearest neighbor interpolation method）と呼ばれ，ディジタル画像処理などにおいても広く活用されているが，形状パラメータ値が最も近いターゲットのみを直接出力するため，その補間結果はポーズスペース内で必ず不連続に変化する。そのため PSD 法では，形状パラメータの変化に応じてモデル形状を滑らかに変形するために，$K \geq 3$ とすることが多い。

〔4〕 **散布データ補間法の特徴** シェパード補間法と RBF 補間法および K 最近傍補間法に共通する利点の一つとして，形状パラメータ $\boldsymbol{c}$ の次元数に依存しない計算アルゴリズムである点が挙げられる。つまり，形状パラメータの次元数が $\dim(\boldsymbol{c}) = 1$ であっても，あるいは $\dim(\boldsymbol{c}) > 10$ であったとしても，パラメータ間のユークリッド距離に基づく一貫した計算モジュール設計が可能となる。

ただし，パラメータの次元数の増加にともなって，いわゆる**次元の呪い**（curse of dimensionality）が生じる。散布データ補間法は，ポーズスペース内で指定されたパラメータ値付近にターゲットが密に存在する場合には高精度な結果を与えるが，ターゲットの分布が疎である場合にはウェイト推定精度が低下する。例えば，**図 2.14** に示すように，ポーズスペースにおける任意の小領域を表現するためには，1 次元の場合（図 (a)）は線分の両端点，2 次元の場合（図 (b)）は矩形（くけい）の 4 頂点，3 次元の場合（図 (c)）は直方体の 8 頂点が必要となる。この

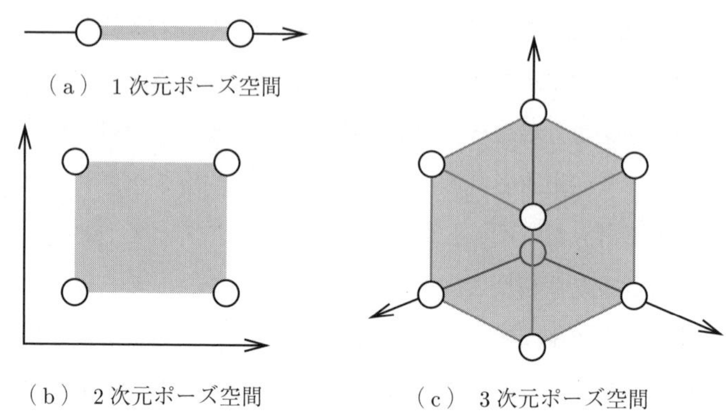

図 **2.14**　次元の呪い

例が示すように，形状パラメータの次元数が一つ増えるたびに，必要とされるターゲット数は2倍になる。すなわち，任意の高次元形状パラメータに対してつねに自然な形状変形を得るためには，広大なポーズスペース全域を網羅するように膨大な数のターゲットを制作しなければならない。したがって，どうしても高次元の形状パラメータを扱う必要がある場合には，一度に操作するパラメータ数を限定することで複数のポーズスペースに分割するなど，ターゲット数の増加を極力抑えるための工夫を要する。

2.5　自由形状変形

自由形状変形（Free Form Deformation）は，**ケージ**（cage）と呼ばれる格子領域によってポリゴンモデルを内包し，ケージの変形に追従するようにモデルを変形する技術の総称である。また，自由形状変形は，その英語表記の頭文字をとって **FFD** と略記することが多い。これまで多数の FFD 手法が開発されているが，本節では**バーンスタイン基底**（Bernstein basis）を用いたアルゴリズム[4)]について説明する。

2次元図形を例とした FFD の概要を**図 2.15** に示す。ここでは図 (a) に示すように，真円を初期形状とするモデルに対して，4×4 マスの格子状に区切られ

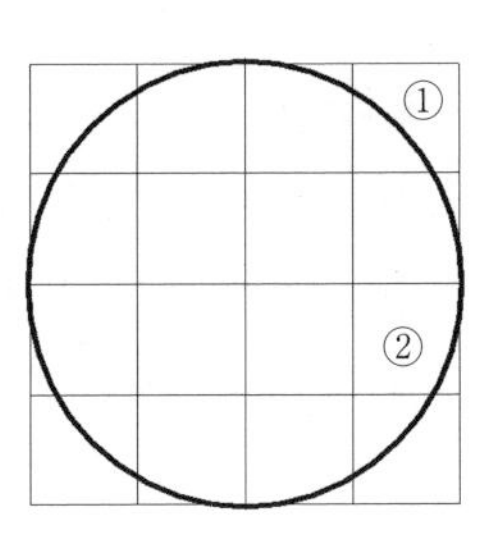

（a） 初期形状とケージ構築

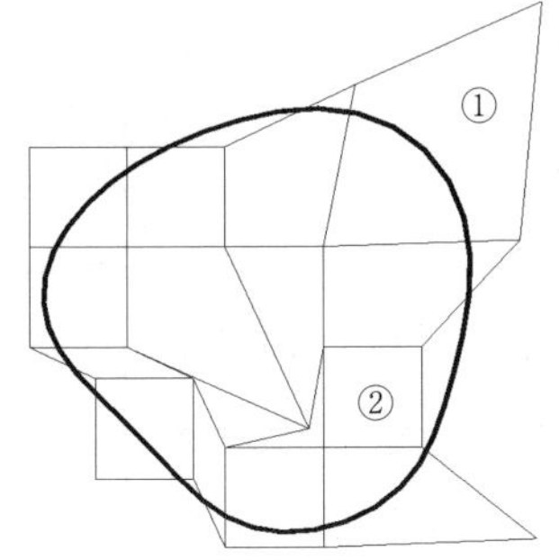

（b） ケージ格子頂点移動に追従した形状変形

図 **2.15** FFD

たケージを外接するように構築している。そして，図 (b) に示すように，ケージ各格子の変形に追従するように円モデルを変形する。このとき，バーンスタイン基底を用いた FFD は，各格子頂点上に配置された **FFD 制御点**（FFD control point）の座標値に基づいてモデルの形状変形を計算する。すなわち，ケージは図のように格子として可視化されることが多いが，エッジの回転やスケール，およびボクセルのスケールや回転は形状変形に作用せず，あくまで FFD 制御点の変位のみによって決定づけられる。そのため，例えば図に示す小領域①は大きく変形しているにもかかわらず，変形前後を通じて内部に円弧を含んでいる。一方，小領域②は変形前後で形状を保っているが，内部に含まれていた円弧は変形後には右側に大きくはみ出している。このように，格子領域に内包されるという見た目上の情報は，バーンスタイン基底を用いた FFD の計算には必ずしも反映されない。

バーンスタイン基底を用いた 3 次元 FFD の計算手順を以下にまとめる。まず，前述のとおり，FFD は FFD 制御点の座標値をアニメーションパラメータとして，内包するモデルの形状変形を計算する。その際，**図 2.16** に示すように，ケージはつぎの五つの条件を満たす立方体であると仮定する。

(1) 辺の長さはすべて 1 である。

(2) 一つの頂点は 3 次元座標系の原点に一致する。

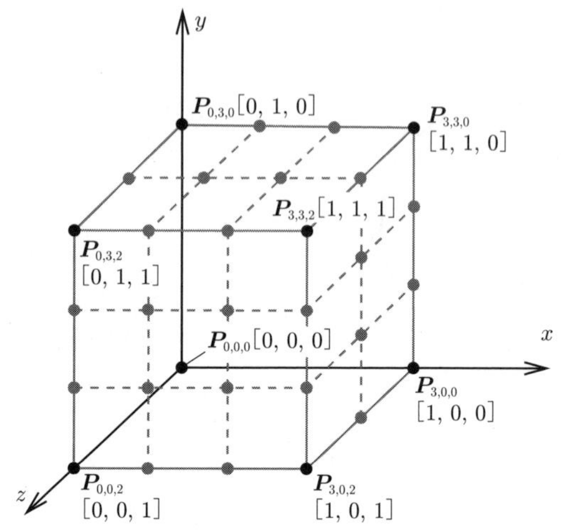

図 **2.16**　3 次元 FFD のケージ

(3)　原点に接続する三つの辺は座標軸の正方向に一致する。

(4)　ケージの各辺はそれぞれ M 等分，N 等分，O 等分される。

(5)　分割点それぞれに FFD 制御点 $\boldsymbol{P}_{m,n,o}$ が配置される。

図 2.16 の例では，各辺を $M = 3$ 等分，$N = 3$ 等分，$O = 2$ 等分しており，原点に一致する FFD 制御点 $\boldsymbol{P}_{0,0,0}$ から座標値 $[1,1,1]$ に対応する $\boldsymbol{P}_{3,3,2}$ まで，計 48 個の制御点が配置される。そして，ケージ内部に含まれる頂点の初期座標を $\bar{\boldsymbol{p}} = \begin{bmatrix}\bar{p}_x & \bar{p}_y & \bar{p}_z\end{bmatrix}^T$ と表すとき，式 (2.7) によって変形後の頂点座標 $\boldsymbol{p}^*$ を計算する。

$$\boldsymbol{p}^* = \sum_{m=0}^{M}\sum_{n=0}^{N}\sum_{o=0}^{O} B_m^M(\bar{p}_x)B_n^N(\bar{p}_y)B_o^O(\bar{p}_z)\boldsymbol{P}_{m,n,o} \tag{2.7}$$

$$B_x^y(z) := {}_y\mathrm{C}_x z^x(1-z)^{y-x} \tag{2.8}$$

ここで，式 (2.8) がバーンスタイン基底関数である。

式 (2.7)，(2.8) が表すように，ケージ内の各点は近接する FFD 制御点から大きな影響を受ける一方で，離れた制御点の影響は小さくなる。また，ケージ内の任意の位置 $\bar{\boldsymbol{p}}$ に与える FFD 制御点の影響 $B_m^M(\bar{p}_x)B_n^N(\bar{p}_y)B_o^O(\bar{p}_z)$ は，ランタイム実行前に事前計算可能である。ただし，ケージの大きさや分割数によらず，ケージ内のあらゆる点はすべての FFD 制御点から作用を受けることに注意が必要である。すなわち，離れたFFD制御点からの影響を完全に遮断するためには，単純にケージの格子数を増やすのではなく，複数のケージに分割しなければならない。そのうえで，隣接するケージのFFD制御点を同時に移動させる機構を設けることで，あたかも単一のケージを操作するかのようなインタフェースを提供するなど，一貫した操作体系を提供するための工夫が求められる。

ここでさらに，任意の位置・方向・大きさを示す直方体をケージとして扱うことを考える。式 (2.7) はあくまでも前述の条件を満たす立方体状のケージを前提に成り立つため，3次元座標系原点から離れたケージや，各辺が座標軸方向に沿っていないケージ，および3辺の長さが異なる直方体状のケージは扱えない。しかしながら，**図 2.17** に示すように，ケージの1点を局所的な原点，その点に接続する3辺を座標軸，そして各辺の長さを1とみなすような局所座標系を考えることで，上述の条件は成り立つ。つまり，任意の直方体に適切な座標変換を施すことで，式 (2.7) の適用条件は満たされる。ただし，その際にも，ケージの初期形状は直方体であり，また直方体各辺を等分割するような位置にFFD制御点を配置するという条件は必ず課される。

ちなみに，バーンスタイン基底関数は，ベジェ曲線・ベジェ曲面の計算にも

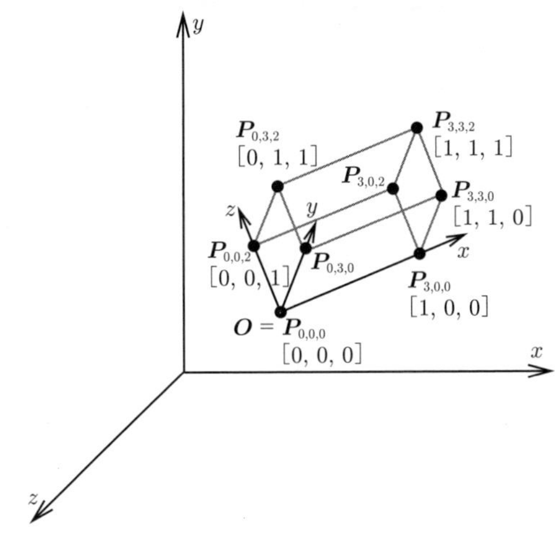

図 2.17　任意のケージの局所座標系

応用されている。したがって，例えば四つの制御点を通過する線分を FFD によって変形すると，**図 2.18** 中の破線に示すように，その形状はベジェ曲線に一致する。また，FFD を計算するアルゴリズムとして，ほかにも平均値座標系 (mean value coordinates)[5),6)] や調和座標系 (harmonic coordinates)[7)]，さらにはグリーン座標系 (Green coordinates)[8)] などが提案されている。いずれもバーンスタイン基底関数に基づくアルゴリズムよりも良質な変形結果を与えることから，各種 CG ソフトウェアへの導入も進んでいる。これらの発展技術の詳細については各文献を参照されたい。

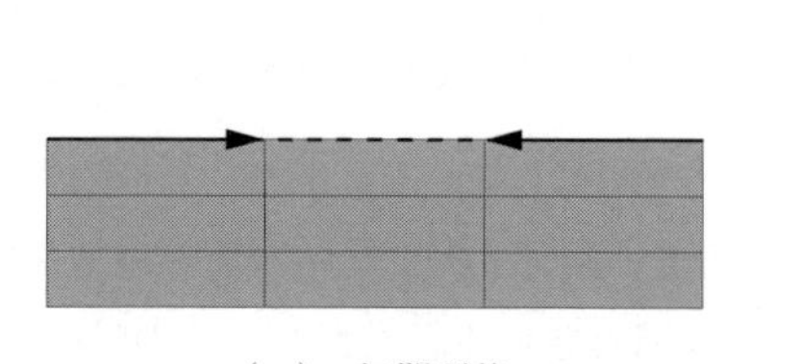

（a） 初期形状

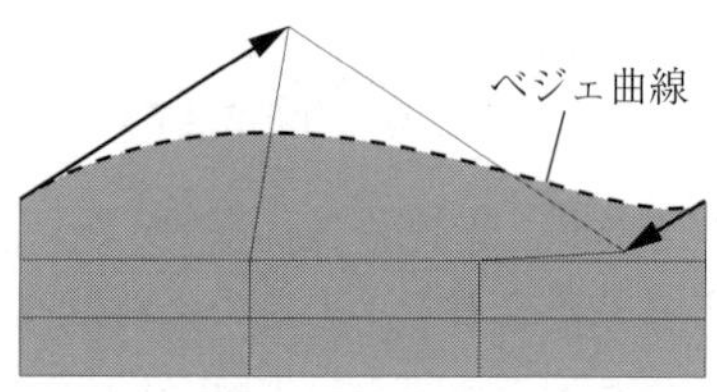

（b） 二つのケージ格子頂点の移動

図 2.18　FFD とベジェ曲線

2.6　スキンモデル

2.6.1　スキンモデルの概要

スキンモデル (skin model) は，モデルの表面形状を表すポリゴンメッシュに複数の**ジョイント** (joint) と呼ばれる操作インタフェースを対応づけたうえで，ジョイントの移動や回転などの姿勢変化に応じてモデルを変形する技術である[9)]。ジョイントの姿勢変化に追従して変形するように設定されたポリゴンメッシュを**スキン** (skin) と呼び，またジョイントがスキン各頂点に及ぼす影響度，つまりジョイントの姿勢変化に連動する頂点の移動量は**スキンウェイト** (skin weight) と呼ばれるパラメータを通じて設定する。このように，変形前の初期形状メッシュに対してジョイントを対応づけることで，スキンモデルを構築する手順を**バインディング** (binding)，あるいは**スキニング** (skinning) と呼ぶ。こうして構築されたスキンモデルは，ジョイントの位置・回転・スケール値をアニメーションパラメータとして変形される。つまり，スキンウェイトは各モデルに固有に設定されて時間変化しない。

スキンモデルは，リアルタイムキャラクタアニメーション制作のための事実上の標準技法であり，各種ゲームエンジンやアプリケーションに広く採用されている。そのため，その詳細については次章以降で詳しく説明するものとし，本節では概要のみをまとめることにする。

2.6.2 スキンモデルの形状変形

スキンモデルの形状変形の特徴について，**図 2.19** の例を用いて説明する。まず，図 (a) に示すとおり，初期状態では楕円体の内部に三つのジョイントをバインディングしている。ここで，図 (b) のグラデーションに表されるように，中央ジョイントに対するスキンウェイトはモデル中央付近で最大値を示し，端点に向かって減少するような分布が与えられている。この初期状態から，左端のジョイントを上方へ平行移動，中央のジョイントを拡大，そして右端のジョイントを時計回りに 20° ほど回転させると，図 (c) に示す形状変形結果が得られる。このとき，中央ジョイントの拡大によって中央付近は膨らんでいるが，末端部分の大きさは変化していない。これは，中央ジョイントのスケール変化は，スキンウェイトの分布に応じてモデル中央付近には大きく影響する一方で，末

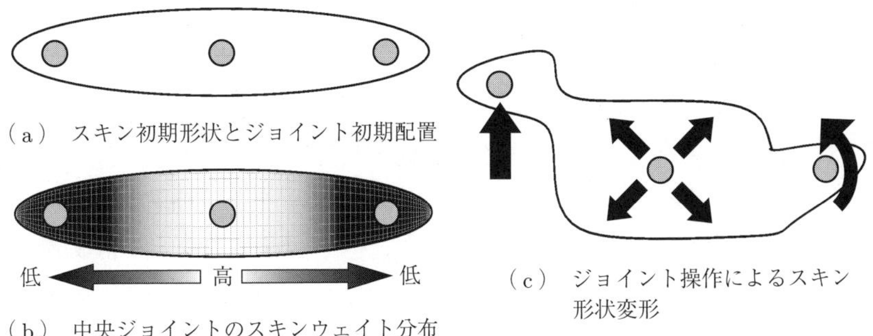

（a） スキン初期形状とジョイント初期配置

（b） 中央ジョイントのスキンウェイト分布

（c） ジョイント操作によるスキン形状変形

図 2.19　スキンモデルの形状変形

端部分にはさほど影響しないためである。また，モデルの左端部分は中央部分に滑らかに接続したまま上方に移動し，右端部分は右上方向に向かって回転している。これは，図 (b) の黒くなっている部分において，左右各ジョイントの影響が大きくなっていることを示している。このようにスキンの形状は，ジョイントの姿勢変化とスキンウェイトの設定によって決定づけられる。

また，スキンモデルの導入に際しては，隣接するポリゴン頂点間になんらかの連動関係の存在を仮定することが多い。例えば，動物の皮膚の一部をつまんで動かすと，その周辺の皮膚も引っ張られて伸縮し，手を離すと弾性的な挙動を経てもとの形状に戻る。こうした，特定部分の運動に周辺領域を連動させるようなアニメーション表現にスキンモデルは適している。具体的な例として，顔のスキンモデルを構築する際には，まぶたや口，ほほなどにジョイントを配置し，それらの近辺にあたる頂点には大きなスキンウェイトを与えることで，頂点座標の変位をジョイントに連動させる。一方，距離が離れるにしたがってウェイトを低減させることで，ジョイントの運動が同心円状に波及するような，実際の皮膚の伸縮を模したスキンモデルを構築できる。ちなみに，キャラクタの顔形状は，複雑な構造を示す表情筋の運動にしたがった繊細な変形を示すため，あらゆる表情変化に対して自然な顔形状変形を実現するためには，多数のジョイントの導入と慎重なスキンウェイト調整が求められる。

2.6.3 スキンモデルとスケルトン

スキンモデルの適用にあたっては，**スケルトン**（skeleton）を併用することが多い。スケルトンは，複数のジョイントをボーンすなわち骨を用いて連結する構造であり，連結されるジョイントの間に従属関係を与える。つまり，一つのジョイントの運動に追従するように，複数のジョイントを連動させるために導入される構造である。例えば，図 **2.20** に，三つのジョイントで構成されるスケルトンを円柱モデルにバインディングしたスキンモデルを示す。図 (a) の初期状態に示すように，円柱の中心軸に沿ってジョイントを直列に接続することでスケルトンを構築している。このとき，中央ジョイントと終端ジョイント

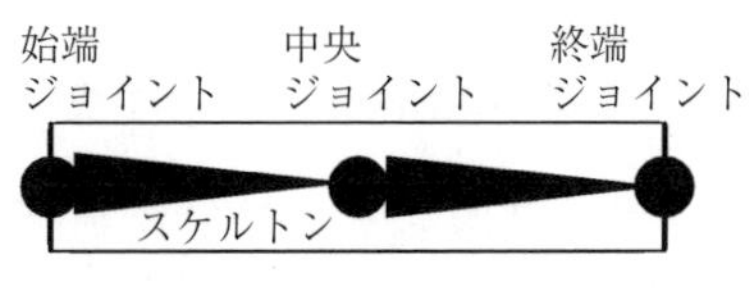

（a） 初期形状

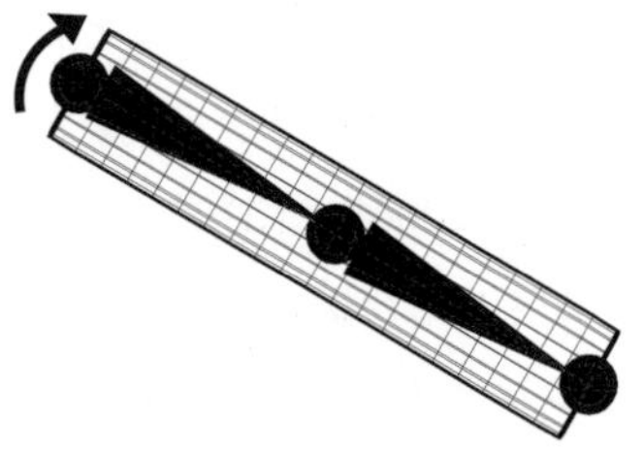

（b） 始端ジョイントの 30°曲げ

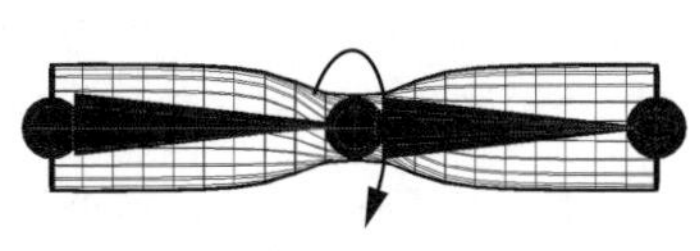

（c） 中央ジョイントの 120°ひねり

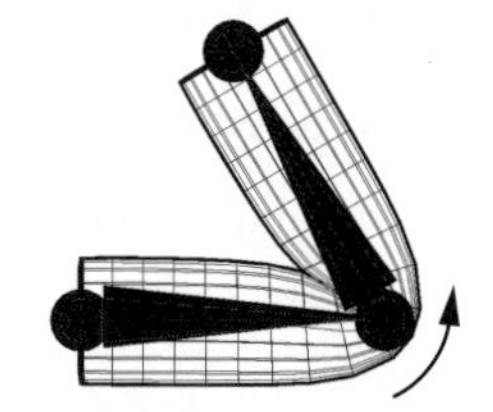

（d） 中央ジョイントの 110°曲げ

図 2.20 スケルトンを用いたスキン変形

は，それぞれ始端ジョイントに連動するような従属関係を示す。こうしたスケルトンを用いたスキンモデルに対して，まず始端ジョイントを回転させると，図 (b) に示すように円柱スキンの全頂点と中央・終端ジョイントが連動して移動する。また，中央ジョイントの回転は，図 (c)，(d) に示すように，中央ジョイントから円柱先端に至るスキンメッシュ各頂点と，終端ジョイントに変位を生じる。その一方で，始端ジョイントの位置には一切影響せず，また円柱左側の頂点座標への影響も限定的である。このように，始端ジョイントの運動はスキンの大部分を移動させる一方で，スケルトンの末端に近いジョイントはスキンの限られた領域にのみ影響を及ぼす。

このようにスケルトン法では，ボーンで接続された複数のジョイントを連動して操作することで，特に多関節体のキャラクタのスキン形状を直観的に操作できる。例えば，脊椎生物モデルのスケルトンの構造は，各生物特有の骨格構造を模して構築することが一般的である。特に人型モデルでは，背骨と両肩，両肘，両手首，両腿，両膝，両足首といった基本となるジョイントに加えて，所望のスキン変形を与えるためのジョイントを含めたスケルトンを構築することが多い。一方，無脊椎動物など軟体動物の場合には，アニメータが操作しやすいような任意形状のスケルトンが個別に設計される。

なお，図 2.20(c)，(d) において，中央ジョイントの回転によって中央付近のスキンが不自然に縮小するような効果が表れている。これらは第 3 章で述べる線形ブレンドスキニングに固有の不具合である。図 (c) に示すようなジョイントのひねりによる縮小は，キャンディの包み紙の両端を細く絞ったときの形状に似ていることから**キャンディラッパー現象**（candy-wrapper effect）と呼ばれる。また，図 (d) に示すような，ジョイントの曲げによる収縮は**エルボー破綻現象**（elbow collapse effect）と呼ばれる。この名称は，キャラクタの肘にジョイントを一つだけ配置して操作する際に，意図せず肘が細くなる不具合が発生しやすいことに由来する。第 3 章では，こうした不具合を低減するための工夫についても述べる。

2.7　物理シミュレーション

重力の働きによる物体の自由落下や放物運動，あるいは物体への加圧によって生じる表面のへこみなどの形状変形は，いずれもモデルの物理的特性によって決定づけられる。こうした物理法則に従った挙動をスキンモデルやブレンドシェイプなどを用いてアニメーション表現するためには，物理現象に関する深い理解や，慎重な観察に基づく試行錯誤的な作業をアニメータに要求する。一方，**物理シミュレーション**（physics simulation）を応用することで，物理法則を模した挙動の自動計算が図られる[10),11)]。つまり，外部から加わる力の影響を考慮しつつ，モデル自体の物理特性や運動状態に基づいた形状変形を即座にシミュレートする。その際，多くのアプリケーションにおいては必ずしも現実の物理法則の正確な再現は求められず，あくまで見た目に妥当な挙動を生成することが重要となる。特にキャラクタアニメーションにおいては，キャラクタの毛髪や衣服，アクセサリをはじめとする携帯物など，アプリケーション実行中のキャラクタモーションにダイナミックに追従するモデルに対して，もっともらしい挙動を自動生成することが求められる。本節では，古典的な質点系力学に基づく物理シミュレーションのアルゴリズムについて概観する。

2.7.1 質点系力学に基づく形状変形

最も単純な物理シミュレーション法は，質点系力学に基づくアルゴリズムである。具体的には，モデルを構成する各ポリゴン頂点を質点とみなし，重力やほかの物体との衝突，風の効果など，質点に加わる外力に対する挙動を計算する。すなわち，各頂点座標値というミクロな時間変化を計算することで，モデル全体のマクロな形状変形を表現するという，ボトムアップ型の計算アプローチである。その際，制作者による直観的な操作を可能にしつつ，所望するアニメーションを得るための制約条件をシミュレーションに導入する。例えば，隣接する質点間の距離を一定に保つような制約や，モデルの初期形状における頂点座標値を到達目標とする制約条件などが用いられる。本節では，そうした質点系力学計算に基づく変形シミュレーション技法について述べる。

まずはじめに，質点として表現されたポリゴン頂点 i の時刻 τ における座標 $\boldsymbol{p}_i(\tau)$ を求める運動方程式を示す。

$$\begin{cases} \boldsymbol{p}_i(\tau) = \boldsymbol{p}_i(0) + \displaystyle\int_0^\tau \dot{\boldsymbol{p}}_i(u)du \\ \dot{\boldsymbol{p}}_i(\tau) = \dot{\boldsymbol{p}}_i(0) + \displaystyle\int_0^\tau \frac{1}{m_i}\boldsymbol{f}_i(u)du \end{cases} \tag{2.9}$$

ここで，$\boldsymbol{p}_i(0)$ は初期座標，$\dot{\boldsymbol{p}}_i(\tau)$ と $\dot{\boldsymbol{p}}_i(0)$ は質点の速度とその初期値，m_i は質点 i の質量，そして $\boldsymbol{f}_i(u)$ は時刻 u において質点 i に加わる外力を表す。すなわち式 (2.9) は，質点の速度はその時刻に至るまでに加えられた外力の積算によって決定し，また質点の変位は速度の積算によって決定することを表している。

こうした時間積分の計算には，**オイラー法**（Euler method）や**ルンゲ・クッタ法**（Runge-Kutta method）など各種数値積分法が用いられる[12)]。特にゲームなどの即応性が求められる場合は，計算負荷が低いオイラー法が用いられる。具体的には，式 (2.9) を 1 次近似した離散式を整理することで，式 (2.10) で表される漸化式を得る。

$$\begin{cases} \dot{\boldsymbol{p}}_{i,\tau} = \dot{\boldsymbol{p}}_{i,\tau-1} + \dfrac{1}{m_i}\boldsymbol{f}_{i,\tau}\Delta\tau \\ \boldsymbol{p}_{i,\tau+1} = \boldsymbol{p}_{i,\tau} + \dot{\boldsymbol{p}}_{i,\tau}\Delta\tau \end{cases} \tag{2.10}$$

ここで，$\Delta\tau$ はシミュレーションの計算時間ステップを表す。このように，各時間ステップでは外力による速度変化を計算したうえで，次ステップにおける質点座標を計算する。こうした漸化式の計算を逐次的に反復することで，時間積分の近似解を求める。

オイラー法による質点座標更新の模式図を**図 2.21** に示す。まず，質点の初期位置 $\boldsymbol{p}_{i,0}$ と初期速度 $\dot{\boldsymbol{p}}_{i,0}$ が与えられたとき，そのほかには外力が加えられていないため，つぎの時間ステップにおける座標は $\boldsymbol{p}_{i,1} = \boldsymbol{p}_{i,0} + \dot{\boldsymbol{p}}_{i,0}\Delta\tau$ となり，また速度は変わらず $\dot{\boldsymbol{p}}_{i,1} = \dot{\boldsymbol{p}}_{i,0}$ となる。続いて，つぎの時間ステップでの座標は $\boldsymbol{p}_{i,2} = \boldsymbol{p}_{i,1} + \dot{\boldsymbol{p}}_{i,1}\Delta\tau$ となるが，そこで外力 $\boldsymbol{f}_{i,2}$ が加わるため速度は $\dot{\boldsymbol{p}}_{i,2} = \dot{\boldsymbol{p}}_{i,1} + (1/m_i)\boldsymbol{f}_{i,2}\Delta\tau$ に更新される。そのつぎの時刻でも同様に，$\boldsymbol{f}_{i,3}$ による速度変化が生じることで質点の軌道がしだいに変化する。このように，外力が加わらない状態では質点は等速直線運動を維持するが，重力や空気抵抗，衝突などの外力によって軌道が変化する。

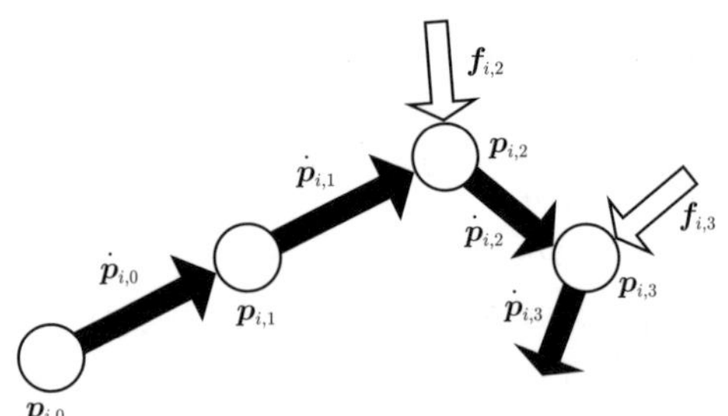

図 2.21　質点系力学シミュレーションの時間ステップ

さらに，式 (2.9) よりも安定な計算を行うアルゴリズムとして，式 (2.11) に示す**ベルレ積分**（Verlet integration）が用いられる。

$$\boldsymbol{p}_{i,\tau+1} = 2\boldsymbol{p}_{i,\tau} - \boldsymbol{p}_{i,\tau-1} + \frac{1}{m_i}\boldsymbol{f}_{i,\tau}\Delta\tau^2 \tag{2.11}$$

この式に示すように，ベルレ積分を用いた質点系力学シミュレーションでは，各時間ステップにおける質点座標を，直前の二つの時間ステップにおける質点座標と外力に基づいて計算する。また，もし速度計算が必要な場合は，式 (2.9) を変形した式 (2.12) を用いて近似する。

$$\begin{cases} \dot{\boldsymbol{p}}_{i,\tau} = \dfrac{1}{\Delta\tau}(\boldsymbol{p}_{i,\tau} - \boldsymbol{p}_{i,\tau-1}) \\ \boldsymbol{p}_{i,\tau+1} = \boldsymbol{p}_{i,\tau} + \dot{\boldsymbol{p}}_{i,\tau}\Delta\tau + \dfrac{1}{m_i}\boldsymbol{f}_{i,\tau}\Delta\tau^2 \end{cases} \tag{2.12}$$

こうしたベルレ積分は 3 次のテイラー展開に基づいて導出されるため，その近似誤差は時間ステップ $\Delta\tau$ の 4 乗に比例する[11)]。一方，オイラー法は 1 次近似であるため誤差は $\Delta\tau^2$ に比例する。一般的に $\Delta\tau \ll 1$ であるため，ベルレ積分はオイラー法よりも高精度な近似を与え，時間ステップ $\Delta\tau$ を比較的大きくとっても安定して計算できる。ただし，式 (2.12) により算出される速度はあくまで近似値であるため，物理的には必ずしも正しくないことに注意が必要である。

また，式 (2.10) と式 (2.11) はいずれも近似式であるため，時間ステップ $\Delta\tau$ に応じた計算誤差を生じる点に注意が必要である。特に**ドリフト**（drift）と呼ばれる，誤差の蓄積によってしだいに真値から大きくかけ離れた値となる不具合が問題となる。また，ほかの物体に衝突した際に生じる反発力や摩擦力など，外力の計算が複雑になりがちである。典型的には，時間ステップ $\Delta\tau$ の間に他物体へのめり込みが生じる問題が挙げられる。例えば，**図 2.22** の $\boldsymbol{p}_{i,1}$ にある質点は，つぎの時間ステップでは $\boldsymbol{p}_{i,2}$ のように床面の中にめり込んでしまう。もし床の素材がコンクリートのように硬い場合には，めり込みの解消のために $\boldsymbol{f}_{i,2}$ に示すように過大な反発力が発生し，$\dot{\boldsymbol{p}}_{i,2}$ のように鉛直上方に向かう大きな速度が発生する結果として，質点が彼方に跳ね飛ばされてしまう。

こうした不安定な計算は，時間ステップ $\Delta\tau$ を十分に短くすることで軽減できるが，$\Delta\tau$ の短縮に反比例して計算負荷が増大する。さらに陰的時間積分法などの高精度なアルゴリズムの導入も考えられるが，計算量の増大やソフトウェア実装の複雑化を招く。そのため，こうした各問題に対して，より正確な衝突

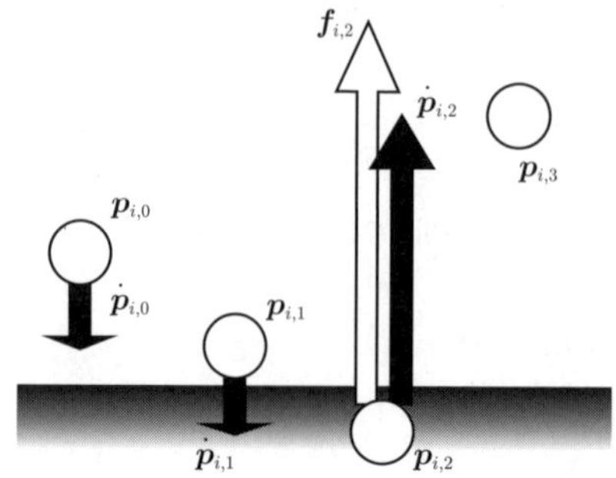

図 **2.22**　めり込みによる過大な反発力の発生

検出や外力算出を行うための各種アルゴリズムが提案されている[13)~15)]。

2.7.2　バネ-マス-ダンパモデル

衣服や皮膚などの柔軟物体の変形シミュレーションに用いられる代表技法の一つに**バネ-マス-ダンパモデル**（mass-spring-damper model）が挙げられる。この計算モデルでは，図 **2.23** に示すように，モデルの各頂点に配置された質点どうしを仮想的なバネとダンパによって接続する。すなわち，各質点は慣性の法則や重力に従うとともに，バネの伸び縮みによって生じる弾性力やダンパの粘性抵抗によって発生する力を受けて運動する。バネ-マス-ダンパモデルが両端の質点に生じる力 $\boldsymbol{f}_{i,\tau}^{\mathrm{SD}}$ の算出式を式 (2.13) に示す。

$$\boldsymbol{f}_{i,\tau}^{\mathrm{SD}} = \boldsymbol{f}^{\mathrm{S}}(\boldsymbol{p}_{i,\tau}) + \boldsymbol{f}^{\mathrm{D}}(\dot{\boldsymbol{p}}_{i,\tau}) \tag{2.13}$$

ここで，弾性項 $\boldsymbol{f}^{\mathrm{S}}$ と粘性摩擦項 $\boldsymbol{f}^{\mathrm{D}}$ は，それぞれ式 (2.14) と式 (2.15) によって算出される。

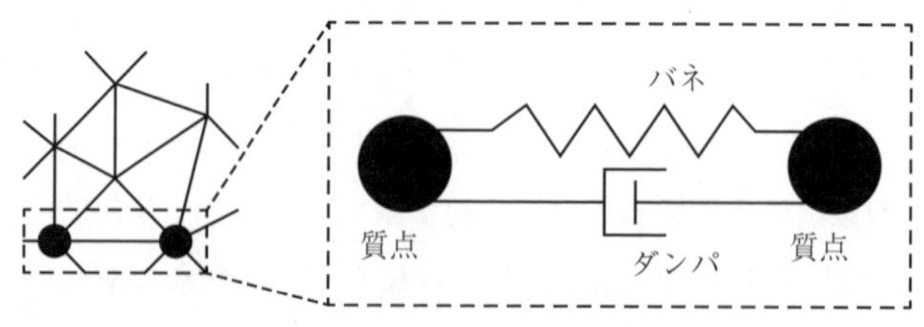

図 **2.23**　バネ-マス-ダンパモデルの模式図

$$\boldsymbol{f}^{\mathrm{S}}(\boldsymbol{p}_{i,\tau})=\sum_{j\in\mathcal{J}_i} S_{ij}\frac{\boldsymbol{p}_{j,\tau}-\boldsymbol{p}_{i,\tau}}{\|\boldsymbol{p}_{j,\tau}-\boldsymbol{p}_{i,\tau}\|}\left(\|\boldsymbol{p}_{j,\tau}-\boldsymbol{p}_{i,\tau}\|-l_{ij}\right) \tag{2.14}$$

$$\boldsymbol{f}^{\mathrm{D}}(\dot{\boldsymbol{p}}_{i,\tau})=\sum_{j\in\mathcal{J}_i} D_{ij}\left(\dot{\boldsymbol{p}}_{j,\tau}-\dot{\boldsymbol{p}}_{i,\tau}\right) \tag{2.15}$$

ここで，$\mathcal{J}_i$ は質点 i に接続する質点の集合を表し，l_{ij} は質点 i と質点 j を結ぶバネの初期長を表す。このように質点 i に加わる弾性項 $\boldsymbol{f}^{\mathrm{S}}$ は，質点 i に接続されたバネの伸縮とバネ定数 S_{ij} の積の総和によって算出される。また，粘性摩擦項 $\boldsymbol{f}^{\mathrm{D}}$ はバネの伸縮速度とダンパ係数 D_{ij} の積の総和として求められ，空気抵抗や水の抵抗力のように，過大な速度変化を抑制する働きをする。こうした式 (2.13) で表されるバネ-マス-ダンパモデルの出力をもとに，各質点の運動をシミュレートできる†。このときモデルの硬い部分は，バネ定数 S_{ij} の大きなバネやダンパ係数 D_{ij} の大きなダンパを介して接続することで表現する。反対に，小さい質量や小さなバネ定数を示すバネを用いることで，モデルの柔らかい部分の変形挙動をシミュレートできる。

2.7.3 フィードバック制御

ゴムボールのような弾性変形を示すモデルに大きな外力が加えられると，過渡的な変形挙動を経て最終的に初期形状に戻る。こうした任意の形状から初期形状に戻るような過渡現象のシミュレーションには，しばしば**フィードバック制御** (feedback control) の理論が応用される[16]。例えば，**比例微分制御** (Proportional Derivative control)，あるいは **PD 制御**と略記される制御工学の手法では，各質点の到達目標座標 $\boldsymbol{p}_i^*$ および目標速度 $\dot{\boldsymbol{p}}_i^*$ が与えられたとき，質点に加える力 $\boldsymbol{f}_{i,\tau}^{\mathrm{PD}}$ を式 (2.16) によって計算する。

$$\boldsymbol{f}_{i,\tau}^{\mathrm{PD}}=k_p(\boldsymbol{p}_i^*-\boldsymbol{p}_{i,\tau})+k_d(\dot{\boldsymbol{p}}_i^*-\dot{\boldsymbol{p}}_{i,\tau}) \tag{2.16}$$

ここで係数 k_p と k_d は**フィードバックゲイン** (feedback gain) あるいは単に**ゲイン** (gain) と呼ばれ，それぞれ変位と速度変位に応じた力を算出するために

† 複数のバネの力がつり合うように，すべての質点に生じる加速度に関する連立方程式を解くことになる。

設定される任意の係数である。例えば，モデルの初期形状 $\bar{\boldsymbol{p}}_i$ に静止させることを目標とするシミュレーションでは，目標速度 $\dot{\boldsymbol{p}}_i^*$ がゼロベクトルであることから，式 (2.16) は式 (2.17) に書き換えられる。

$$\boldsymbol{f}_{i,\tau}^{\mathrm{PD}} = k_p(\bar{\boldsymbol{p}}_i - \boldsymbol{p}_{i,\tau}) - k_d\dot{\boldsymbol{p}}_{i,\tau} \tag{2.17}$$

このように質点座標から初期座標に至る変位とゲイン k_p の積と，現在速度 $\dot{\boldsymbol{p}}_{i,\tau}$ とゲイン k_d の積との和を外力として与える。

例えば，**図 2.24** に示すように，床面上に固定されている立方体を初期形状とする 2 次元図形を，PD 制御を用いて任意の変形形状から初期形状に静止させる場面を考える。変形中の二つの質点座標 $\boldsymbol{p}_1$ と $\boldsymbol{p}_2$ は，それぞれ各時間ステップにおいて初期座標に向かいつつ，各時点における速度を抑制させるような力を発生させる。また，いずれの時点においても，目標位置を通り過ぎるような大きな力を生じているが，その振幅は徐々に小さくなって最終的に初期形状に収束する。

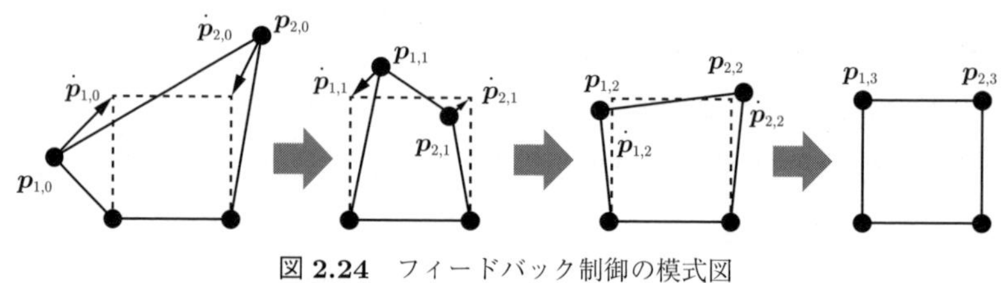

図 2.24　フィードバック制御の模式図

ここでさらに，目標位置からの変位に対するゲイン k_p を大きくすることで，より早く初期形状に収束することが期待される。しかし，k_p を大きくとりすぎると過大な力が加わるため，目標位置をさらに大きく通過しつつ振動したり，さらには時間ステップごとに振幅が大きくなって，最終的に無限大に発散する不具合が発生する。その対処として，ゲイン k_d を大きくとることで過大な速度を抑制できるが，あまりに大きくとりすぎると収束が遅くなる。こうしたフィードバックゲイン k_p，k_d のバランス調整にあたっては，制御理論の知見を応用できる[16)]。例えば，目標位置を通過することなく最も速く目標位置に収束するためには，臨界減衰と呼ばれる式 (2.18) の関係を満たすように k_p と k_d を設定すればよい。

$$k_d = 2\sqrt{k_p m_i} \tag{2.18}$$

また，式 (2.19) で表される指標も，ゲイン設定の基準値として広く利用される。

$$k_d = \sqrt{2}\sqrt{k_p m_i} \tag{2.19}$$

この基準値を用いると，目標位置を中心として振動しながら収束するような挙動が得られる。その際，その振幅が目標値の 5％以内に収束するまでの時間が，ほかの設定値と比較して最も短くなる。そのほかにも，さまざまな設定指標が提案されているが，所望するような振動の挙動を得るため，現実的には試行錯誤的な手動調整を要する。

2.8　リ　　グ

アニメーションデータの制作に際しては，変形対象となる形状モデルに対して**ハンドル** (handle)†と呼ばれる操作入力インタフェースを付加し，ハンドルの操作に対応した形状変形を駆動するための内部メカニズムやインタフェースを構築する。こうした形状変形を制御するためのメカニズムを総称してアニメーションリグ (animation rig)，あるいは単に**リグ** (rig) と呼ぶ[17)]。また，静止モデルに対してリグを構築する作業を**リギング** (rigging) と呼ぶ。例えば，ジョイントやケージはいずれもリグの一要素であり，ポリゴンモデルをスキニングする操作や，キャラクタの外形に沿ってケージを配置することで自由形状変形を適用できるようにする操作はリギングの一手順である。さらには，ブレンドシェイプリグを用いてアニメーションを制作する場合には，ターゲットの形状

† コントローラと呼ぶことも多いが，コントローラ（制御器）はリグ以外にも用いられる汎用的な用語であり，また指し示す制御対象がやや曖昧であることから，本書ではハンドルと呼称する。

モデリングもリギングの一工程とみなすこともある。

例えば，眼球のアニメーションを制作する際には，**図 2.25**(a) に示すように，眼球モデルそれぞれにジョイントを配置し，その回転アニメーションを直接的に制御するようなリグが考えられる。また図 (b) に示すように，注視の対象位置を操作することで間接的に眼球を回転させるようなリグもありえる。この場合は注視位置を表すハンドルを導入し，眼球運動との連動関係を表す数式やプログラムを記述する。さらには，眼球モデルをジョイントにバインディングしたうえで，注視位置を表すハンドルに追従するようにジョイントを回転させるような，多段階の計算を経るようなリグも多用される。このようにリギング工程においては，所望するアニメーションに適した形状変形アルゴリズムの選定，ユーザインタフェースとなるハンドルの設定，そしてハンドル操作に応じて形状変形を駆動するための内部メカニズムの構築などが行われる。

なお，リグは静的アニメーションデータの制作時においてのみ活用され，ランタイムシステムにはリグを用いて制作されたジョイントのアニメーションデー

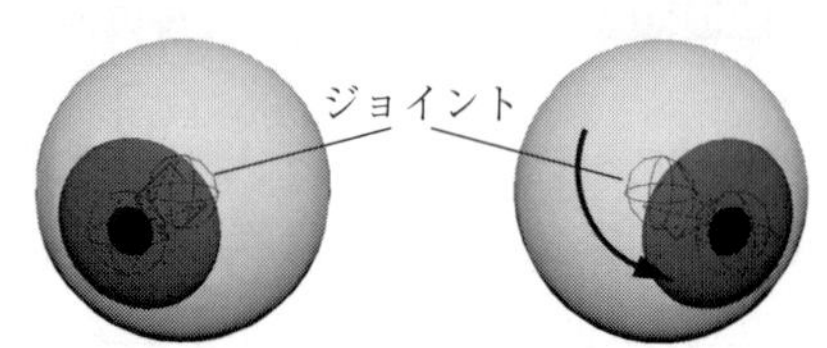

（a） ジョイントの回転による操作

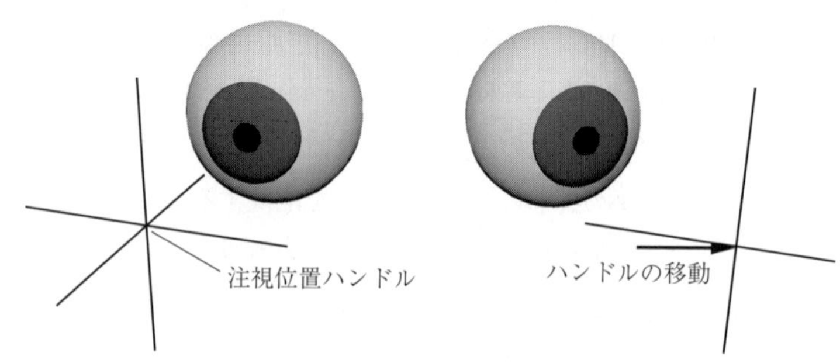

（b） 注視位置の指定を通じた間接的な回転

図 2.25　眼球運動制作のためのリグ

タのみを出力する場合がほとんどである。ただし，即時計算に適した軽量なリグや，プレイヤの操作に関わるハンドルなどは，ランタイムのキャラクタ構造に含めることも多い。

本節では，本章で紹介した形状変形手法を用いたリグおよびリギングの特徴について説明する。ただし，リグの設計は制作目標となるアニメーションやモデル形状，そして各制作現場における慣習などによって大きく左右されるため，あくまで概要の説明に留める。

〔1〕 **スケルトンリグ** スケルトン法で制作されたキャラクタリグにおいては，ジョイントおよびスケルトンそのものがハンドルとして活用される。一般的に，ジョイントはポリゴンモデルの内部，かつ大きな変形を示す箇所に配置されることが多い。例えば，人型キャラクタの場合は，文字どおり関節部分にジョイントを配置する。またミミズやクラゲ，タコのような柔軟体の無脊椎動物の場合は，所望するスキン変形が得られるように，ジョイントの配置やスキンウェイトの分布を設計する。

ただし，特に人型キャラクタの場合には，必ずしも解剖学的な関節とジョイントは一対一で対応しない。例えば，人体の背骨は多くの関節から構成されるが，そのすべてをジョイントとして表現しようとすると，操作すべきジョイントの数が多くなりすぎ，かつ各関節の可動域は狭く個々の運動がスキン変形に与える影響は限定的であることから，冗長なリグになってしまう。また，人体解剖学的に肩と肘は一本の上腕骨で接続されているが，肩関節は単なる回転のみならず複雑な平行移動を示すため，その挙動を近似するために複数のジョイントを追加することが多い。さらには，スキンモデルの副作用であるエルボー破綻現象やキャンディラッパー現象の軽減を図るために，しばしば余分なジョイントが追加される。ただし，過度に複雑なスケルトンリグはアニメータにも習熟や作業量を要求し，また計算負荷も高いリグとなって制作時間の長大も招くため，導入には慎重な検討が求められる。

また，スケルトンベースのリグに対しては，各ジョイントを回転・移動・拡大縮小する個別のハンドルに加え，スケルトンを構成する一部のジョイントを移動させたときに，それに連なる複数のジョイントを連動して動かすようなハンドルを導入することが多い。例えば，一般的なキャラクタリグでは，直列接続された複数のジョイントを同時に回転させることで，任意のジョイントを指定座標に移動させるための内部メカニズムを構築する。こうした内部メカニズムはインバースキネマティクス（Inverse Kinematics）と呼ばれ，その操作ハンドルは，英語表記の頭文字をとってIKハンドルと呼ばれる。IKハンドルを用いることで，例えば，人型キャラクタの足の接地位置を指定することで脚を構成する各ジョイントの回転を間接的に指定したり，あるいは視線方向を指定することで胴体・首・眼球を同時に連動させるようなリグを構築できる。こうした個別ジョイントを操作するためのハンドルと，複数のジョイントを操作するためのハンドルを混在させ，アニメータに適宜選択できるようなリグが構築される。

なお，ジョイントの運動を物理シミュレーションするような複合的なリグも用いられる。例えば多くの脂肪を蓄えたキャラクタの腹部にジョイントを配置し，脊椎を構成するジョイントにバネ-マス-ダンパモデルを通じて接続する。その結果，胴体の運動に追従しつつも，慣性則に従って遅延して動くような脂肪のたるみの挙動を再現できる。ただし，安定的なシミュレーションを行うためには，前述のとおり，シミュレーションパラメータの試行錯誤的な調整を要する。また，能動的に腹部に力を入れたときと力を抜いたときの挙動の差異を再現するためには，物理パラメータを動的に変更するような工夫も必要となる。それでもなお，**有限要素法**（finite element method）[18]などの高度な物理シミュレーションと比較するとバネ-マス-ダンパモデルは軽量かつ設計が容易であり，また，スキンモデルの利用に精通した制作者も多いことから広く応用されている。

〔**2**〕 **ブレンドシェイプリグ**　　ブレンドシェイプを用いて構築されるリグは，アニメーションパラメータであるブレンドウェイトを直接操作することで形状変形を制御するような操作体系を提供する。あるいは，ポーズスペース変形法を導入し，ブレンドウェイトの設定を形状パラメータの操作に置き換える。このようにブレンドシェイプの計算手順そのものは単純である一方で，ターゲッ

トの制作には多くの煩雑な作業が求められる。例えば，加算ブレンドシェイプによってキャラクタの発話フェイシャルアニメーションを制作する際には，基本形状となる無表情の形状モデルと，各母音発声時の顔形状を表す差分形状が最低限制作すべきターゲットとなる。しかし，感情変化も考慮した発話アニメーションを制作しようとすると，考慮すべき要因の種類に応じたターゲット数の指数的増加，すなわち次元の呪いが生じる。そうしたターゲットの制作に多大なコストを要するのはもちろん，ブレンドウェイトや形状パラメータの次元数の増加にともなって，アニメーション制作作業は煩雑になる。

また，スケルトンの姿勢に連動するようにポーズスペース変形法を適用するようなリグも用いられる。すなわち，スケルトンを構成するジョイントの回転角度や座標・変位を形状パラメータとし，いくつかのスケルトン姿勢に対応するスキン形状をターゲットとして用意する。そして，ランタイム実行時にはジョイント回転角度に応じてブレンドウェイトを自動推定してターゲットを補間する。その結果，スケルトンのポーズに対応したスキン形状をブレンドシェイプによって生成する。この方法では，エルボー破綻現象やキャンディラッパー現象などスキンモデル特有の不具合を回避しつつ，またキャラクタのキメとなるポーズにおける表皮形状をターゲットとして詳細に指定できる。もちろん，キャラクタがとりうる姿勢のバリエーションに応じたターゲットを網羅しなければならず，アニメーション制作作業量が増大する。そのため，スキンモデルでは再現できないような特徴的な変形を示す部位に限定して適用するなど，制作作業コストを最小化するような工夫が求められる。

〔**3**〕 **自由形状変形リグ**　　自由形状変形のハンドルであるケージは，スケルトンと同様に制作者にとって直観的に理解できることから，特にオーサリングツールにおいて広く普及している。すなわち，映画などのプリレンダリング映像制作向けに活用されることが多い。しかしながら，その比較的大きな計算コストゆえに，リアルタイムグラフィックスへの導入は難しい。したがって，ケージの利用が適している形状変形アニメーションについては，制作時に頂点アニメーションとして出力する手順が適している。あるいは，ブレンドシェイ

プのターゲットを制作する用途においても自由形状変形は活用される。

〔**4**〕 **物理シミュレーションリグ**　スケルトン法に基づいて構築された人型キャラクタを，物理法則に従ってシミュレーションするリグはラグドールと呼ばれ，さまざまなアプリケーションで活用される。そうした物理計算に基づくリグの構築に際しては，多関節体の動力学に関する一定の知識を要求し，また物理パラメータ値の変化とアニメーションの変化が，必ずしも直観的に対応しないという難点がある。それでもなお，ランタイム計算時に物理的に妥当なアニメーションを即座生成できる利点は大きいため，シミュレーションリグの構築を簡易化する技術の開発など，周辺技術が整備されつつある。こうした動力学シミュレーションの詳細については第5章に詳述する。

2.9　発展的な話題

本章では，キャラクタアニメーション制作に活用される代表的な形状変形手法とそのシステム構成について解説した。本章で説明した形状変形計算法のうち，頂点アニメーションとブレンドシェイプ，ポーズスペース変形，自由形状変形，スキンモデルは，いずれも静的アニメーションデータ制作時と同一の挙動を，ランタイム計算時にも寸分違わず再現できる。また，それらの変形挙動は，アニメータにとって直観的なアニメーションパラメータを通じて制御できる。さらに，いずれの技術もオーサリングツールで作り込まれたアニメーションをランタイムシステム上で即座にプレビューするような，効率的なアプリケーション開発ワークフローの構築にも適している。その中でも特にスキンモデルは，計算の安定性と効率の両面で優れており，また，人型キャラクタのアニメーション生成にはスケルトンの利用が適していることから，事実上の標準技法として採用されている。そのため，次章以降ではスキンモデルを用いたアニメーション制作技法を中心に解説する。

また，物理シミュレーションモデルは，キャラクタの能動的な運動に追従して運動する頭髪や衣服，携帯物などの挙動の即時生成に活用される。そのアニメーションは，必ずしもデザイナの意図を完全には反映しないが見た目上は妥当であり，かつアプリケーション開発時にモデルの物理特性値やいくつかの計算パラメータを設定するだけでよいことから，映像品質と制作コストのバランスに優れた手法といえる。

本章で取り上げた形状変形手法を用いたリグは，いずれも入念な手作業を通じて構築される。しかし，リギングにも少なくない労力を要することから，その作業の自動化もしくは半自動化を図る技術が研究開発されている。例えば，与えられたスキン形状とスケルトンに対して，スキンウェイトを最適化することで自動的にバインディングする方法として，メッシュ上のヒートマップを用いる手法[19)]や，測地距離を用いる手法[20)]，変形エネルギーの最小化に基づく手法[21)]が提案されている。また，頂点アニメーションデータとスケルトンアニメーションデータのペアをもとにスキンウェイトを最適化する方法[22)~24)]などが提案されている。さらには，ブレンドシェイプのターゲットを半自動的に制作する技術[25),26)]や，与えられたモデルに対してケージを構築する技術[27)~29)]も提案されており，今後もさらなる発展が期待される。

なお，本章の執筆にあたっては文献30) を参考にした。

3 スケルトンアニメーション

本章では，キャラクタアニメーションの代表的技法である，スケルトン法とキーフレーム法に基づくスキンモデルのアニメーション生成についてまとめる。まず，キャラクタスキンモデルに広く利用されている線形ブレンドスキニングのアルゴリズムを述べる。つぎに，ジョイントを階層的に接続することで構築される，スケルトンと呼ばれるキャラクタの仮想骨格構造について説明する。続いて，フォワードキネマティクスと呼ばれる，ジョイントの操作に追従して変化するスケルトン各部位の姿勢を計算する手順について説明する。そして，スケルトンを持つキャラクタのスキン変形を線形ブレンドスキニングによって計算する手順についてまとめる。さらに本章では，キーフレーム法によるアニメーション生成の計算と，それに基づくスケルトンアニメーションのデータ表現，およびランタイムでのアニメーション再生手順をまとめる。こうした一連のキャラクタアニメーション制作技法は，非リアルタイム CG 制作にも共通して用いられるが，本章ではゲームで多用される特殊なジョイントやアニメーションデータの圧縮など，限られた計算資源を最大限に活用するリアルタイムアプリケーション特有の技術についても述べる。

なお，本章の理解には 3 次元座標変換に関する基礎知識を要求する。同次変換などの定義は巻末の付録にも示すが，詳しくは文献31) なども参考にされたい。

3.1 キャラクタスキンモデル

第 2 章で紹介したように，形状モデルの変形アニメーションの制作には，さまざまな技術的選択肢が存在する。しかし，ゲームキャラクタへの適用に際しては，デザイナが求めるアニメーション品質を実現しつつ高速な演算を達成し，かつメモリ使用量も最小化しなければならない。さらには，アプリケーション開発時の変形アニメーションとランタイムシステム上での変形結果とが必ず同一になることも，コンテンツ制作における重要な要件である。そうした厳しい要件を満たすスキン変形手法の一つとして，**線形ブレンドスキニング**（linear blend skinning）が事実上の標準技術として用いられている。

線形ブレンドスキニングを用いたキャラクタスキン変形アニメーションの例を図 **3.1** に示す。この例では，球体で示すジョイントを解剖学上の関節に対応する場所に配置している。そして，ジョイントの移動量や回転量を変化させることにより，その変化に連動するようにキャラクタの全身スキン形状を変形できる。このように線形ブレンドスキニングは，少数のジョイントのみを通じて多数のポリゴンからなるスキン形状を任意に変形できることから，直観的かつ効率的なアニメーション制作が可能である。さらに，単純な行列・ベクトル演算のみを用いることから，ランタイムでの安定性と再現性が保証されると同時に，高い計算効率とメモリ効率を達成する。このような優れた効率性から，四肢や胴体を含む全身アニメーション生成だけではなく，詳細な形状変形表現が必要とされるフェイシャルアニメーションにおいても，ブレンドシェイプに替わって適用される場面も多い。

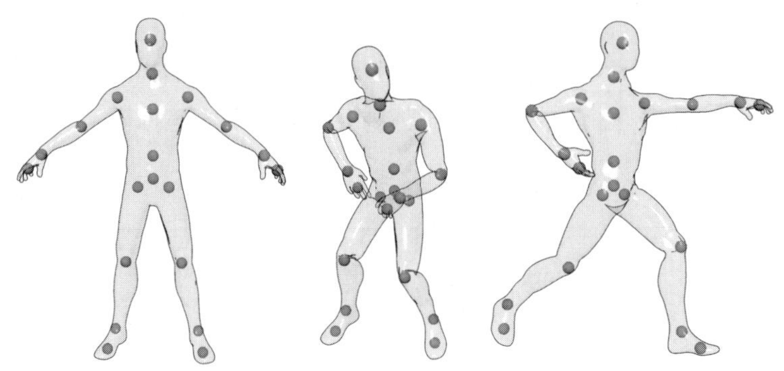

図 3.1 線形ブレンドスキニングによるキャラクタスキンの変形

3.1.1 ジョイント座標系

線形ブレンドスキニングのアルゴリズムを説明する前に，ジョイントの数学的表現についてまとめる。「ジョイント」という用語から一般的に想起されるものは，肘や膝の曲げ伸ばしを行う解剖学上の関節や，ロボットアームの回転関節，直動関節などであろう。しかしスキンモデルにおけるジョイントは，スキンの回転だけでなく移動や拡大縮小も含めた，より多様な変形を駆動するために用いられる。そうしたジョイントが示す移動や回転，拡大縮小，およびそれらの合成を総称して，本書では**ジョイント姿勢**（joint pose）と呼ぶ。またジョイント姿勢は，**ジョイント座標系**（joint coordinate system）と呼ばれる3次元座標系を用いて定義される。ジョイント座標系の原点はつねにジョイントの中心に一致し，また各座標軸の方向はジョイントの回転に追従して変化する。

こうしたジョイント姿勢は，二つのジョイント座標系の間の相対関係に基づいて定義される。具体的な例として，**図 3.2** に示すような，人型キャラクタの上半身に腹部中央・左肩・左肘の三つのジョイントを配置したモデルを考える。このとき，まず左肩ジョイント座標系を基準に見ると，左肘ジョイントの中心座標は $[4, -2, 0]$ である。また，腹部中央のジョイント座標系を基準に見ると，左肩ジョイント座標系原点の座標は $[4, 4, 0]$ である。一方，同じく腹部中央のジョイント座標系を基準とすると，左肘ジョイント中心の座標値は $[8, 2, 0]$ となる。このように，たとえ同一のジョイントであっても，基準とするジョイント座標系が異なれば，それぞれ異なる座標値を示す。こうした相対的関係は，平行移動成分のみならず，回転成分と拡大縮小成分についても同様に成り立つ。

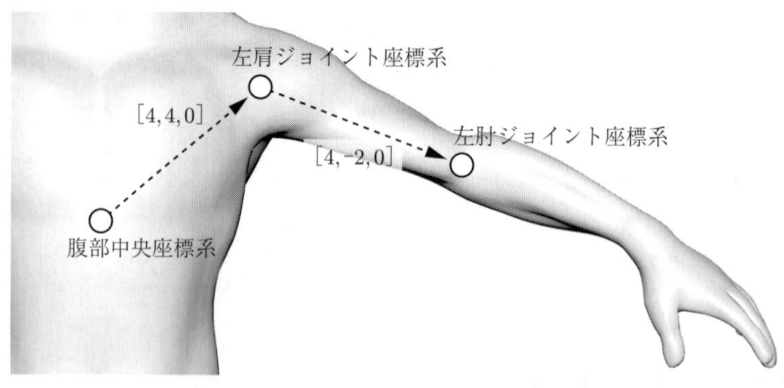

図 3.2　ジョイント座標系の相対的関係

3.1.2 ワールド座標変換

ある座標系において表された姿勢をほかの座標系を基準とした姿勢に変換する計算のことを**座標変換**（coordinate transformation）と呼び，同次変換行列 $\boldsymbol{M}$ によって表す。特に，ジョイント座標系からワールド座標系への座標変換を**ワールド座標変換**（world transformation）と呼ぶ。具体的には，ジョイント j のワールド座標変換を同次変換行列 $\boldsymbol{M}_j$ で表すとき，ジョイント座標系における座標 $\boldsymbol{p}$ からワールド座標系における座標 $\boldsymbol{p}^*$ への変換，すなわち $\boldsymbol{p}$ のワールド座標変換は式 (3.1) で定義される。

$$\boldsymbol{p}^* = \boldsymbol{M}_j \boldsymbol{p} \tag{3.1}$$

また，キャラクタアニメーションではワールド座標変換 $\boldsymbol{M}_j$ はせん断を除くアフィン変換，つまり平行移動と回転，スケールによって構成されるとみなす。

こうしたワールド座標変換の幾何学的解釈について，**図 3.3** を例に詳しく見る。この図に示すジョイント座標系は，ワールド座標系の原点から $\boldsymbol{t} = \begin{bmatrix} t_x & t_y & t_z \end{bmatrix}^T$ だけ離れた座標を原点としており，またその x_j 軸のスケールはワールド座標系の x 軸の 2 倍となっている。このとき，ジョイントのワールド座標変換行列は図中の $\boldsymbol{M}_j$ として表される。この座標変換行列 $\boldsymbol{M}_j$ は，ジョイント座標系に

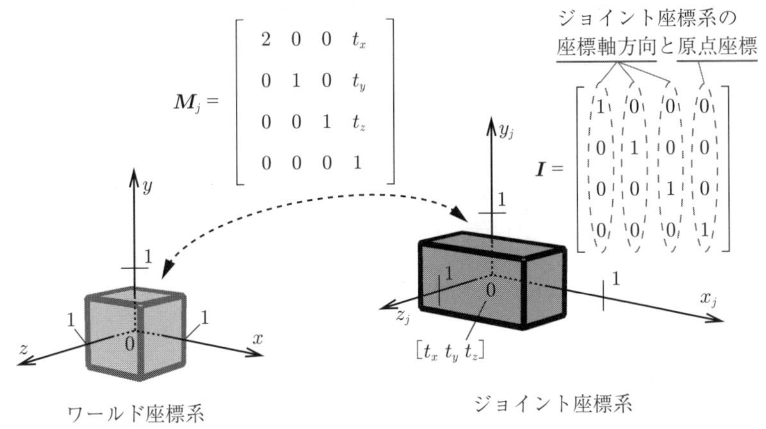

図 3.3　ジョイント座標系における姿勢情報のワールド座標変換

おける姿勢をワールド座標系における値に変換する働きをする。例えば，ジョイント座標系原点 $\boldsymbol{o}$ にワールド座標変換を施すと $\boldsymbol{M}_j\boldsymbol{o} = \boldsymbol{t}$ となり，ワールド座標系から見たジョイント座標系の原点座標 $\boldsymbol{t}$ に一致する。また，ジョイント座標系におけるジョイント姿勢は，各座標軸方向を表す方向ベクトルと原点位置ベクトルを横に並べた単位行列 $\boldsymbol{I}$ で表される。したがって，そのワールド座標変換は $\boldsymbol{M}_j\boldsymbol{I} = \boldsymbol{M}_j$ と表される。すなわち，左辺の座標変換行列 $\boldsymbol{M}_j$ は二つの座標系間の相対関係を表すのに対して，右辺の $\boldsymbol{M}_j$ はワールド座標系における絶対的なジョイント姿勢，つまりジョイントの**ワールド姿勢** (world pose) を表していると解釈できる。

また，ジョイントのワールド座標変換は，バインディングされたスキンの形状変形を記述するとも解釈できる。まず，ジョイント座標系に配置された任意の点 $\boldsymbol{p}$ を考える。このとき，ジョイント座標系がワールド座標系に一致している状態では，ジョイント座標系における座標値 $\boldsymbol{p}$ とワールド座標系における座標値 $\boldsymbol{p}^*$ は一致する。つぎに，ジョイント姿勢を座標変換 $\boldsymbol{M}_j$ によって変化させる。そのとき，点 $\boldsymbol{p}$ はジョイント座標系に追従して移動するため，あらゆる座標変換 $\boldsymbol{M}_j$ に関してジョイント座標系における座標値 $\boldsymbol{p}$ は変化しない。一方，ワールド座標系から見ると，$\boldsymbol{M}_j$ に応じて異なる座標値 $\boldsymbol{p}^* = \boldsymbol{M}_j\boldsymbol{p}$ へ移動する。例えば，図 3.3 左のワールド座標系原点に位置する単位立方体をジョイント姿勢の変化に追従して移動させると，直方体の各頂点は座標変換行列 $\boldsymbol{M}_j$ に従って移動し，図右に示す横長の直方体になるような変形結果が得られる。このように，座標変換行列はジョイント姿勢の変化によって生じる形状変形を表現するとも解釈できる。

なお，紙面上で横長に見える図右の直方体は，座標軸 x_j の目盛に注目すると明らかなように，ジョイント座標系においてはすべての辺の長さが 1 である単位立方体である。

3.1.3　線形ブレンドスキニング

ジョイント姿勢とワールド座標変換の定義に基づいて，線形ブレンドスキニングを用いたスキン変形の計算手順を説明する。線形ブレンドスキニングでは，

スキンを構成する N 個の頂点に対して，それぞれ J 個のジョイント姿勢に応じた座標値を計算する。すなわち，変形前の初期姿勢における各頂点の座標値を $\{\bar{\boldsymbol{p}}_i | i \in \{1, \cdots, N\}\}$ と表すとき，すべてのジョイントのワールド座標変換 $\{\boldsymbol{M}_j | j \in \mathcal{J}\}, \mathcal{J} = \{1, \cdots, J\}$ の作用を受けて移動する先の座標値 $\boldsymbol{p}_i^*$ を頂点ごとに計算する。

ここではまず，単一のジョイント j のみが頂点 i に影響する場合を考える。このとき，ジョイント j の作用による変形後の頂点 i の座標 $\boldsymbol{p}_i^*$ は，式 (3.2) に示すとおり，初期姿勢での頂点座標 $\bar{\boldsymbol{p}}_i$ に対してワールド座標変換 $\boldsymbol{M}_j$ を作用させることで求められる。

$$\boldsymbol{p}_i^* = \boldsymbol{M}_j \bar{\boldsymbol{p}}_i \tag{3.2}$$

続いて，複数のジョイントが頂点 i に対して同時に作用する場合には，各ジョイントによる座標変換結果の線形結合を求める。つまり式 (3.3) に示すように，頂点ごとに各ジョイントによるワールド座標変換結果 $\boldsymbol{M}_j \bar{\boldsymbol{p}}_i$ をそれぞれ計算し，それらの加重和を求める。

$$\boldsymbol{p}_i^* = \sum_{j \in \mathcal{J}} w_{i,j} \boldsymbol{M}_j \bar{\boldsymbol{p}}_i \tag{3.3}$$

この線形結合における重み係数 $w_{i,j}$ はスキンウェイトと呼ばれ，ジョイント j が頂点 i に及ぼす影響の比率を表現する。例えば，ある頂点 i の変形にジョイント j が一切作用しない場合には $w_{i,j} = 0$ となる。また，ある頂点 i の変形がジョイント j のみに追従する場合には $w_{i,j} = 1$ であるとともに，ほかのすべてのジョイントに対応するスキンウェイトは 0 になる。このように，ジョイントの影響比率を表すスキンウェイトはそれぞれ 0 以上 1 以下の値をとり，また各頂点 i におけるウェイト $w_{i,j}$ の総和がつねに 1 になるという制約がある。すなわち，任意の頂点 i とジョイント j の組合せについて，$0 \leq w_{i,j} \leq 1$ と $\sum_{j \in \mathcal{J}} w_{i,j} = 1$[†]を同時に満たさなければならない。例えば，二つのジョイントが

† ウェイトの合計値を $\sum_{j \in \mathcal{J}} w_{i,j} = 1$ に制約した線形結合をアフィン結合と呼ぶ。

均等に影響を及ぼす場合には，スキンウェイトの値はそれぞれ 0.5 となる。こうしたスキンウェイトに関する制約の導入により，変形後のスキンの頂点が必ず $\{\boldsymbol{M}_j\bar{\boldsymbol{p}}_i | j \in \mathcal{J}\}$ が構成する凸包の内部に位置することを保証する。そして，負値や 1 以上のスキンウェイトの指定を許容しないことで，スキンモデル設計の自由度が過度に高くならないようにし，ジョイントの姿勢変化によって生じるスキンの変形を容易に予測できるようにする。

さらに，リアルタイムグラフィックスでは，各頂点に影響を与えられるジョイントの最大数を制約することで，式 (3.3) の加重平均計算を高速化し，スキンウェイトの保存に必要なデータ量を節約する。例えば，影響を与えられるジョイントの最大数を 4 とし，頂点 i の変形に影響を及ぼす四つのジョイントのインデックス集合を $\mathcal{J}_i = \{j_1, j_2, j_3, j_4\}$ と表すとき，変形後の座標 $\boldsymbol{p}_i^*$ はつぎのように表される。

$$\boldsymbol{p}_i^* = \sum_{j \in \mathcal{J}_i} w_{i,j} \boldsymbol{M}_j \bar{\boldsymbol{p}}_i \tag{3.4}$$

この場合でも，スキンウェイトには制約条件 $0 \leq w_{i,j} \leq 1$ および $\sum_{j \in \mathcal{J}_i} w_{i,j} = 1$ が課される。このように各頂点に J 個中四つのジョイントのみをバインディングすることで，スキン変形に関わる計算を高速化する。さらに，こうしたジョイントの限定化は，例えば右腕のスキン変形には右肩や右肘，右手首ジョイントのみが影響し，下肢や左腕のジョイントが影響しないことを考えると，合理的な制約であるともいえる。

ただし，以上の計算は，すべてのジョイント初期姿勢が $\boldsymbol{M}_j = \boldsymbol{I}$ である場合にのみ成立する。つまり，キャラクタの初期姿勢におけるすべてのジョイント座標系は，いずれもワールド座標系に一致していなければならない。すなわち，すべてのジョイントがワールド座標系原点に位置した状態を初期姿勢として，その状態からジョイントを移動，回転させることでスキンを変形するという，非直観的な制作手順を踏むことになる。一方，一般的な制作工程においては，キャラクタのスキン初期形状は，キャラクタを直立させた状態で両腕を真横かつ水平に伸ばした姿勢（**T ポーズ**）や，直立状態で両腕を斜め下方向に伸ばした姿勢（**A ポーズ**）としてモデリングされることが多い。そして，手首ジョイントはスキンの手首付近，首ジョイントは頸椎部分の中央付近に対応するように，制作者にとって直観的な箇所にジョイントを配置することが求められる。

そこで，スキニング計算の式 (3.4) を式 (3.5) のように改める。

$$\boldsymbol{p}_i^* = \sum_{j \in \mathcal{J}_i} w_{i,j} \boldsymbol{M}_j \bar{\boldsymbol{M}}_j^{-1} \bar{\boldsymbol{p}}_i \tag{3.5}$$

ここで，新たに導入した行列 $\bar{\boldsymbol{M}}_j$ は**バインドポーズ**（bind pose）と呼ばれ，変形前の初期姿勢における各ジョイントのワールド姿勢を表す。その逆行列 $\bar{\boldsymbol{M}}_j^{-1}$ は**逆バインドポーズ**（inverse bind pose）と呼ばれ，バインドポーズから任意のワールド姿勢への座標変換を表す行列積 $\boldsymbol{M}_j \bar{\boldsymbol{M}}_j^{-1}$ を算出するために用いられる。つまり，ジョイントが初期姿勢にあるときには $\boldsymbol{M}_j = \bar{\boldsymbol{M}}_j$ であることから $\boldsymbol{M}_j \bar{\boldsymbol{M}}_j^{-1} = \boldsymbol{I}$ が成り立つ。さらにこの状態でのスキン変形結果は，$\sum_{j \in \mathcal{J}_i} w_{i,j} = 1$ より $\boldsymbol{p}_i^* = \sum_{j \in \mathcal{J}_i} w_{i,j} \boldsymbol{I} \bar{\boldsymbol{p}}_i = \bar{\boldsymbol{p}}_i$ が導かれる。すなわち，バインドポーズ $\bar{\boldsymbol{M}}_j$ がどのような行列であれ，すべてのジョイントが初期姿勢にあるときのスキン形状は初期形状に一致する。こうしてバインドポーズを基準とした座標変換，つまり初期姿勢からの姿勢変化に基づいてスキン変形を計算することで，ジョイントごとに任意の初期姿勢を指定できるようになる。

このように，線形ブレンドスキニングは式 (3.5) に示す単純な線形結合で表されるため，高速に処理できる。さらに，頂点ごとに独立した計算であることから，グラフィックスハードウェア上での並列演算にも適している。その変形の品質については，エルボー破綻現象やキャンディラッパー現象などの不具合をともなうこともあるが，ジョイントの配置やスキンウェイトの設定の工夫や，3.3.1 項に示す補助ジョイントなどの導入によって軽減が図られる。

3.1.4 行列パレット

線形ブレンドスキニングの計算は，図 **3.4** に示すとおり，アニメーションシ

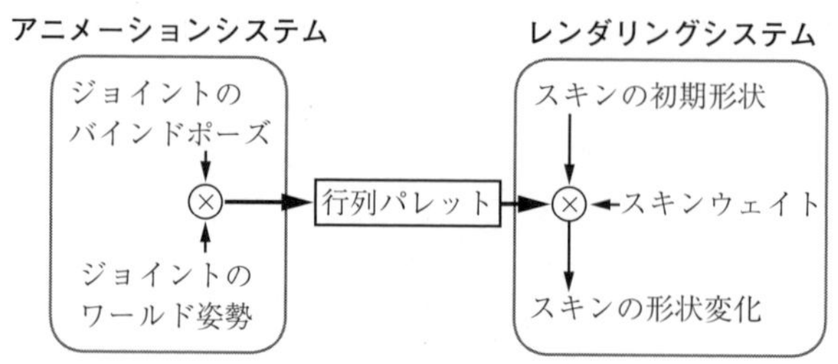

図 **3.4**　行列パレットを介したレンダリングシステムとの連携

ステムとレンダリングシステムで分担して実行される。まず，アニメーションシステムは，各ジョイントについて式(3.5)に示す逆バインドポーズとワールド行列の行列積 $\boldsymbol{M}_j\bar{\boldsymbol{M}}_j^{-1}$ を計算する。その計算結果は，**行列パレット**（matrix pallet）と呼ばれる配列状のデータ構造を介して，レンダリングシステムに出力される。そして，レンダリングシステムは行列パレットの値を参照しつつ，初期座標 $\bar{\boldsymbol{p}}_i$ の座標変換とブレンド計算を行うことでスキン頂点座標を算出する。このとき，行列パレットはジョイントのバインドポーズ $\bar{\boldsymbol{M}}_j$ とワールド姿勢 $\boldsymbol{M}_j$ のみに依存するため，アニメーションシステムの内部計算にはスキンの形状や頂点数などに関するデータは不要である。同時に，レンダリングシステムでの計算にはジョイントのワールド姿勢やバインドポーズの情報は不要であり，スキンモデルの初期形状 $\bar{\boldsymbol{p}}_i$ とスキンウェイト $w_{i,j}$ という時間不変の定数データのみを保持すればよい。このように，行列パレットを介してアニメーションシステムとレンダリングシステムが連携することで，線形ブレンドスキニングの計算を効率的に実行する。

なお，バインドポーズ $\bar{\boldsymbol{M}}_j$ を平行移動行列に限定することで，行列パレット算出に要する計算量を削減できる。すなわち，ジョイントの初期姿勢においてはスケールを与えず，また，座標軸方向をワールド座標系座標軸に一致させたうえで，初期位置 $\bar{\boldsymbol{t}}_j$ のみを任意に設定できるものとする。すると，線形ブレンドスキニングの計算は $\sum_{j\in\mathcal{J}_i} w_{i,j}\boldsymbol{M}_j\bar{\boldsymbol{M}}_j^{-1}\bar{\boldsymbol{p}}_i = \sum_{j\in\mathcal{J}_i} w_{i,j}\boldsymbol{M}_j(\bar{\boldsymbol{p}}_i - \bar{\boldsymbol{t}}_j)$ のように，行列の乗算をベクトルの減算で置き換えることで演算量を削減できる。これは一見すると単純な工夫ではあるが，フレーム更新時に必ず全ジョイントに対し

て行われる式 (3.5) の計算量を確実に削減できる，非常に効果的な高速化手段である。

3.2 スケルトン

スキンモデルは，たがいに独立したジョイントをそれぞれ個別に操作することで，自由度の高い形状変形を実現できる。その反面，複数のジョイント姿勢を連動して動かさなければならない場合に，制作作業が煩雑になる問題がある。特に，**図 3.5**(a) に示す人型キャラクタのように，身体各部位の伸縮や関節付近以外に過大な変形を示さないモデルに対しては，複数のジョイント座標系の間になんらかの制約を課さなければならない。例えば，水平に近い姿勢にある左腕全体を振り下ろす場合，まず左肩のジョイントを時計回りに回転させると図 (b) のように左肘付近のスキン形状が破綻する。これは，左肘と左手首のワールド姿勢が，左肩の回転に追従していないためである。この解決のために，左

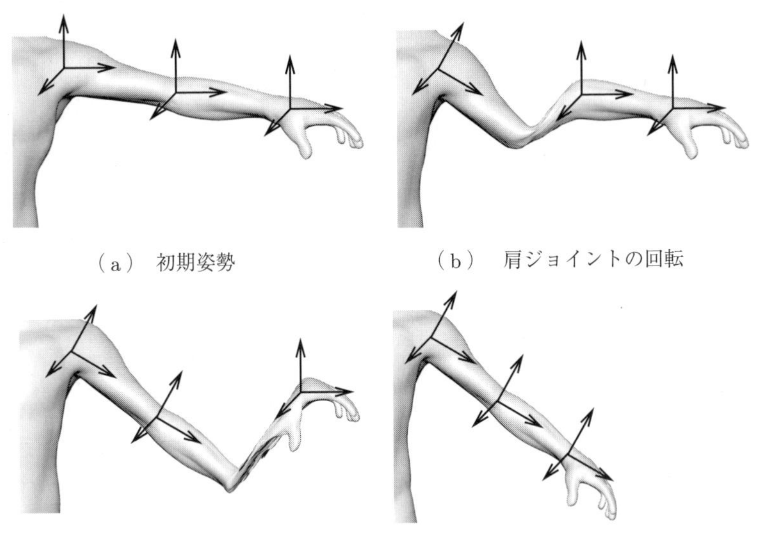

図 3.5 独立したジョイントを用いた人型キャラクタのスキンモデル

肘と左手首の姿勢を図 (c) と図 (d) の順番で調整することで，左腕全体を回転させたスキン形状を適切に表現できる。このように，自然なスキン変形を実現するためには，単一のジョイント姿勢を変化させるだけでなく，関連する多数のジョイントを同時に操作しなければならない。特に，骨格を持つキャラクタモデルにおいては，身体各部の骨の長さを一定に保ちながら所望のスキン形状を得るための煩雑な操作を必要とする。図 3.5 の例では腕部の三つのジョイントのみを扱えばよいが，もし手指を模した多数のジョイントを追加しようとすると，調整作業の大幅な増加と複雑化を招くことは想像に難くないであろう。

そこで，ヒトをはじめとする脊椎動物やロボットなどを模した多関節体のキャラクタについては，スキンモデルに対して仮想的な骨格構造を表すスケルトンを構築することが多い。スケルトンを用いたスキンモデルは，脊椎動物の解剖学的構造，すなわち筋肉や脂肪，皮膚などの軟組織の層と，それらを支える硬く変形しない骨格構造の組合せを模している。そして，スケルトン構造に従って複数のジョイントを連動させることで，多関節体のスキンモデルを直観的に変形させる。本節ではキャラクタスケルトンの概要と，リアルタイムアプリケーション特有のスケルトンの拡張について説明する。

3.2.1 スケルトンの概要

スケルトンは，複数のジョイントを硬く曲がらない**ボーン** (bone) を介して接続することで構築される。特に，人型キャラクタのような分岐構造を持つスケルトンは，つぎに示す二つの条件のもとでジョイントとボーンを数珠つなぎ状に接続することで構築される。

(1)　ジョイントには一つ以上のボーンを接続する。

(2)　ボーンの両端にはそれぞれ一つのジョイントを接続する。

また，ボーンは両端にあたる二つのジョイントの姿勢を連動させる働きを持つ。すなわち，単一のジョイントの姿勢変化がボーンを介して，複数のジョイント姿勢に伝搬することを意味する。例えば，肩ジョイントの回転によって，ボーンを介して接続された肘や手首，さらには手指など，腕部を構成するすべてのジョイント姿勢が同時に変化する。

典型的な人型キャラクタのスケルトンを図 **3.6**(a) に示す。このスケルトンは，球体で示す複数の回転ジョイントと円錐で示す剛体のボーンを接続して構築されている。胴体には腰と腹部にジョイントがあり，首ジョイントと単一の頭部ボーンを介して頭部ジョイントに接続されている。また，脚と腕はそれぞれ三つのボーンと三つのジョイントからなり，腿ジョイントや肩ジョイントを介して胴体に接続されている。さらに，足下にも**ルート**（root）と呼ばれる，キャラクタモデルの局所的原点に対応する特殊なジョイントが配置されており，解剖学的構造と直接対応しないボーンを介して腰部のジョイントに接続している。なお，ジョイントとボーンの接続条件から，身体の末端各部にあたるジョイントから先にはボーンが接続されない。

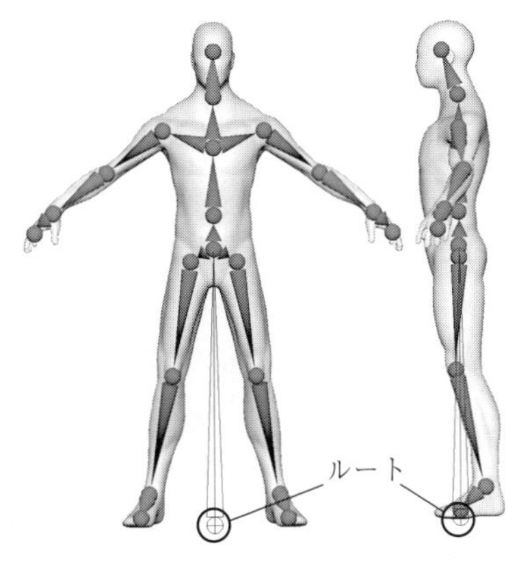

（a） キャラクタスケルトン

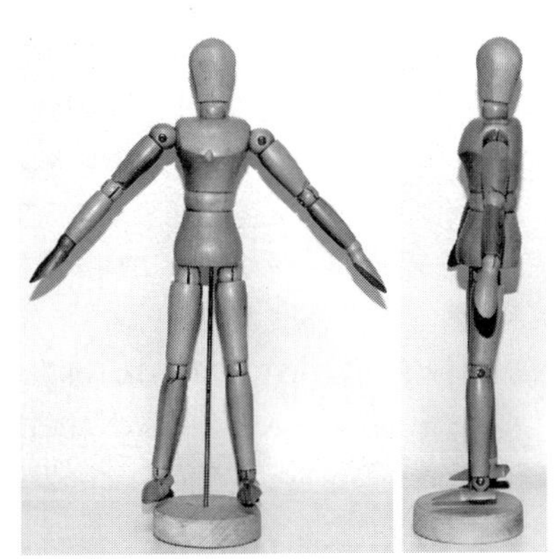

（b） デッサン人形

図 3.6 人型キャラクタのスケルトンとデッサン人形の対比

このようなジョイントとボーンの接続を，図 3.6(b) に示すようなデッサン人形との対比によって示す。デッサン人形を構成する各身体部位は，台座上に固定された腰を起点として，四肢や頭部に至る順にボール状関節によって接続されている。このボール状関節を回転させることで人形の姿勢を操作できるが，これはジョイントの回転を通じてスケルトンの姿勢を変化させる操作に相当する。ただし，スケルトンのジョイントは回転だけでなく移動やスケールも変化

コーヒーブレイク

●基本要素であるジョイントと間接要素としてのボーン

一般的なCGソフトウェアのビューワー上では，あたかもジョイントとボーンが異なる要素であるかのように表示されることが多い。しかし，アニメーションシステムの内部では，ジョイント木構造のみを用いてスケルトンをデータ表現する。これは，各ボーンの長さや位置，方向などの姿勢は，あくまで両端にあたるジョイント座標系間の座標変換を表すためである。言い換えれば，親ジョイントと子ジョイントの姿勢が決まると，その中間にあたるボーンの姿勢は一意に決定する。そのため，ボーンの姿勢データは表示が必要になった段階で計算すればよいため，つねにアニメーションシステム内に保存するのは冗長である。いわば，ボーンは親子ジョイントの接続関係を表す別称にすぎない。

この具体例として，図に三つのジョイントを二つのボーンで接続した2次元のスケルトンを示す。ジョイントは模様付きの円形，ボーンは白色の二等辺三角形として表されている。ボーンの始端にあたる三角形の底辺は，親ジョイントの黒部分と灰色部分の境界に直交するように接続され，また，末端を表す頂点は子ジョイントの円中心を指すように接続される。ここで，図(a)の初期状態から，三つのジョイントの位置と方向を操作することで図(b)の姿勢とする。このとき，ボーンは接続されているジョイントの姿勢変化に完全に追従するため，円形の模様と配置に注意すれば，図(c)のスケルトン姿勢が復元できる。このように，アニメーションシステム内部では図(b)の円形に示したジョイントの姿勢データのみを保存し，ボーンを表す二等辺三角形の姿勢は必要に応じて即時計算する。

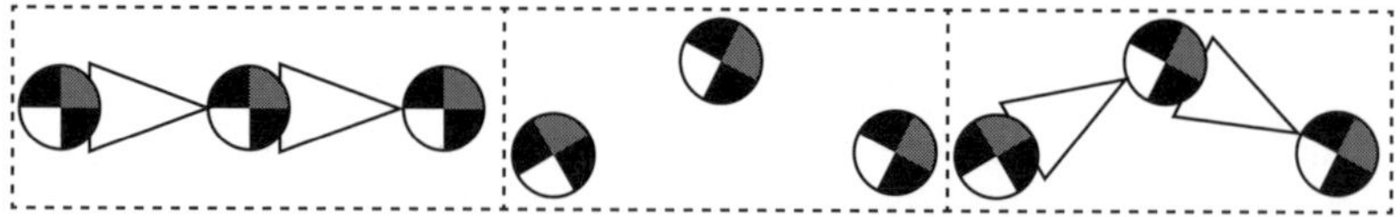

（a）　初期姿勢　　（b）　ジョイント姿勢の操作　（c）　ボーン姿勢の計算

図　ジョイント姿勢からのボーン姿勢の復元

なお，ジョイントではなくボーンを基本構成要素とするシステムも存在するが，本来であればジョイントが基本要素とみなすのが適切である。少なくともスケルトンアニメーションにおいては，ボーンの姿勢はジョイント間の相対姿勢によって一意に求まる，あくまで間接的な情報である。

させられるため，デッサン人形よりも自由度が高い全身ポーズ操作を実現する。また，人形の台座は足下のルートに対応し，台座そのものの姿勢を変化させる操作が，スケルトンではルートに対する姿勢操作に相当する。つまり，ルート以外のジョイントの姿勢に応じて変形したキャラクタのスキンモデルを，ルートの位置・方向・スケールを指定することでシーン内にレイアウトすることになる。なお，ルートと腰ジョイントの位置関係は，必ずしもデッサン人形のように一定距離に固定されているわけではなく，ルートに対して腰ジョイントが平行移動や回転などを示してもよい。

3.2.2 ジョイント階層構造

スケルトンを構成するジョイントは階層的な親子関係を持ち，**ジョイント階層構造**（joint hierarchy）と呼ばれる**木構造**（tree structure）[32]としてデータ表現される。このとき，木構造の各ノードはジョイントに対応し，特に根にあたるジョイントはルート，葉にあたる末端のジョイントは**エフェクタ**（effector, あるいは end-effector）と呼ばれる。また，中間ノードは必ず一つの親ノードと，一つ以上の子ノードを持つ。こうしたジョイントの親子関係は，姿勢の継承関係を表している。具体的には，親となるジョイントの姿勢変化はその子孫にあたるすべてのジョイントに影響し，子や孫のワールド姿勢は親に連動して変化する。その一方で，子ジョイントの姿勢変化は親や先祖のジョイントには影響しないという，非対称な関係を示している。

この具体例として，図 3.6 のスケルトンに対応するジョイント階層構造を**図 3.7** に示す。足下に配置されたルートを起点として，腰から頭部に至る経路と，その胸部から分岐して両上肢に至る経路，そして腰から両下肢に分岐する経路が存在する。したがって，エフェクタは頭頂部と各四肢先端の計五つである。また，腰ジョイントの移動や回転は全身に影響を及ぼすが，胸部ジョイントの姿勢変化は頭部や腕部を含む上半身にのみ継承され，下半身の姿勢変化には寄与しないことが読み取れる。さらには，左肘ジョイントの回転は左前腕にあたる左手首ジョイントと手先ジョイントにのみ継承され，胴体や右腕，下肢

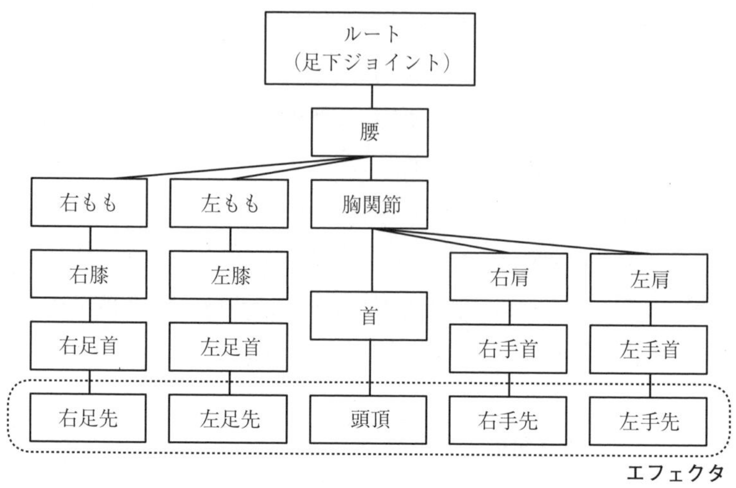

図 **3.7**　人型キャラクタのジョイント階層構造

には影響しないこともわかる。

こうしたジョイント姿勢の継承関係について，**図 3.8** を例に詳しく見る。まず，図 (a) に示す初期姿勢から右肩ジョイントを反時計回りに回転させる。すると，図 (b) に示すように，右上腕から右手先に至るスキンが連動して下方に移動する。その一方で，右肩ジョイントの回転は胴体部分や左腕部，両下肢に

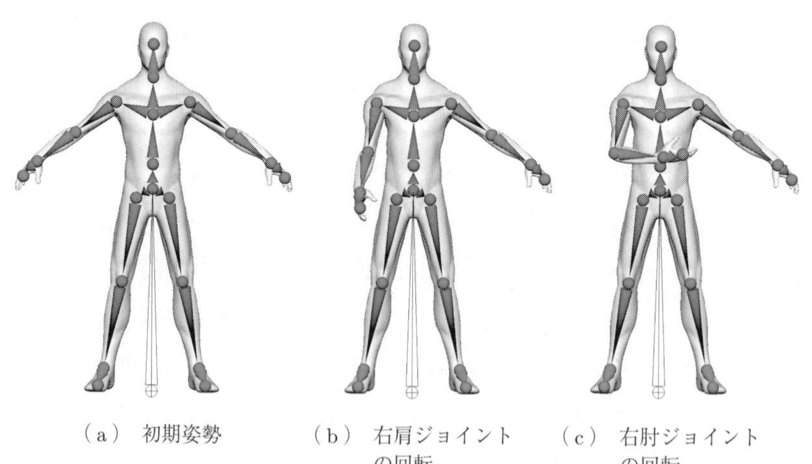

（a）　初期姿勢　　（b）　右肩ジョイントの回転　　（c）　右肘ジョイントの回転

図 **3.8**　ジョイントの回転とスケルトン姿勢の変化

あたるスキンの形状には影響しない。さらにこの姿勢から右肘ジョイントを反時計回りに回転させると，図 (c) に示すように右前腕だけが回転し，胴体の前面に位置する。このように，ある単一のジョイントの姿勢変化は，そのジョイントから身体の末端に至る階層にあるジョイントのワールド姿勢およびスキンの変形にのみ影響する。その一方で，身体の中心方向に至る階層のジョイントの姿勢やスキン形状には影響しないという関係がある。

もう一つの例として，直立姿勢から両膝を曲げた姿勢を考える。これは現実の物理世界においては，**図 3.9**(a) に示すように，単に両膝を曲げるだけではなく，両腿と両足首の姿勢も同時に変化させることで腰を落とした姿勢を指すであろう。しかし，CG キャラクタの場合は，両膝のジョイント姿勢は膝から末端部分に至る身体部位の位置や方向のみに影響するため，図 (b) に示すように，両下腿および両足のみが身体後方に向かって回転する。その結果，それ以外の上半身および腰から大腿に至る姿勢は直立状態と同じ角度を保つような，空中に浮かんだ姿勢となる。

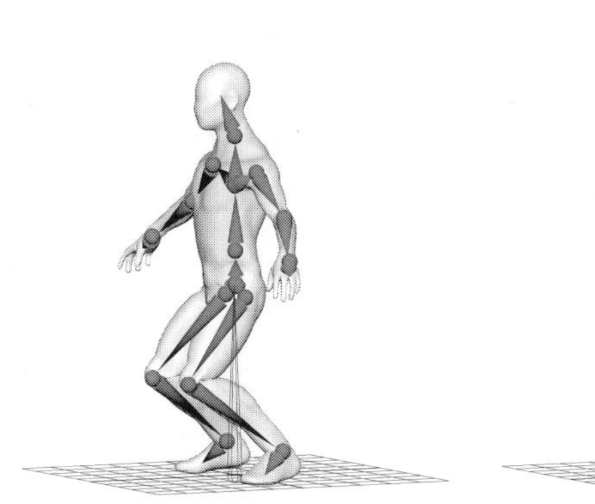

（a） 物理世界における両膝の曲げ

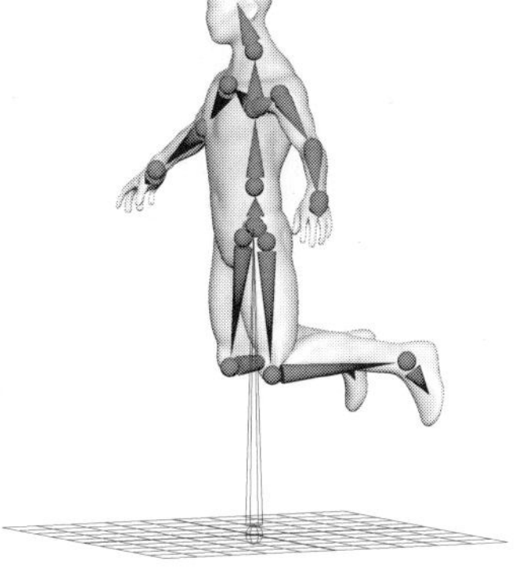

（b） CG キャラクタの両膝の曲げ

図 3.9　両膝のジョイント回転による姿勢変化

3.2.3　アニメーションジョイント

一般的に，スケルトンのジョイント階層構造は，キャラクタの解剖学的な骨格構造を模して設計される。例えば，人型キャラクタの場合には，人体の首や肩，肘や膝などの関節の回転中心位置を模すように回転ジョイントを配置し，それらを適切に回転させることで所望する全身姿勢を制作する。そうした，キャラクタアニメーション制作において中核をなすジョイントを，本書では**アニメーションジョイント**（animation joint）と呼び，以降に述べる特殊なジョイントと区別する。すなわち，スキンモデルにおけるアニメーションパラメータは，アニメーションジョイント姿勢を表す平行移動，回転，スケール成分のパラメータである。この詳細については 3.4 節で述べる。

3.2.4　ル　ー　ト

多くのアニメーションシステムでは，スケルトンの最上位階層にあたるジョイントをルート†あるいはルートジョイントと呼ぶ特殊なジョイントとして扱う。ルートは，キャラクタの全身の移動や方向を制御するために導入されるジョイントであり，解剖学的な意味での関節には対応しない。また，図 3.6, 3.8, 3.9 の例に示すように，ルートはキャラクタの足下に配置されることが多い。一方，ルートを腰ジョイントと同位置に配置するシステムや，腰ジョイントそのものをルートとするシステムも存在するが，初期配置が異なるだけで本質的な差異はない。なお本書では，ルートは腰ジョイントの鉛直下方にあたる床面上に位置すると仮定する。

ルートを用いた歩行アニメーション制御の概要を**図 3.10** に示す。ここでは，まずルートを固定した状態で図 (a) に示す三つのポーズを制作している。いずれのポーズにおいても，ルートジョイントから腰ジョイントに至るボーンの長さを変化させることで，腰ジョイントの鉛直高さを調整している。

つぎに，後方に蹴り出す足の接地位置が保たれるように，三つのポーズのルート位置をそれぞれ調整する。その結果，図 (b) に示すように，反対側の脚が前に踏み出すと同時にルートも前進するような歩行アニメーションが得られる。一方，ポーズの変化とルートの移動が一致しないと，図 (c) に示すように，接地している足が床面上を滑ってみえるような不自然なアニメーションになる。こ

† ヌルジョイントやリファレンスジョイントなどと呼ばれることもある。

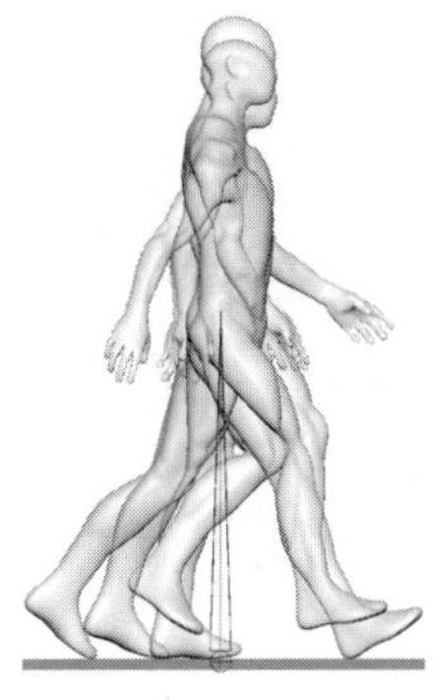
（a） ルート移動なし

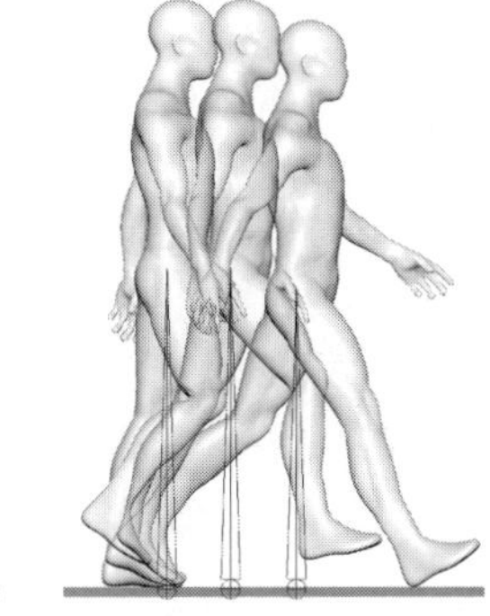
（b） 適切なルート移動

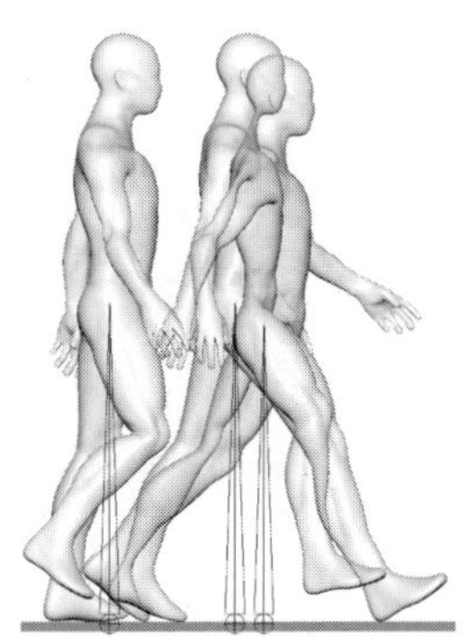
（c） ルート移動との不一致

図 3.10 歩行アニメーションにおけるルート制御

のように，自然なアニメーションを実現するためには，キャラクタの全身運動とルートの位置や回転の変化を同期させることが重要である。なお，この例ではあらかじめポーズを定めた後にルート位置を調整する手順を示したが，あらかじめルートの運動を決定したうえで各ジョイント姿勢を調整するような手順も採られる。

さらに，**図 3.11** に両足ジャンプモーションにおけるルート制御の例を示す。ジャンプ中もルートはつねに床面上にあり，腰ジョイントまでの相対距離を変化させることでジャンプの高さを表現している。また，ジャンプ前のルートは両足の間に位置しているが，着地時点では両かかとより後ろに位置している。

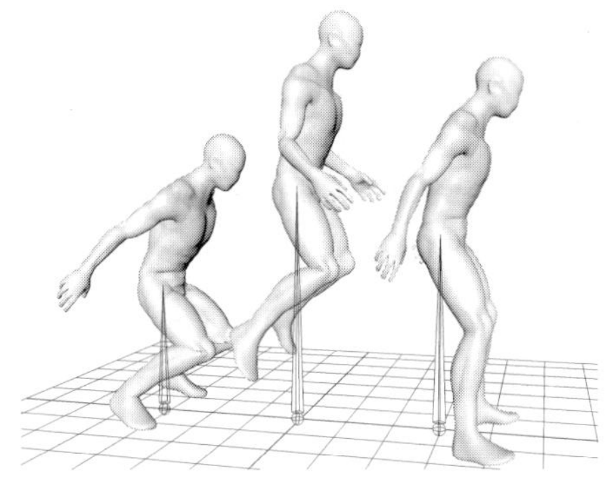

図 3.11 ジャンプアニメーションにおけるルート制御

これは，腰ジョイントはつねにルートの鉛直上方に配置されるため，両脚を前方に伸ばした状態では相対的に後方に位置しているように見えるためである。

こうしたルートを用いたキャラクタ制御は，特にフィールド上の移動アニメーション生成において有用である。例えば，移動アニメーション生成に際しては，プレイヤのジョイスティック操作や AI システムによる移動命令に従って，ルートを地表面や床面に接着したまま移動させることが多い。そして，ルートの移動に同期するようにキャラクタの各ジョイント姿勢を変化させることで，歩行や走行，ジャンプなどの一連の移動アニメーションを生成する。このとき，フィールド上のキャラクタの位置や進行方向は，ルート姿勢として表されている。したがって，例えばキャラクタの移動を制御するナビゲーション AI[33] などにおいては，二足歩行や四足歩行型などのスケルトン構造や詳細な姿勢にかかわらず，ルート姿勢情報を参照するだけでキャラクタの行動状態や位置関係を観測できる。もちろん，密着したキャラクタどうしの接触状態を精密に判定しなければならないようなアプリケーションでは，全身のジョイントの位置や方向を正確に計算しなければならない。しかし，キャラクタどうしが一定以上の距離を保つと想定される用途においては，ルート姿勢のみを用いてキャラクタの行動状態を効率的に近似できる。

ただしその際，図 3.10 の例に挙げたように，ルートの運動と全身姿勢を適切に同期させることが重要である。例えば，全身のジョイントを静止させたままルート方向や位置を操作すると，空中に浮いた人形やロボットを操っているかのような不具合を生じる。そのため，各アニメーションジョイントの運動と，ルートの姿勢変化が確実に連動するよう，慎重にアニメーションデータを制作しなければならない。そうした制作作業を効率化するために，ルートの運動軌道に従ってジョイントの運動を補正するランタイム処理や，与えられた全身運動に最適なルート運動を自動算出するためのツールなど，ルートと全身運動の差異を補正するための技術が導入される。

3.3 副次ジョイント

キャラクタのスケルトンには，アニメーションジョイントやルート以外にも，さまざまな特殊なジョイントが付加される。例えば，身長や各ボーンの長さは完全に一致しながら，異なる筋肉量や体脂肪率を示す 2 体のキャラクタを考える。このとき，2 体がまったく同一の骨格姿勢をとったとしても，筋肉や脂肪の挙動によってスキンは異なる形状変形を示す。そうしたキャラクタごとに異なるスキン変形を実現するために，解剖学上の関節に対応しない複数のジョイントを追加することがある。また，スキンの変形には一切影響しない，単にスキン上の特定位置を近似するようなランドマークとして導入されるジョイントもある。本書では，そうした特殊なジョイントを総称して**副次ジョイント**（secondary joint，あるいは support joint）と呼ぶ。

3.3.1 補助ジョイント

スキンの変形品質向上のために導入される代表的な副次ジョイントとして，**補助ジョイント**（helper joint）が挙げられる[34)~36)]。補助ジョイントにはスキンウェイトが割り当てられるとともに，行列パレットの計算対象となることでスキン変形に寄与する。また，アニメーションデータによって動作するのではなく，ほかのアニメーションジョイントの姿勢を入力とする数式を用いた，いわゆる**プロシージャル制御**（procedural control）によって動作することを特徴とする。

補助ジョイントを用いた簡単なスキンモデルを図 **3.12** に示す。この例では，中央ジョイントの曲げに応じて隆起するスキン変形を近似するために，一つの補助ジョイントを上腕部中央付近に導入している。そして，つぎの疑似式に示すように，肘の回転角度に応じて鉛直方向の変位を制御している。

$$\text{補助ジョイントの鉛直方向移動} = \text{肘の曲げ角} \times \text{比例定数}$$

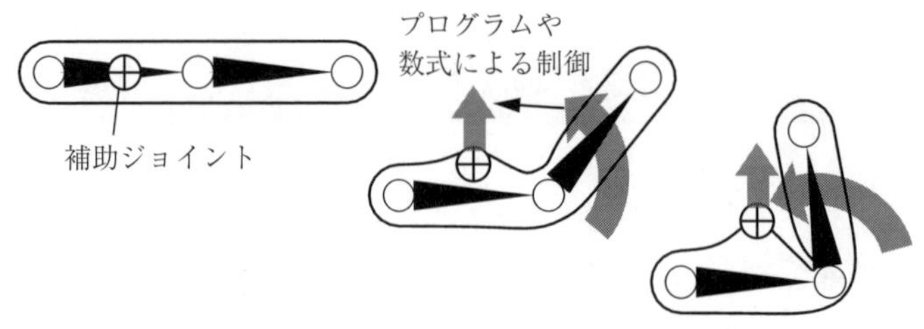

図 **3.12**　補助ジョイントのプロシージャル制御

この例に示すように，補助ジョイントの変位は，近接するジョイントの回転角度や位置を入力とする多項式によって算出される。このように，補助ジョイントの姿勢はランタイム実行時に自動的に決定するため，アニメーションデータは不要である。すなわち，アニメータによる制作作業やデータ量の増加をともなうことなく，スキン変形の品質向上が図られる。もちろん，補助ジョイントの配置や制御式の検討には熟練を要し，またランタイムでの補助ジョイント制御には一定の計算量を要する。それでもなお，エルボー破綻現象やキャンディラッパー現象の軽減や，ジョイント運動に連動するような筋肉変形や衣服変形などのアニメーション表現力の向上など，制作コストと計算コストの両方の増加に見合う効果が得られることが多い。

こうした補助ジョイントを応用することで，単一のアニメーションデータを用いながら，スキン変形にさまざまなバリエーションを付与できる。例えば，筋肉量が多いキャラクタと，筋肉量が少なく脂肪量が多いキャラクタのように，異なる体格を示す複数のキャラクタのスキン変形を計算する場合を考える。まず，アニメーションジョイントのみを用いるスキンモデルでは，筋肉の隆起を表現するためのジョイントや脂肪の挙動を表現するジョイントなど，キャラクタごとに異なるアニメーションジョイントを導入し，またそれぞれのスケルトン構造に応じたアニメーションデータを用いなければならない。一方，補助ジョイントを併用する場合は，複数のキャラクタに共通したアニメーションジョイント階層構造を用いつつ，各キャラクタに特有の変形を示す箇所に補助ジョイントを挿入する方法をとる。例えば，筋肉量が多いキャラクタについては，大きな隆起を示す箇所に重点的に補助ジョイントを追加し，また脂肪量が多いキャラクタに対しては腹部などに補助ジョイントを追加する。その際，キャラクタごとにアニメーションジョイント階層構造を変更する必要がないため，共通のアニメーションデータ構造を利用できる。さらには，キャラクタ間でボーン長比率が同一である場合には，同一のアニメーションデータを共有して利用することも可能である。

こうした技法を活用することで，同一のスキン形状を示すキャラクタに同一のアニメーションデータを与えたとしても，各キャラクタに特有の補助ジョイントをランタイム制御することで，見た目が異なるスキンアニメーションを生成できる。もちろん，補助ジョイントの配置や制御プログラムの開発にも相応の制作コストを要するが，活用方法次第ではアニメーション品質の向上を図りつつ全体の制作コストを効果的に抑制できる。

3.3.2 アタッチメントジョイント

そのほかの代表的な副次ジョイントとして，**アタッチメントジョイント**（attachment joint）が挙げられる。これはキャラクタのスキン上に取りつける物体の位置を指定するための，いわば取付け口として用いられるジョイントである。アタッチメントジョイントは，特定のアニメーションジョイントから分岐してスキン表面上に固定されるように配置され，それ自身はアニメーションしない。つまりアタッチメントジョイントは，親となるアニメーションジョイントにつねに連動して，スキン上のある 1 点の位置を近似するように運動する。また，スキン変形には作用しないため行列パレットの計算対象外であり，スキンウェイトも割り当てられない。

アタッチメントジョイントの例を**図 3.13** に示す。この例では，左前腕に円形の盾を取りつけることを想定し，左肘ジョイントと左手首ジョイントの中間付近のスキン表面上にアタッチメントジョイントを配置している。アタッチメントジョイントは左肘ジョイントを親としており，同じく左肘ジョイントを親とする左前腕ボーンの姿勢に完全に追従する。つまり，アタッチメントジョイン

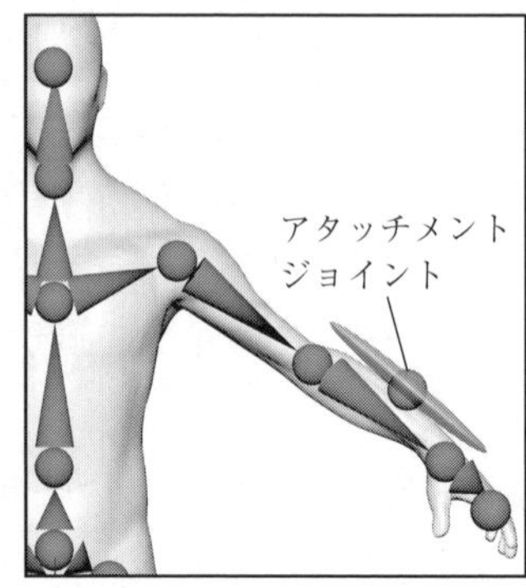

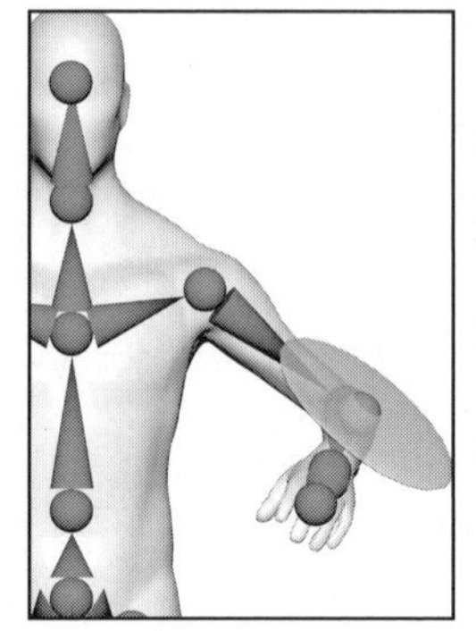
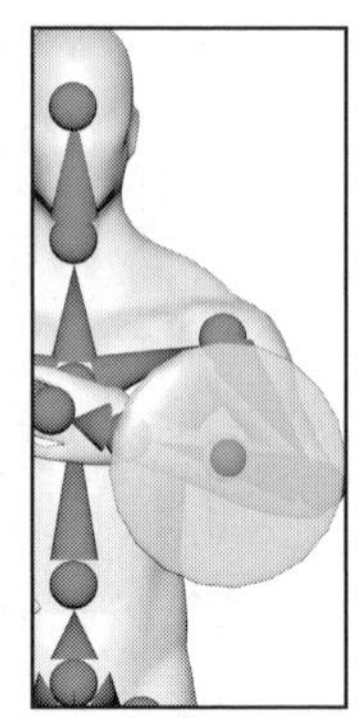

図 3.13　アタッチメントジョイントの例

トの運動は，左前腕スキン上のある 1 点の変形を精度よく近似する。そのため，アタッチメントジョイントのワールド姿勢に一致するように円形盾モデルを配置すると，あたかも盾が左前腕に追従するようなアニメーションを制作できる。もちろん，アタッチメントジョイントの位置と，スキン変形後に得られるスキン表面上の位置には一定の誤差が生じる。しかし，この例の場合では，左前腕にあたるスキンの変形は肘のジョイント姿勢のみによってほぼ決定づけられるため，その誤差は実質的に無視できることが多い。

もちろん，アタッチメントジョイントを用いずに，取付け位置にあたるスキン頂点の座標や法線ベクトルなどを利用することで，盾のワールド座標や方向を決定する方法も考えられる。しかし，スキン変形後の頂点座標は，レンダリングシステム内での線形ブレンドスキニングの計算結果として求まるため，必ず盾のレンダリングに先立ってキャラクタのスキン変形を計算しなければならない。そうした計算順序に関する制約は，レンダリングシステム内の処理の複雑化を招き，結果として計算効率の低下を招きかねない。一方，アタッチメントジョイントを利用する場合は，アタッチメントジョイントのワールド姿勢を盾モデルのワールド姿勢として出力するだけでよく，レンダリングシステムの内部計算にはなんら影響を及ぼさない。このように，ある特定のジョイントに追従するスキン頂点の運動は，アタッチメントジョイントを用いることで計算効率を損なうことなく高精度に近似できる。

3.4 フォワードキネマティクス

スケルトンを用いたスキンモデルのアニメーションパラメータは，スケルトンを構成するアニメーションジョイントの姿勢パラメータである。すなわち，親ジョイント座標系を基準としたアニメーションジョイントの平行移動，回転，スケール成分によって構成される。そしてランタイム実行時には，そうしたアニメーションパラメータ値をもとに各ジョイントのワールド座標変換および行列パレットを更新し，レンダリングシステムに出力する。本節では，スケルトンアニメーションで扱うジョイント姿勢のデータ表現と，それらをもとにワールド姿勢を計算する**フォワードキネマティクス**（Forward Kinematics），あるいは頭文字をとって **FK** と呼ばれる計算手順について解説する。

ちなみに，フォワードキネマティクスはもともとはロボット工学分野の用語であり，日本語で**順運動学**とも呼ばれる。これは，モータなどのアクチュエータへの制御入力をもとにロボットアームの関節を回転させた際の，アーム先端の座標や方向を求める計算手順を指している。そうしたロボット工学分野の知見を多分に応用することで，キャラクタアニメーションの研究開発が発展してきた経緯から，CG 分野においてもフォワードキネマティクスや FK という用語が定着している。なお，FK と対をなす計算手順，すなわちエフェクタや特定のジョイントのワールド姿勢を指定することで，アニメーションパラメータを逆算する手順はインバースキネマティクスと呼ばれる。その詳細については 5.1 節で解説する。

3.4.1 ローカル姿勢とワールド姿勢

アニメーションジョイントの姿勢は，親ジョイントからの相対的な座標変換として定義される。例えば，「右肘を 90° 曲げる」という言葉から想像される姿勢は，おそらく人によってさまざまであろう。それらは**図 3.14** に示すように，起立した姿勢から正面方向に前腕を伸ばす姿勢（図 (a)）や胸を反らしつつ上腕

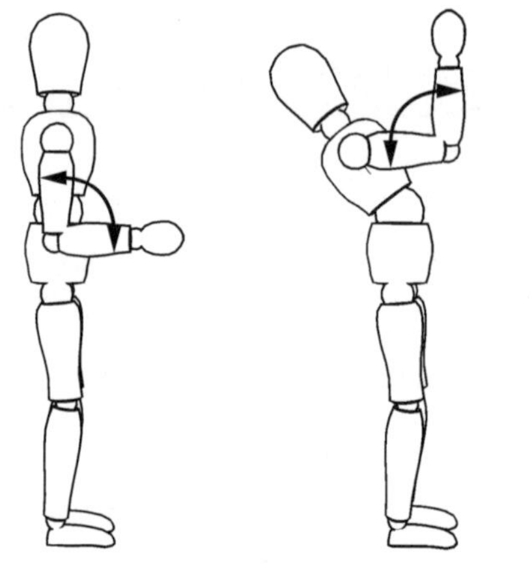

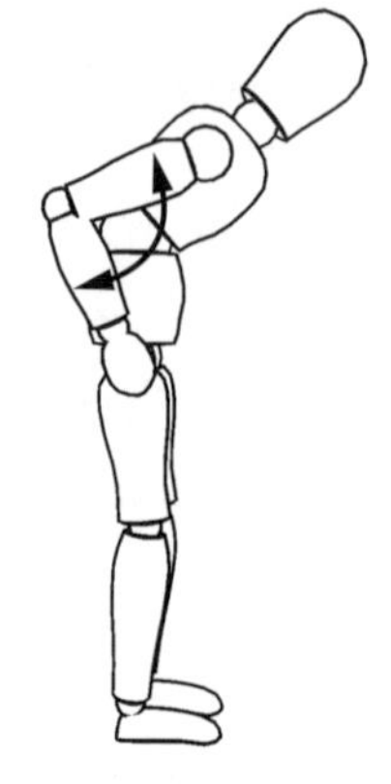

（a） 起立した姿勢から正面方向に前腕を伸ばす姿勢　（b） 胸を反らしつつ上腕を前面に伸ばして前腕を上方に向ける姿勢　（c） 腰をかがめつつ手先を腰の横に保つ姿勢

図 3.14　右肘のローカル姿勢と前腕のワールド姿勢

を前面に伸ばして前腕を上方に向ける姿勢（図 (b)），腰をかがめつつ手先を腰の横に保つ姿勢（図 (c)）など，多種多様な姿勢がありえる。しかしながら，いずれの姿勢においても前腕と上腕が直角をなすことには変わりない。このように，親ジョイントを基準したジョイント姿勢を**ローカル姿勢**（local pose）と呼ぶ。同時に，ジョイント座標系から親ジョイント座標系への局所的な座標変換を表すことから，**ローカル座標変換**（local transformation）とも呼ばれる。

単純な例として，**図 3.15**(a) に示すような三つのジョイントを直列に接続したスケルトンを考える。第 1 ジョイントの座標系はつねにワールド座標系に一致しており，また初期姿勢におけるすべてのジョイント座標系軸方向は，ワールド座標系の各座標軸にそれぞれに一致している。また，灰色の楕円はボーンを表しており，いずれも長さ方向が親ジョイント座標系の x 軸，断面方向が y-z 平面に対応している。こうした初期状態から，第 2 ジョイントを z_2 軸周りに $40°$，第 3 ジョイントを z_3 軸周りに $-90°$ 回転することで，図 (b) に示すようなスケルトン姿勢が得られる。こうしたスケルトン姿勢変化前後における各ジョイントのローカル姿勢とワールド姿勢の関係を，以下に詳しく比較する。

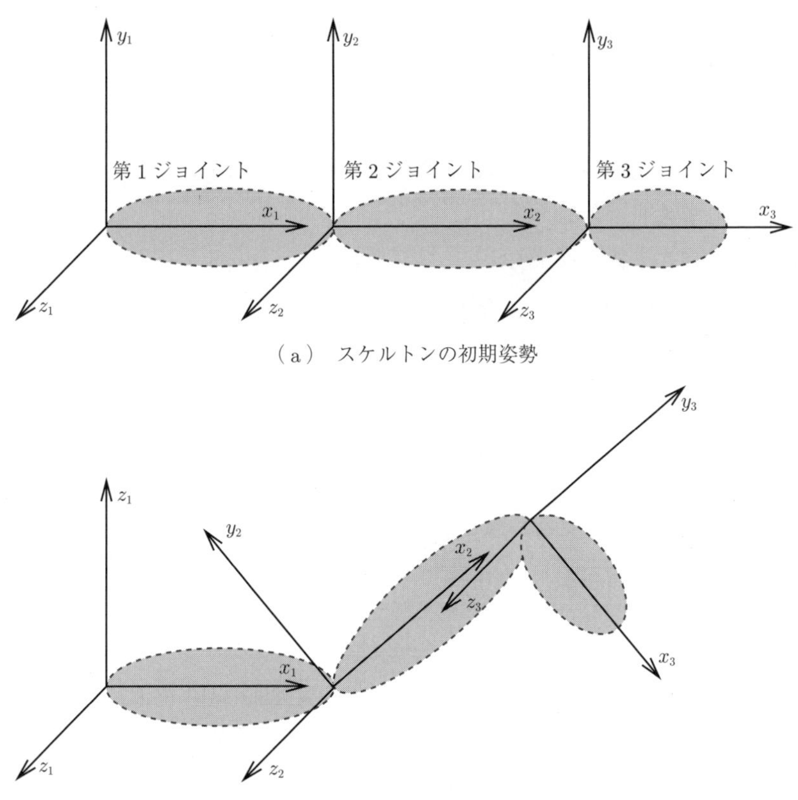

（a） スケルトンの初期姿勢

（b） 第2ジョイントの40°回転と第3ジョイントの−90°回転

図 3.15 ローカル座標系とワールド座標系

まず，第1ジョイントの座標系を基準とする第2ジョイントの姿勢，つまり第2ジョイントのローカル姿勢に着目する。スケルトン姿勢の変化後も，第2ジョイントの座標系原点座標を表す平行移動成分と z_2 軸方向が保持されている一方で，x_2 軸と y_2 軸の方向は初期姿勢から $40°$ 回転している。つまり，第2ジョイントのローカル座標変換は，z_2 軸周りの $40°$ 回転と，x_1 軸に沿った平行移動を合成した座標変換として説明できる。

つぎに，第3ジョイントのローカル姿勢に着目する。こちらについても，スケルトン姿勢変化の前後で第3ジョイントの原点座標を表す平行移動成分は保たれており，また z_3 軸の方向も z_1 軸および z_2 軸の方向に一致している。一方，z_3 軸周りの回転の結果として，x_3 軸は $-y_2$ 軸方向を向き，y_3 軸は x_2 軸方向を向くように方向が変化している。したがって，第 3 ジョイントのローカル座標変換は，z_3 軸周りの -90° 回転と x_2 軸に沿った平行移動を合成した座標変換として説明できる。

続いて，同じく第 3 ジョイントのワールド姿勢に注目する。まず，座標軸方向については，z_3 軸方向が z_1 軸方向に一致している。一方，x_3 軸ならびに y_3 軸の方向変化を見ると，z_2 軸周りの回転と z_3 軸周りの二つのジョイントの回転を合成した $40 - 90 = -50^\circ$ の回転が施されていることがわかる。さらに，第 3 ジョイントの原点座標の変位は，第 1 ジョイント原点から第 2 ジョイント原点への x_1 軸に沿った平行移動と，第 2 ジョイントの回転，そして回転後の x_2 軸に沿った平行移動という，三つの成分の合成変換によって説明できる。

このように第 3 ジョイントへのワールド座標変換は，第 1 ジョイントから第 3 ジョイントに至るすべてのジョイントのローカル座標変換の合成によって表される。すなわち，第 3 ジョイントのワールド姿勢は，まず第 2 ジョイント座標系から見た第 3 ジョイントの姿勢を求めた後，さらに第 1 ジョイント座標系，ひいてはワールド座標系における姿勢に変換するという，段階的な座標変換を経ることによって求められる。

3.4.2 ローカル行列の構成

ジョイントのローカル座標変換を表す同次変換行列を，本書では**ローカル行列**（local matrix）と呼称する†。また，ジョイントのローカル座標変換は，せん断を除くアフィン変換で表されると仮定する。すなわち，親ジョイント座標系内における平行移動を同次変換行列 $\boldsymbol{T}$，親ジョイント座標系に対する回転を $\boldsymbol{R}$，親ジョイントから見たジョイント座標系のスケールを $\boldsymbol{S}$ とそれぞれ表すとき，ジョイントのローカル行列 $\boldsymbol{L}$ は式 (3.6) で求められる。

† 局所座標変換行列やローカル姿勢行列などとも呼ばれる。

$$\boldsymbol{L} = \boldsymbol{TRS} \tag{3.6}$$

ここで，合成変換を求める行列乗算の順序が重要である。$\boldsymbol{TRS}$ という行列演算は，図 **3.16**(a) に示すような親ジョイント座標系原点に位置する単位立方体を，図 (b) の左から $\boldsymbol{S} \to \boldsymbol{R} \to \boldsymbol{T}$ の順に適用する際の変形に対応する。つまり，最初にスケーリング $\boldsymbol{S}$ によって親ジョイント座標系の各軸に沿った方向に直方体を引き伸ばした後，親ジョイント座標系原点を中心とする回転 $\boldsymbol{R}$ によって所望の方向に向ける。そして最後に平行移動 $\boldsymbol{T}$ を加えることで，指定した位置に平行移動させるという一連の操作に対応している。このように，式 (3.6) の順番で乗算する限り，ローカル座標変換の各成分 $\boldsymbol{S}$，$\boldsymbol{R}$，$\boldsymbol{T}$ の効果を直感的に解釈できる。

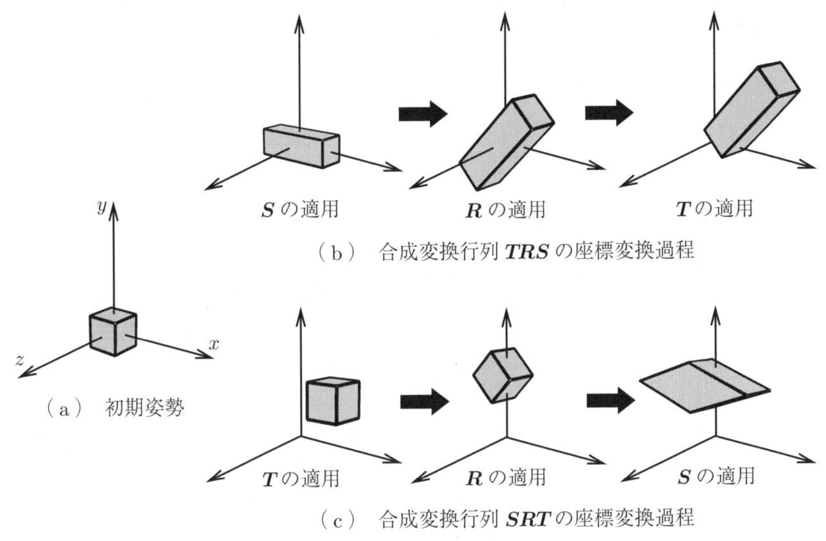

（b） 合成変換行列 $\boldsymbol{TRS}$ の座標変換過程

（a） 初期姿勢

（c） 合成変換行列 $\boldsymbol{SRT}$ の座標変換過程

図 3.16 ジョイントローカル行列の構成

一方，行列積の順序を $\boldsymbol{SRT}$ のように逆順にしたときの変形過程を図 3.16(c) に示す。まず，親ジョイント座標系原点からの平行移動 $\boldsymbol{T}$ を施した後に，親ジョイント座標系原点を中心とした回転 $\boldsymbol{R}$ を加えることで，ジョイントの方向と位置が変化する。このとき，もし回転の前後でジョイント座標系原点を同一位置に保ちたければ，回転成分 $\boldsymbol{R}$ の変化に応じて平行移動成分 $\boldsymbol{T}$ を再計算しなければならない。さらに，親ジョイント座標系の各軸に沿ったスケーリング $\boldsymbol{S}$ を施すことで，あたかもせん断を施したような変形が生じる。こうしたひずみは，ローカル行列を $\boldsymbol{SRT}$ という乗算順序で算出する際に不可避に生じる不具合である。このように，たとえローカル座標変換の各成分 $\boldsymbol{S}$，$\boldsymbol{R}$，$\boldsymbol{T}$ が同一の値であっても，行列積の非可換性によって大きな差異が生じる。

3.4.3 ワールド行列の計算

ジョイントのワールド座標変換を表す同次変換行列を，本書では**ワールド行列**（world matrix）と呼ぶ。ここで，あるジョイントのワールド座標変換は，ルートからそのジョイントに至るすべてのジョイントローカル座標変換を合成することで求められる。つまり，ジョイントの親をルートまでさかのぼり，すべての先祖のローカル行列を順番に乗算することでワールド行列が算出される。このように，ローカル姿勢からワールド姿勢への変換をローカル行列の乗算によって求める計算がフォワードキネマティクスである。

フォワードキネマティクスの具体的な計算手順を説明するために，ここでは**図 3.17** のような四つのジョイントを三つのボーンを介して直列に接続したスケルトンを考える。ここでの計算目的は，四つのジョイントのローカル行列 $\boldsymbol{L}_1$,

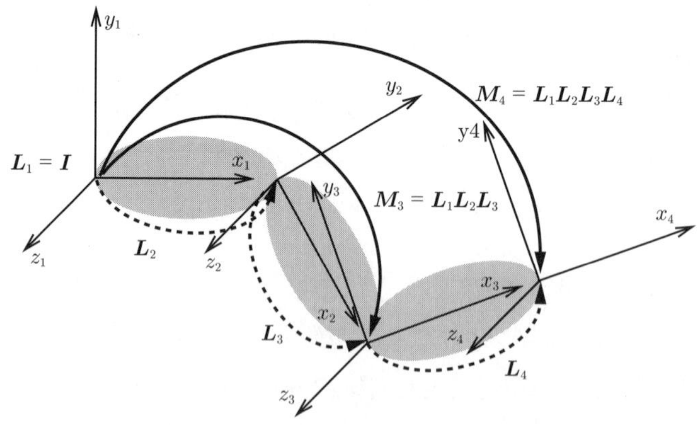

図 3.17　ローカル行列の合成によるワールド行列の計算

$\boldsymbol{L}_2$，$\boldsymbol{L}_3$，$\boldsymbol{L}_4$ が与えられたとき，各ジョイントのワールド行列 $\boldsymbol{M}_1$，$\boldsymbol{M}_2$，$\boldsymbol{M}_3$，$\boldsymbol{M}_4$ を求めることである。まず，ジョイント 1 のワールド行列は親ジョイントの影響を受けないため，$\boldsymbol{M}_1 = \boldsymbol{L}_1$ である。さらに，ジョイント 1 の座標系はワールド座標系に一致していることから，$\boldsymbol{M}_1 = \boldsymbol{L}_1 = \boldsymbol{I}$ が成り立つ。

つぎに，$\boldsymbol{M}_2$ はジョイント自身のローカル行列 $\boldsymbol{L}_2$ に加えて親ジョイントのローカル行列 $\boldsymbol{L}_1$ の影響も受ける。そうした座標変換の合成は行列積で表されることから，$\boldsymbol{M}_2 = \boldsymbol{L}_1\boldsymbol{L}_2$ となる。同様に，$\boldsymbol{M}_3$ は三つのジョイントのローカル行列の合成 $\boldsymbol{M}_3 = \boldsymbol{L}_1\boldsymbol{L}_2\boldsymbol{L}_3$，$\boldsymbol{M}_4$ は四つのローカル行列の積 $\boldsymbol{M}_4 = \boldsymbol{L}_1\boldsymbol{L}_2\boldsymbol{L}_3\boldsymbol{L}_4$ によって求まる。このように，ジョイント階層構造の根から葉に向かう経路上のローカル行列を右側から順に乗算することで，各ジョイントのワールド行列が求められる。

さらにここで，ジョイントの親子関係に着目すると $\boldsymbol{M}_2 = \boldsymbol{M}_1\boldsymbol{L}_2$，$\boldsymbol{M}_3 = \boldsymbol{M}_2\boldsymbol{L}_3$，$\boldsymbol{M}_4 = \boldsymbol{M}_3\boldsymbol{L}_4$ のような再帰的な関係が成つことがわかる。すなわち，ジョイント j のワールド行列 $\boldsymbol{M}_j$ は，その親ジョイント $j-1$ のワールド行列 $\boldsymbol{M}_{j-1}$ とジョイント j のローカル行列 $\boldsymbol{L}_j$ の積 $\boldsymbol{M}_j = \boldsymbol{M}_{j-1}\boldsymbol{L}_j$ によって計算できる。ただし，ルートに関しては $\boldsymbol{M}_1 = \boldsymbol{L}_1$ である。

こうした再帰的関係は，分岐を含むような複雑なスケルトンについても一般的に成り立つ。つまり，ジョイント j の親ジョイントのインデックスを $\rho(j)$ と表すとき，ワールド行列 $\boldsymbol{M}_j$ は式 (3.7) に示すように親ジョイント $\rho(j)$ のワールド行列 $\boldsymbol{M}_{\rho(j)}$ とローカル行列 $\boldsymbol{L}_j$ との積で表される。

$$\boldsymbol{M}_j = \boldsymbol{M}_{\rho(j)}\boldsymbol{L}_j \tag{3.7}$$

ただし，ルートには親ジョイントが存在しないため，そのワールド行列はローカル行列に等しく $\boldsymbol{M}_{\mathrm{root}} = \boldsymbol{L}_{\mathrm{root}}$ が成り立つ。

このように再帰を用いた効率的な計算を行うためには，あるジョイントのワールド行列を求める際に，親ジョイントのワールド行列，ひいてはルートからそのジョイントに至るすべての親・先祖ジョイントのワールド行列が求まっている必要がある。したがって，フォワードキネマティクスの計算は，ジョイント階層構造を根から葉に向かう順に走査しながら各ジョイントのワールド行列を更新する手順を踏む。例えば，図 3.7 のジョイント階層構造の場合は，**図 3.18** の太矢印に示す順序で各ジョイントのワールド行列を求める。このように，ジョイント階層構造の走査には，再帰によって容易に実装できる深さ優先探索を用いることが多い。さらには，図 3.18 内の丸付き番号に示すように，深さ優先探索による走査順に従って，ジョイントにインデックスを割り当てることで，フォワードキネマティクスのランタイム計算を効率化できる。つまり，木構造の走査を行うことなくインデックス順に逐次処理するだけで済むため，同一の計算結果を与えることを保証しつつ，実装の簡素化と高速化を達成する。

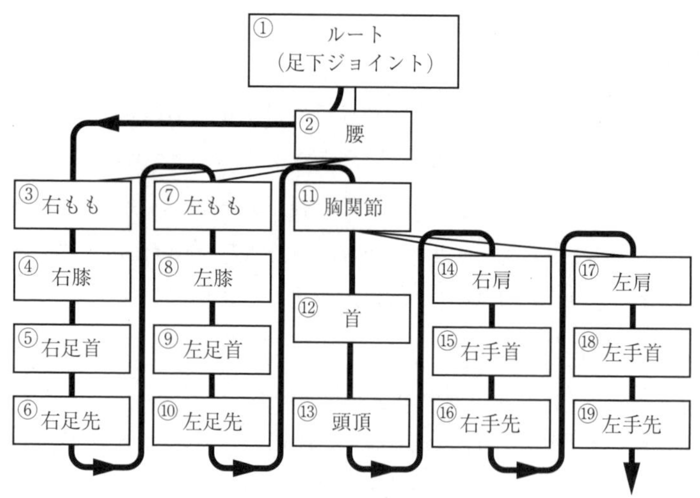

図 3.18　ジョイント階層構造の深さ優先探索によるフォワードキネマティクス

こうしたフォワードキネマティクスの計算により，ジョイントのローカル姿勢 $\boldsymbol{L}_j$ からワールド姿勢 $\boldsymbol{M}_j$ を求められる。さらには，初期姿勢におけるワールド姿勢の逆行列，すなわち逆バインドポーズ $\bar{\boldsymbol{M}}_j^{-1}$ との行列積によって行列パレットを構成できる。

最後に本節のまとめとして，ローカル姿勢の変化が各ジョイントのワールド姿勢に及ぼす変化について整理する。

(1) ジョイントが平行移動すると，そのジョイントおよび子孫にあたるすべてのジョイントのワールド座標が変化する。ただし，それらの座標軸方向およびスケールは保たれる。

(2) ジョイントが回転すると，そのジョイントおよびすべての子孫ジョイントの座標軸方向が変化する。さらに，子孫ジョイントのワールド座標も変化するが，そのジョイント自身の座標系原点は移動しない。また，すべてのジョイント姿勢のスケールは保たれる。

(3) ジョイントをスケーリングすると，そのジョイントおよび子孫ジョイントのスケールが変化する。さらに，子孫ジョイントの原点座標も変化するが，そのジョイント自身のワールド座標は変化しない。また，すべてのジョイントの座標軸方向も保たれる。

3.5 スケルトンアニメーションデータ

スケルトンの姿勢は，各ジョイントの平行移動成分，回転成分，スケール成分から構成される多次元ベクトルとして表現できる。したがって，スケルトンアニメーションデータは，全フレーム分の姿勢ベクトルを連結したベクトル時系列として表現できる。しかし，キャラクタを構成する多数のジョイントについて，秒間数十フレームにも及ぶ時系列データをすべてメモリ上に保存するのは非効率的である。本節では，スケルトンアニメーションデータを効率的に格納するための技術のうち，時間的にデータを間引いて表現するキーフレーム法と，各数値を表すデータを圧縮するための各種技法について説明する。

3.5.1 キーフレームアニメーション

アニメーション映像は，秒間 24～120 フレーム程度の静止画像系列をパラパラ漫画の要領で逐次描画することで再生される。キャラクタアニメーションの計算も同様に，各時刻におけるアニメーションパラメータをデータから参照し，フォワードキネマティクスの計算を通じて行列パレットを更新する。その際，すべてのフレームにおけるアニメーションパラメータを記録しようとすると，アニメーション時間長に応じてデータ量が線形に増加する。また，アプリケーションのフレームレートが可変である場合や，映像出力機器のリフレッシュレートとアニメーションデータのフレームレートが異なる場合には，離散表現されたフレーム間の時刻におけるパラメータを計算しなければならない。

一般的な CG アプリケーションでは，**キーフレーム法**（keyframe method）に基づくアニメーション制作技法が広く採用されている。キーフレーム法では，滑らかに変化するアニメーションの中で代表的な姿勢を示すいくつかの瞬間，すなわち**キーフレーム**（keyframe）における静止した姿勢データのみを準備する。そして，キーフレーム間の時刻における中間的な姿勢を**キーフレーム補間法**（keyframe interpolation method）を用いて算出することで，連続的に時間変化するアニメーションを生成する。このとき，全体のフレーム数に対してキーフレーム数を十分に小さくできるため，より少ないデータ量でアニメーションを表現できる。また，キーフレーム法ではアニメーションデータの時間解像度によらず，任意の時刻における姿勢を補間計算によって求める。

キーフレーム法の原理を**図 3.19** に示す。ここでは，球体が地点 a を出発し，地点 b を経て地点 c に至る移動アニメーションを生成する。キーフレームは地点 a の出発時刻 τ_a，地点 b の通過時刻 τ_b，そして地点 c への到達時刻 τ_c の三つに設定している。そして，各キーフレームにおける座標 $\boldsymbol{p}_a$，$\boldsymbol{p}_b$，$\boldsymbol{p}_c$ を補間することで，任意の時刻 τ（$\tau_a \leq \tau \leq \tau_c$）における球体の位置を求める。なお，補間対象となる値（ここでは $\boldsymbol{p}_a$，$\boldsymbol{p}_b$，$\boldsymbol{p}_c$）を**アニメーションキー**（animation

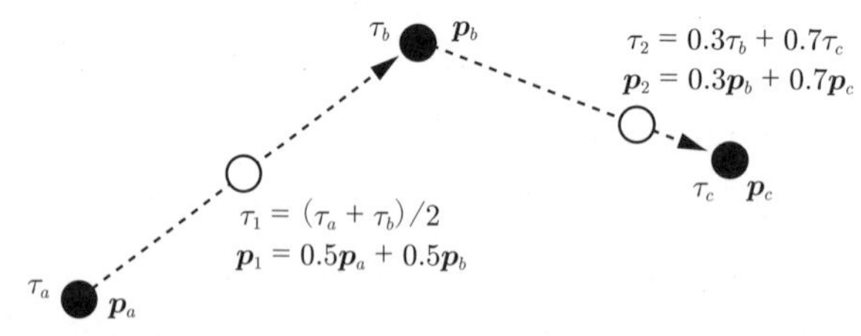

図 3.19　キーフレームアニメーションの原理

key）あるいは単に**キー**（key）と呼ぶ。

一般的に，三つの地点 a，b，c を結ぶ経路は無限に存在するが，ここでは a-b 間と b-c 間の各区間において，球体は等速直線運動を行うものと仮定する。この条件下で，任意のフレーム τ における球体の位置 $\boldsymbol{p}(\tau)$ は，式 (3.8) に表す線形補間を用いて算出できる。

$$\boldsymbol{p}(\tau) = \begin{cases} \dfrac{(\tau_b - \tau)\boldsymbol{p}_a + (\tau - \tau_a)\boldsymbol{p}_b}{\tau_b - \tau_a} & \text{if } \tau_a \leq \tau < \tau_b \\ \dfrac{(\tau_c - \tau)\boldsymbol{p}_b + (\tau - \tau_b)\boldsymbol{p}_c}{\tau_c - \tau_b} & \text{if } \tau_b \leq \tau \leq \tau_c \\ \text{undefined} & \text{otherwise} \end{cases} \tag{3.8}$$

例えば，図 3.19 に示す時刻 τ_1 はキーフレーム τ_a と τ_b のちょうど中間の時刻である。このとき，式 (3.8) の計算結果は，二つのキーフレームに対応するキー $\boldsymbol{p}_a$ と $\boldsymbol{p}_b$ の中間地点 $\boldsymbol{p}_1$ を与える。また，時刻 τ_2 はキーフレーム τ_b から τ_c に至る時間長のうち 70 %を経過した時刻に対応しており，このとき式 (3.8) の計算は $\boldsymbol{p}_b$ から $\boldsymbol{p}_c$ に至る直線経路長のうち 70 %を経た位置 $\boldsymbol{p}_2$ を算出する。このように，線形補間に基づくキーフレーム補間は，キーフレーム間で等速直線運動を示すアニメーションを与える。また，線形補間は Linear intERPolation の大文字をとって **LERP** とも呼ばれる。なお，より高度な補間方法については 3.5.3 項で述べる。

3.5.2 キーポーズ

スケルトンアニメーションにおけるアニメーションキーは**キーポーズ**（key-pose）と呼ばれ，各ジョイントのローカル姿勢を表すアニメーションパラメータによって構成される。具体的には，ジョイント j のローカル姿勢は平行移動成分を表す 3 次元ベクトル $\boldsymbol{t}_j$，回転成分を表す単位クォータニオン $\boldsymbol{q}_j$，そしてスケール成分を表す 3 次元ベクトル $\boldsymbol{s}_j$ という，3 種 10 個のアニメーションパラメータの組合せ $(\boldsymbol{t}_j, \boldsymbol{q}_j, \boldsymbol{s}_j)$ で表される。したがって，スケルトンを構成するジョイントがルートを含めて J 個であるとき，キーポーズのアニメーションパラメータ総数は $10J$ となる。なお，これ以外のパラメータ形式でキーポーズを表現することも可能であるが，そのほかの代表的な形式には，それぞれ以下に示すような短所がある。

(1) **同次変換行列**　ジョイントのローカル行列をそのままキーポーズパラメータとして扱う方法も考えられる。しかし，一つの同次変換行列当り最低12個の浮動小数点数を扱うことから，メモリ使用効率の面で不利である。さらには，座標変換行列の補間には煩雑な計算を要するため，平行移動とスケール，回転成分ごとに個別に補間するほうが，計算効率と補間精度の両面で優れる。

(2) **オイラー角**　オイラー角表現では三つの角度パラメータの組合せで3次元回転を表現するため，クォータニオンよりもパラメータ数が一つ少ない。しかし，オイラー角でパラメータ化されたキーポーズを補間すると，いわゆるジンバルロックと呼ばれる不連続な補間結果が生じることがある。

(3) **回転軸周りの回転量表現**　回転軸周りの回転量表現では複数の回転量を直接補間できないため，いったん別のパラメータ形式に変換する計算コストが発生する。その一方で，パラメータ数はクォータニオンと同等のため，利用するメリットに欠ける。

なお，3次元回転のパラメータ表現方法については，付録A.3を参照されたい。

3.5.3　区分線形キーフレーム補間法

時間的に隣接する二つのキーフレーム τ_k と τ_{k+1} におけるジョイント j のキーポーズを，それぞれ $(\boldsymbol{t}_{j,k}, \boldsymbol{q}_{j,k}, \boldsymbol{s}_{j,k})$ と $(\boldsymbol{t}_{j,k+1}, \boldsymbol{q}_{j,k+1}, \boldsymbol{s}_{j,k+1})$ と表す。このとき，$\tau_k \leq \tau < \tau_{k+1}$ を満たす任意の時刻 τ におけるローカル姿勢 $(\boldsymbol{t}_j(\tau), \boldsymbol{q}_j(\tau), \boldsymbol{s}_j(\tau))$ をキーフレーム補間によって計算する。代表的なキーフレーム補間法として，式 (3.8) に示した**区分線形キーフレーム補間法**（piece-wise linear keyframe interpolation method）が挙げられる。これは，時間的に隣接する二つのキーフレームを端点とする各区間にLERPを施す方法である。ここで，あらかじめ補間率 $\alpha = (\tau - \tau_k)/(\tau_{k+1} - \tau_k)$ を定義することにより，平行移動成分 $\boldsymbol{t}_{j,\tau}$ と

スケール成分 $\boldsymbol{s}_{j,\tau}$ に関する LERP は，それぞれ式 (3.9) と (3.10) によって計算される。

$$\boldsymbol{t}_j(\tau) = (1-\alpha)\boldsymbol{t}_{j,k} + \alpha\boldsymbol{t}_{j,k+1} \tag{3.9}$$

$$\boldsymbol{s}_j(\tau) = (1-\alpha)\boldsymbol{s}_{j,k} + \alpha\boldsymbol{s}_{j,k+1} \tag{3.10}$$

一方，回転成分つまり単位クォータニオンの線形補間には，おもにつぎの二つの方法が用いられる。

(1) **QLERP**　　クォータニオンを単なる 4 次元ベクトルとみなして線形結合を施す補間法であり，Quaternion Linear intERPolation の大文字をとって **QLERP** と呼ばれる。QLERP の計算は，式 (3.11) に示すように，補間結果が単位クォータニオンとなることを保証するために，ノルムによる除算を通じた正規化をともなう。

$$\begin{aligned}\boldsymbol{q}_j(\tau) &= \mathrm{QLERP}\left(\boldsymbol{q}_{j,k}, \boldsymbol{q}_{j,k+1}, \alpha\right) \\ &= \frac{(1-\alpha)\boldsymbol{q}_{j,k} + \alpha\boldsymbol{q}_{j,k+1}}{\|(1-\alpha)\boldsymbol{q}_{j,k} + \alpha\boldsymbol{q}_{j,k+1}\|}\end{aligned} \tag{3.11}$$

このように QLERP は単純なベクトル演算で実現できるため，高速な処理が可能である。しかし正規化の副作用として，補間率 α と補間結果の回転角が正比例しないという問題が生じる。この不具合の概要について，**図 3.20**(a) の模式図を用いて説明する。ここでは，白丸で表す二つの回転量を，補間率 α を 0.2 刻みで増やしつつ 5 等分に補間する。QLERP

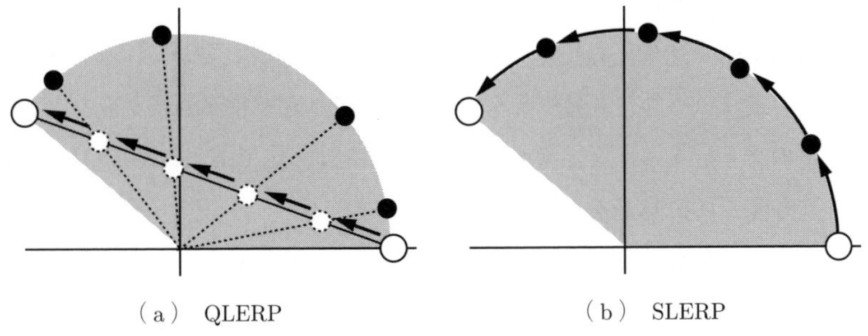

（a） QLERP　　　（b） SLERP

図 3.20　QLERP と SLERP の補間結果の差異

では，まず式 (3.11) の分子に対応して，実線と矢印に示す経路上で線形補間することで，破線の円に示す補間結果を得る。そして，式 (3.11) の分母に示す正規化処理を施すことで，破線円を球面上に射影して，黒丸に示す最終的な補間結果を得る。このように，実線上では等間隔である補間結果が，ノルムによる正規化の結果，球面上では不均一な間隔を示す。したがって，例えば補間率を $\alpha = 0.3$ としても，二つの回転の見た目上の内分比が 0.3 未満に留まるような不具合が生じる。また，補間率 $\alpha = 0.2$ から $\alpha = 0.7$ に，0.5 だけ増やす場合にも，直感的には二つのキーポーズの間の角度差の半分だけ回転することが期待されるが，実際には大幅に超過した回転量を示す。

(2) **SLERP**　二つのクォータニオンが表す回転量を滑らかに線形補間する方法として，**球面線形補間**（spherical linear interpolation）が挙げられる。これは，Spherical Linear intERPolation の大文字をとって **SLERP** とも表記され，式 (3.12) で定義される。

$$\boldsymbol{q}_j(\tau) = \mathrm{SLERP}\left(\boldsymbol{q}_{j,k}, \boldsymbol{q}_{j,k+1}, \alpha\right) = \left(\boldsymbol{q}_{j,k+1}\boldsymbol{q}_{j,k}^{-1}\right)^{\alpha} \boldsymbol{q}_{j,k} \tag{3.12}$$

ここで，$\boldsymbol{q}_{j,k+1}\boldsymbol{q}_{j,k}^{-1}$ は二つの回転の差分を表す単位クォータニオンを表し，さらにその α 乗によって回転差分量を α 倍した単位クォータニオンを求めている。これは，図 3.20(b) の円弧状の矢印が表す回転を求める操作に対応している。したがって，補間結果 $\boldsymbol{q}_j(\tau)$ は必ず単位クォータニオンとなり，また，補間率 α の変位量と角変位量が正確に対応する直感的な結果が得られる。さらに，オイラー角表現におけるジンバルロックのような不具合も発生しないという，優れた特性を備える。ただし，複数のクォータニオン演算から構成される計算法であるため，QLERP よりも多くの計算量を費やす。

このように QLERP と SLERP にはそれぞれ長所短所があるため，状況に応じた使い分けが求められる。例えば，可動域が狭いジョイントや，キーフレーム間の姿勢変化が小さいジョイントについては，補間精度の劣化がアニメーション品質に与える影響が限定的であるため，QLERP の適用が有力となる。一方，キーフレーム間の姿勢変化が大きい場合には，QLERP による精度低下がアニメーション品質の劣化となって目立ちやすいため，SLERP の利用が望ましい。そのほかの一般的な指針として，原則的には SLERP を採用することで意図しない品質劣化を回避しつつ，品質への影響が限定的かつ高速処理が求められる場面においてのみ QLERP を適用するという使い分けが考えられる。なお，チェビシェフ多項式を利用した SLERP の近似計算手法も提案されているので，興味のある読者は文献37) を参照されたい。

3.5.4 スプライン補間法

区分線形キーフレーム補間法を用いることで，全体を通じて途切れのない連続的なアニメーションを生成できる。しかしこの方法では各区間において個別に LERP を適用することから，運動の速度がキーフレームの前後で不連続に変化するという問題が生じる。例えば，**図 3.21**(a) に示すように，白丸で示すキーに対して区分線形キーフレーム補間を施すと，実線で示すようなアニメーションが得られる。このように，先行するキーから後続のキーに向かって直線的に一定速度で変化するようなアニメーションとなるため，キーフレームを境目としてアニメーションカーブの傾き，つまり運動速度が不連続に変化する。そのため，運動速度の変化が滑らかなアニメーションを生成するためには，キーフレームを時間的に密に配置するなど応急処置的な対応が必要になる。

そこで，キーフレームの前後でアニメーションの速度変化を抑制する，イー

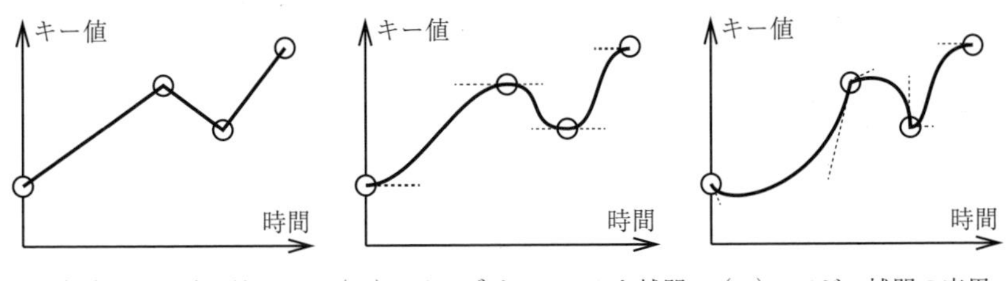

（a） 区分線形補間　（b） イーズイン・アウト補間　（c） ベジェ補間の応用

図 3.21 キーフレーム補間法によるアニメーションの変化

ズイン・アウト（ease-in/out）と呼ばれる効果が用いられる。ここで，イーズ（ease）は緩やかな変化を指しており，具体的には補間区間の冒頭で補間率 α を低い値を保ちながらしだいに緩やかに上昇させることで，先行するキーから滑らかに変化させる効果をイーズアウト（ease-out）と呼ぶ。また，イーズイン（ease-in）は，補間区間の末端付近において α を高い値に保ちつつ緩やかに増加させることで，後続のキーに滑らかに接続する効果を指す。例えば図 3.21(a) のキーに対してイーズイン・アウトの効果を加えると，図 (b) のような滑らかなアニメーションが得られる。

こうしたイーズイン・アウトを実現する代表的な方法が**スプライン補間法**（spline interpolation method）である。例えば，式 (3.13) に示すスプライン多項式を用いることで，イーズイン・アウトを実現する補間率の時間変化 $\alpha(\tau)$ を算出できる。

$$\alpha(\tau) = \begin{cases} 0 & \text{if } \tau < 0 \\ \dfrac{3}{2}\tau^2 & \text{if } 0 \leq \tau < \dfrac{2}{3} \\ -3\tau^2 + 6\tau - 2 & \text{if } \dfrac{2}{3} \leq \tau < 1 \\ 1 & \text{if } \tau \geq 1 \end{cases} \tag{3.13}$$

ここで，τ は補間区間の開始時刻から終了時刻に至る区間において，$0 \leq \tau \leq 1$ となるように正規化された時間パラメータである。

また，比較的単純なアルゴリズムである**ベジェ補間法**（Bézier interpolation method）も，高速性が求められるキーフレーム補間に適している。ベジェ補間法は，キーフレームにおけるジョイント姿勢だけでなく，各アニメーションパラメータの勾配を入力にとる。例えば，図 3.21(b) の破線に示すように，キーフレームにおいて運動速度がちょうど 0 になるような勾配ベクトルを指定することでイーズイン・アウトの効果を付与できる。また，勾配ベクトルをより長くすると，キーフレーム前後でより緩やかに運動速度を変化させる効果を与えられる。さらに図 (c) では，勾配ベクトルの方向や長さを操作することで，キーフレームにおけるさまざまな速度変化を実現している。このように，ベジェ補間法を用いることで自由度の高いキーフレーム補間を実現できるが，勾配ベクトルの保存に要するメモリ消費量や，補間に要する計算量が増加する。

なお，時間的に隣接する二つのキーフレームだけを補間するのではなく，三つ以上のキーを用いることも可能である。例えば，より自由度の高い曲線を表現できるBスプラインやNURBSを用いることで，アニメーション全体を通じた滑らかな補間や，さらに複雑なアニメーションを生成できる。しかし，ランタイムでのスプライン計算の負荷が大きいのはもちろん，クォータニオンのスプライン補間アルゴリズムは高度に複雑であることから，適用アプリケーションは限定される[38),39)]。

3.6 アニメーションデータの圧縮

ハードウェアの進化にともなう計算リソース拡充の恩恵は大きいとはいえ，ディジタルゲームのランタイム計算には依然として厳しい制約が存在する。そのため，メモリ消費量やメモリ帯域の低減，およびCPUキャッシュの活用の観点でも，**アニメーション圧縮**（animation compression）は重要な技術である。本節では，多次元ベクトル時系列データであるアニメーションデータを効率的に圧縮するアプローチとして，各フレームにおける数値データを少ない情報量で近似する方法と，時間方向に冗長なアニメーションキーを間引く方法の二つについて解説する。

3.6.1 定数キーの省略

まず最も単純な方法として，アニメーション全体を通じて時間変化しない定数成分を省く方法が挙げられる。例えば，典型的な人型キャラクタにおいては，ルートの位置と方向，アニメーションジョイントの回転成分がおもに時間変化する一方で，ジョイントのスケールや平行移動成分は，一部の例外を除いて変化しない。そうした時間不変なパラメータにはバインドポーズの値を用いることができるため，アニメーションデータから省いて全体のデータ量を削減できる。

3.6.2 アニメーションキーの圧縮

各アニメーションキーをより少ない情報量で近似する方法として，**量子化**（quantization）が広く利用される。例えば，クォータニオンの各要素は浮動小数点数で表されるが，その定義域は $[-1, 1]$ と，単精度浮動小数点数の定義域 $[-3.4 \times 10^{38}, 3.0 \times 10^{38}]$ に比べると，ごくわずかな範囲に留まる。そこで，各要素を定義域 $[-1, 1]$ において量子化することで冗長性を省く。例えば，クォータニオンの x 成分 q_x を U ビットの符号 Q_x に量子化する計算と，その逆量子化を求める計算は，それぞれ式 (3.14)，(3.15) で表される。

$$Q_x = \text{ROUNDUP}\left((2^{U-1} - 1)(q_x + 1.0)\right) \tag{3.14}$$

$$q_x = \frac{Q_x}{2^{U-1} - 1} - 1.0 \tag{3.15}$$

ここで，量子化レベルを $U = 8$ ビットとすると，$2^{-7} = 0.0078125$ 刻みでクォータニオン各成分を表現できることになり，概算では約 $0.9°$ 刻みでの離散化に対応する。すなわち，ジョイントの回転を $1°$ 刻み程度の精度で表現できれば十分なアプリケーションにおいては，クォータニオンの 4 要素を合わせて計 32 ビットで表現できる。その結果，75 %の冗長なデータを削減できる。

さらに，単位クォータニオンはノルムが 1 であるという性質を利用することで，クォータニオンの 4 成分のうち一つを，ほかの三つの成分ともとの符号情報を用いて復元できる。具体的には，三つの成分 q_x，q_y，q_z のみを量子化し，残る q_w 成分は符号を表す 1 ビットデータ sign_w のみを保存する。そのうえで，ランタイムでの展開時には q_x，q_y，q_z を逆量子化し，残る q_w を式 (3.16) によって計算すればよい。

$$q_w = \text{sign}_w \cdot \sqrt{1 - q_x^2 - q_y^2 - q_z^2} \tag{3.16}$$

また，平行移動成分とスケール成分の量子化に際しては，ゲームやキャラクタごとに定義域と量子化レベルを決定しなければならない。スケルトンの各ジョイントの平行移動成分やスケール成分，すなわちボーンの大きさや長さの定義域は，キャラクタによる差異が少ないこともあり，手作業によって容易に設定できる。一方，ルートの平行移動成分，つまりワールド座標系におけるキャラクタの位置については慎重な扱いが求められる。例えば，広範囲を移動するキャラクタの移動成分を少ないビット数で量子化すると，1ビット当りの刻み幅が大きくなることから微細な運動を表現できなくなる。このように，アニメーション品質を保ちつつデータ量を最小化するためには，アニメーションデータが含むルートの移動範囲と，最小の移動量に応じて量子化レベルを決定しなければならない。

3.6.3 キーフレームリダクション

アニメーション品質を保ちつつ，冗長なキーフレームを自動的に削減する手法は，**キーフレームリダクション**（keyframe reduction）と呼ばれる。すなわち，アニメーションの見栄えに影響がない範囲内で必要性が低いキーフレームを間引くことで，ランタイムに要するアニメーションデータ量を削減する技術である。端的な例として，右腕をまっすぐ伸ばした初期姿勢から右肘を等角速度で回転させることで，一定時間後に直角に曲げた姿勢に至るアニメーションを考える。このとき右肘ジョイントの回転パラメータは，初期姿勢と最終姿勢の二つのキーポーズを与えたうえで，区分線形キーフレーム補間するだけで生成できる。そのため，もし途中の時刻において複数のキーフレームが設定されている場合には，それらをすべて削減してもアニメーション再生結果には影響しない。この例に示したように，キーフレームリダクションは，多数のキーフレームで構成されるアニメーションデータから，もとのアニメーションカーブを精度よく近似する必要最小限のキーフレームを自動抽出する。この手法は，モーションキャプチャや物理シミュレーションなどのように，すべてのフレームに対してキーを自動設定する制作技法を利用した後に，あらためてアニメーションデータ量を最小化する目的においても活用される。

キーフレームリダクションの具体的な計算手順を示すために，ここでは区分線形キーフレーム補間法の適用を前提とした，貪欲法に基づくアルゴリズムを取り上げる。まず，図 **3.22**(a) に示す元データの各キーフレームの値と，その

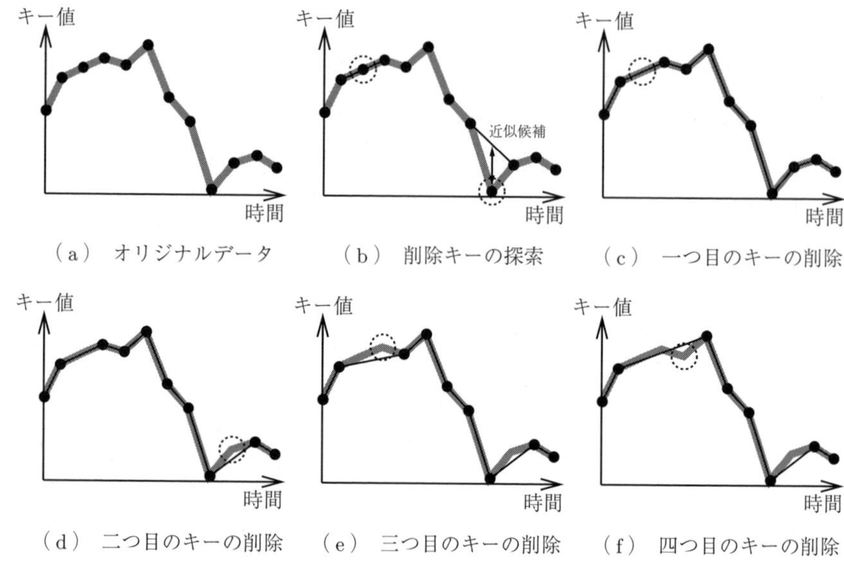

図 3.22 貪欲的キーフレーム削除アルゴリズムの概要

前後時間にあたる二つのキーフレームの補間による近似結果との誤差を計算する。例えば，図 (b) の破線で囲む左側のキーフレームを削減しても，黒線で示す近似結果と灰色太線で示すアニメーションカーブとでは，ほとんど差が見られない。一方，右側のキーフレームを削除すると，近似後のカーブは大きな誤差を示す。こうした誤差評価をすべてのキーに対して行い，最小誤差を示すキーフレームを探索する。そして，その誤差量が一定の閾(しきい)値(ち)以下に収まる場合は，前後二つのキーの補間によって十分に近似できると判定し，キーフレームを削除して図 (c) に示す結果を得る。この一連の処理を，近似誤差が閾値以下である限り反復することで，図 (d)，(e)，(f) に示すようにキーフレームを逐次的に削除する。

ただし，貪欲法はあくまでも局所的な近似誤差に着目するアルゴリズムであるため，必ずしも大域的な最適解は得られない。したがって，より高精度な近似を実現しつつキーフレーム数を最小化するためには，より高度なアルゴリズムの導入が求められる。

3.7 発展的な話題

本章では，スケルトン法とキーフレーム法に基づくスキンモデルの形状変形アニメーション生成についてまとめた。特に，線形ブレンドスキニングの数理モデルとフォワードキネマティクスの計算手順について説明した。いずれもキャラクタアニメーション制作における事実上の標準技法として，今後も広く活用されると考えられる。

その一方で，線形ブレンドスキニングに替わるさまざまなスキン変形アルゴリズムも研究されている。例えば，スキニングのウェイトを多次元化することで，骨の増加を最小化しつつ品質を向上する技術[40)]が提案されている。また，ジョイント姿勢をアフィン変換行列ではなくクォータニオンやデュアルクォータニオンによって表現することで，線形ブレンドスキニングの不具合を低減するスキニング法も提案されている[41)~43)]。同様に，関節の姿勢を複数の数学モデルを組み合わせて記述することで，スキニング品質の向上を図る方法も提案されている[44),45)]。さらには，スケルトン姿勢に対応するスキン形状を計算する統計モデルを構築する手法[46)]や，スキン変形の低周波成分と高周波成分を分離して扱う方法[47),48)]，ニューラルネットワークを用いて学習する技術[49)]なども提案されている。こうした先端技術と比べると，線形ブレンドスキニングはスキン変形の品質では劣るが，計算速度やメモリ消費量などの観点では依然として優位である。

さらに，スケルトンと物理シミュレーションを組み合わせることで，動的な揺れをともなう皮膚変形を計算する技術が研究開発されている。例えば，スケルトンやジョイントの運動に遅延しつつ追従する皮膚変形を表す技法[50)]や，皮膚の物理的な挙動を統計モデルとして近似する技術[51),52)]などが提案されている。

4 アニメーションシステム

アニメーションシステムは，プレイヤやゲーム AI からの操作入力に応じたキャラクタの姿勢や形状の時間変化を，事前制作された静的アニメーションデータを即時加工することで算出する計算モジュールである。そのシステム構築にあたっては，ランタイム実行時における計算速度やメモリ消費量といった計算性能の最適化だけでなく，デザイナに対して直観的かつ効率的な制作作業環境を提供するための工夫が不可欠である。本章では，こうしたさまざまな要件を満たすアニメーションシステムを設計するために用いられる，主要な基盤技術や設計概念についてまとめる。まず，アニメーションシステムの概要について，特に入出力データの観点から説明する。つぎに，アニメーションシステムが扱う最小データ単位であるアニメーションクリップの構造と，複数のクリップを連結・合成するための各種編集技法について説明する。そして，キャラクタの運動状態を抽象化して表現するステートマシンと，各ステートに対応する複数のクリップを管理・編集するモジュールであるブレンドツリーについて説明する。そして最後に，アニメーションシステムの拡張を図るいくつかの新しい試みについてまとめる。

4.1 アニメーションシステムの概要

アニメーションシステム（animation system）は，キャラクタをはじめとするゲームオブジェクトの位置や方向，形状，さらには色などの時間変化を計算するモジュールである。アニメーションシステムには，あらかじめキーフレームアニメーションなどの形式で，多数の静的なアニメーションデータが与えられる。そしてランタイム実行時には，ゲームの進行状況やプレイヤのジョイスティック操作情報，ゲーム AI からの制御信号などの入力データに応じて適切なアニメーションデータを選択・合成・連結することで，モデルのワールド姿勢や行列パレットなどのレンダリングに必要な情報や，アプリケーション制御に必要な各種情報を逐次計算して出力する。

簡単な例として，開き扉の開閉挙動をボタン操作によって制御する場面を考える。このとき，**図 4.1** に示すように，アニメーションシステムの内部には扉の回転アニメーションを表すキーフレームデータと扉の初期姿勢を表すバインドポーズが格納されており，ボタン操作が行われない状態ではつねにバインドポーズを出力する。そして，ボタンが操作された瞬間にキーフレームデータの再生を開始し，各時刻における扉のワールド姿勢を逐次計算する。一方，レンダリングシステムには，扉のポリゴンモデルおよびマテリアル情報が格納されており，アニメーションシステムから出力される扉のワールド姿勢を用いて映像をレンダリングする。このように，アニメーションシステムはモデルの形状や質感に関するデータを参照することなく，あくまでもキーフレームデータに基づいて扉のワールド姿勢のみを逐次算出する。

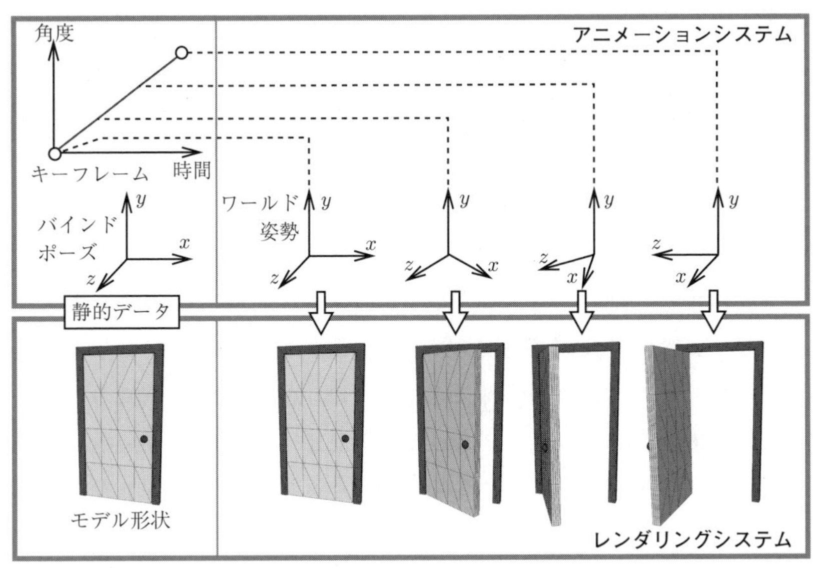

図 4.1 アニメーションデータフロー

また，ジョイスティック操作に応じてキャラクタ歩行アニメーションを制御する場合は，キャラクタの目標進行方向や目標速度を満たす歩行アニメーションデータを選択して参照し，フォワードキネマティクス計算を通じて行列パレットとルートのワールド姿勢を逐次更新する。このとき線形ブレンドスキニングの計算は，レンダリングシステムが保持するスキンメッシュデータを対象として，グラフィックスハードウェア上で効率的に処理される。ブレンドシェイプやポーズスペース変形法を用いる場合も同様に，アニメーションシステムはあくまでブレンドウェイトおよびモデル原点のワールド姿勢のみを計算して出力する。その出力データを用いた実際のブレンド計算とターゲットシェイプデータの管理は，いずれもレンダリングシステム側で処理される。また，頂点アニメーションを用いる場合は，アニメーションシステムは圧縮されたキーフレームデータを展開・補間することで，すべてのポリゴン頂点の座標や法線などの情報を出力する。その際にも，ポリゴン頂点の連結情報などといった時間不変なデータの保持，および表示対象となるジオメトリの再構築処理はレンダリングシステム側で処理される。このように，時間変化するデータと時間不変なデータとに分類し，それぞれをアニメーションシステムとレンダリングシステムが協調して処理することで，処理速度とメモリ消費量の両方の観点で効率的な計算を実現する。

アニメーションシステムの基本構成を図 **4.2** に示す。アニメーションシステムは，大きく分けてステートマシンとブレンドツリーという二つのモジュールから構成される。まず，ステートマシンは，キャラクタの行動状態を表すデータの管理およびその時間変化を処理するモジュールである。例えば歩行ステートや停止ステート，攻撃ステートなどのように，意味論として異なるアニメーションを分類して管理する。また，ブレンドツリーは，同一ステートに属するアニメーションのバリエーションを生成するためのデータ構造・処理機構である。例えば，一口に歩行ステートといっても，早歩きや右旋回歩行，さらには後ろ歩きなどの多様な歩行アニメーションが含まれる。ブレンドツリーは，こうした同一ステートに分類される複数のアニメーションデータを加工・合成す

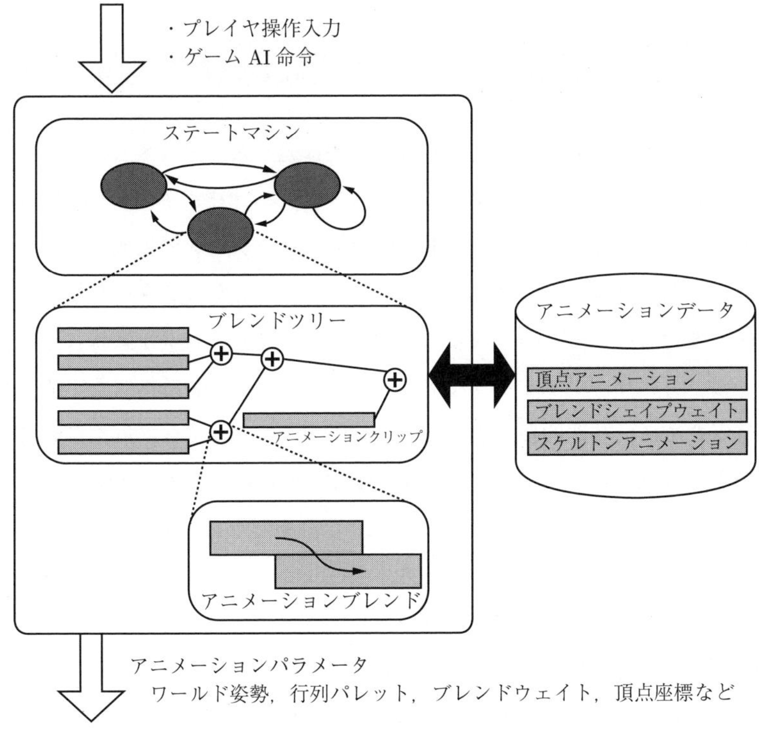

図 **4.2**　アニメーションシステムの概要

ることで，操作入力に対応したアニメーションパラメータを計算するモジュールである。こうした二つのモジュールを通じてアニメーションデータを加工・編集することで，各種操作入力に対応した出力データを計算する。

以降，本章では，まずアニメーションシステムが扱う最小データ単位であるアニメーションクリップのデータ構造を説明する。つぎに，クリップを滑らかに切り替えながら再生する方法と，複数のクリップを合成することで新しい挙動を即時生成する方法についてまとめる。そして，ステートマシンを用いて複数のアニメーションクリップを効率的に管理する方法と，ブレンドツリーを用いたアニメーション生成手順を説明し，最後にブレンドツリーとステートマシンの機能連携についてまとめる。

4.2 アニメーションの滑らかさ

アニメーションシステムに関する各種説明に先立ち，アニメーションの滑らかさについて説明する。まず第一に，アニメーションパラメータが時間的に途切れず連続的に変化することが，滑らかなアニメーションの生成に必要な条件である。もし，図 **4.3**(a) の時刻 a と時刻 b に示すように，ルートの y 座標が不連続に変化していると，それらの時刻においてキャラクタが瞬時に鉛直上方あるいは下方にワープするようなアニメーションになる。こうした不連続変化を避けるために，時間的に近接するアニメーションパラメータはたがいに類似していなければならない。第二に，速度変化の時間連続性も重要である。例えば，図 (b) 内の時刻 c，d，e に示すように，たとえパラメータ値が連続していても，速度が不連続に変化しているとアニメーションにカクつきが表れる。もちろん，全弾性体どうしの衝突発生時や大きな外力が加わった際など，外部要因によって運動速度に瞬間的な変化を生じることは多々ある。しかし，前方方向に全力で走行しているキャラクタが外部環境からの作用を受けることなく，ある瞬間を境として急に後方歩行するのは明らかに不自然であろう。そうした能動的な行動をとるキャラクタについては特に，図 (c) に示すように，時間経過にしたがって運動速度を徐々に増加あるいは減少させること重要な条件となる。

こうしたアニメーションパラメータ値の連続性および速度の連続性は，それ

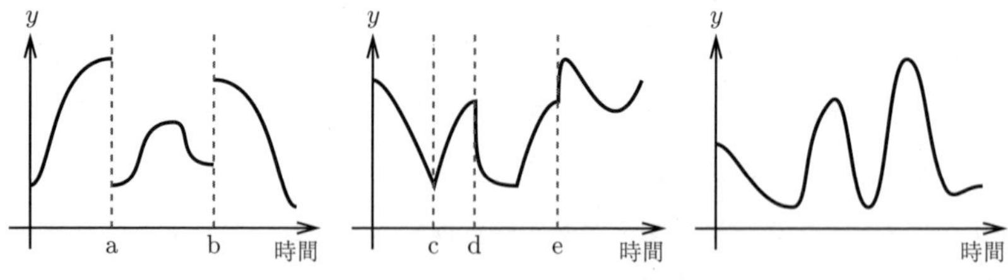

（a） C^0不連続かつC^1連続　（b） C^0連続かつC^1不連続　（c） C^0連続かつC^1連続

図 **4.3**　アニメーションの連続性

ぞれ C^0 連続性および C^1 連続性と呼ばれる。ここで，右上添字は微分の階数を表しており，C^0 連続性は0階微分，つまり時間微分を施さないアニメーションパラメータそのものの時間連続性を表す。また，C^1 連続とは，時間1階微分値が連続的に時間変化する状態を指す。こうした用語の定義のもとで改めて図4.3(a) を見ると，まず時刻aとbにおいて，ルート y 座標が瞬間的に上下に大きく変化して C^0 連続性が失われていることがわかる。同時に，速度は連続的に変化しており，任意の時刻において C^1 連続性が保たれていることもわかる。一方，図 (b) では，あらゆる時刻においてルート y 座標値は C^0 連続であるが，時刻c，d，eにおいて C^1 不連続になっている。

さらには，時間2階微分値である加速度に対応する C^2 連続性や，3階微分値である躍度に対応する C^3 連続性など，より高階の連続性も定義できる。しかし，アニメーションの制作においては C^2 以上の連続性は特に求められず，C^0 および C^1 連続であれば十分に滑らかであるとみなすことが多い。これは，キャラクタをはじめとするモデルの動きは，重力や衝突反力，筋力といった現実世界の物理法則を模した力や，ゲーム特有の非現実的な力によって駆動されると仮定できるためである。そうした外部駆動力は，もともとアプリケーション内の時間進行や操作入力に応じて突発的・非連続的に発生する性質を持つため，キャラクタにも時間不連続な加速度が当然生じうる。こうした理由から，C^2 以上の連続性，つまり加速度や躍度といった高階の時間連続性は求められない。

なお，**C^n 連続性**（C^n continuity）に関する議論は本来は連続値をとる関数について成り立ち，厳密にはアニメーションパラメータのような離散データには適用されない。実際，コンピュータアニメーションは離散時間ステップごとにキャラクタポーズを変化させるが，その際には必ずアニメーションパラメータが不連続に時間変化する。また，激しい動作を示すアニメーションにおいては，多少の不連続性はほとんど視認されない一方で，緩やかな挙動を示すアニメーションでは，わずかなパラメータ変化や速度変化であってもカクつきが目立ちやすい。このように，どの程度のパラメータ変化量であれば C^0 連続とみなすのか，あるいは速度の変化量がどの程度の大きさを超えたら C^1 不連続とみなすのかといった指標については，実際には制作者の主観的な判断とノウハウに頼ることになる。

4.3　アニメーションクリップ

アニメーションクリップ（animation clip）は，アニメーションシステムが扱う最小のデータ単位であり，単に**クリップ**（clip）とも呼ばれる。クリップにはスケルトンアニメーションの姿勢時系列や，頂点アニメーション，ブレンドシェイプのブレンドウェイトなど，各種形状変形アルゴリズムに応じたアニメーションカーブが格納される。さらには，キャラクタスケルトン全体のアニメーションを格納したクリップだけでなく，ある特定のジョイントのローカルポーズ時系列だけを保持することもある。また多くの場合において，クリップの実体は圧縮されたキーフレームデータ系列である。つまり，クリップのデータ量は再生時間長とは無関係に，あくまでもキーフレーム数に応じて増減する。なお，クリップの再生時間長は，1 秒間以内の短いものから数分以上にわたる長尺のものまで，目的に応じて任意に設定される。

4.3.1　アニメーションクリップのデータ構造

単一ジョイントのアニメーションデータを収めたクリップの模式図を**図 4.4** に示す。ここでは，ジョイントのローカル姿勢を表す 10 個のアニメーションパラメータそれぞれに対応したアニメーションカーブが格納されている。このとき，クリップに収録されたアニメーションカーブのことを**アニメーションチャンネル**（animation channel），あるいは単に**チャンネル**（channel）と呼ぶ。さらにチャンネルという呼称は，複数のアニメーションカーブをまとめたグループに対しても用いられる。図 (a) の例では，ジョイントローカル姿勢を平行移動チャンネル，回転チャンネル，スケールチャンネルとしてグループ化しており，各チャンネルにおいて共通する時刻をキーフレームとしている。もちろん，クリップの両端点のように，全チャンネルに共通する時刻をキーフレームとし

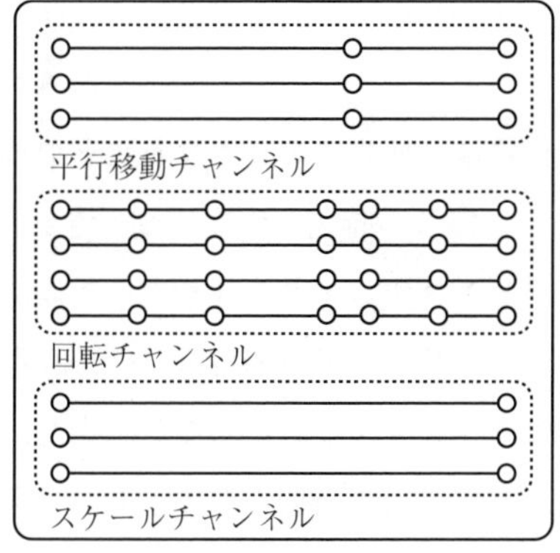

（a） 単一ジョイント向けのクリップ構造

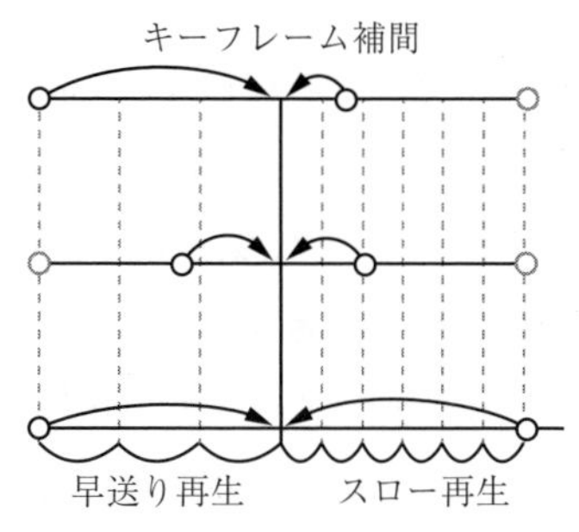

（b） キーフレームデータのサンプリング

図 4.4 アニメーションクリップのデータ構造

てもよい。

また，図 (a) に示すとおり，チャンネルごとにキーフレームの密度を変化させることで，アニメーション全体としての品質を保ちながらデータ量の最小化が図られる。この例では，回転運動が特徴的であるアニメーションを想定しており，その挙動を正確に表現するために回転チャンネルに対してキーフレームを密に配置している。一方，平行移動やスケールなどほかのチャンネルのキーフレーム数を抑えることで，クリップ全体のデータ量を削減している。

4.3.2 サンプリング

クリップ内の任意の時刻におけるアニメーションパラメータ値を参照する処理を**サンプリング**（sampling）と呼ぶ。キーフレームアニメーションとして制作されたクリップの場合は，まず，サンプリング対象時刻に隣接する二つのキーポーズを選択する。つぎに，それら二つのキーフレーム補間によってアニメーションパラメータを算出する。このとき，チャンネルごとにキーフレーム時刻は異なるため，図 4.4(b) に示すように，各チャンネルにおいて個別にキーフレーム補間を施す。例えば，図 (b) の上段に示すチャンネルでは，指定時刻は後続のキーフレームに近接しているが，中段のチャンネルにおいてはちょうど二つのキーフレームの中央付近にあたる。また下段のチャンネルでは，より時間的に離れたキーフレームを補間することになる。

また，ランタイム実行時にサンプリング間隔を動的に変化させることで再生スピードを調整できる。例えば，30 フレーム毎秒の時間解像度で制作された 4 秒間分のクリップは，1/30 秒間隔でサンプリングすることで 4 秒間のアニメーションとして再生される。ここでもし，サンプリング間隔を 2 倍の 2/30 秒にすると，2 秒間のアニメーションとして倍速再生されることになる。また，サンプリング間隔を半分の 1/60 秒にすると，2 倍の再生時間を費やすスロー再生となる。なお，クリップの再生中はサンプリング間隔を固定することが多いが，目的に応じて不等間隔にサンプリングしてもよい。例えば，図 4.4(b) の破線に示すように，クリップの前半ではサンプリング間隔を長くとることで早送り再生しつつ，クリップ後半ではサンプリング間隔を短くすることでスロー再生することも可能である。

4.3.3 クリップの即時切り替え再生

リアルアイムアプリケーションにおける一連のキャラクタアニメーションは，複数のアニメーションクリップを滞りなく連結することで生成される。そうしたクリップ連結のための計算アプローチとして，まずクリップの再生を瞬間的に切り替える方式が挙げられる。すなわち，再生中のクリップを停止すると同時に，別のクリップ中の任意時刻から再生を開始する方法である。例えば，図 **4.5** に示す例では，まず図 (a) 左に示すクリップ 1 を先頭から再生する。つぎに，時刻 a に到達した瞬間にクリップ 1 の再生を停止すると同時に，クリップ 2 の先頭から再生を開始する。そして，クリップ 2 の再生中に時刻 b に至った瞬間に，クリップ 3 先頭からの再生に即時切り替えることで，図 (b) に示す連結結果が得られる。

この方式の利点は，クリップの切り替えに要する計算量がほぼ無視できる点と，操作入力に対して遅延なくアニメーション変化を追従できる点にある。すなわち，操作入力を受けつけた瞬間に再生対象となるクリップを差し替えるこ

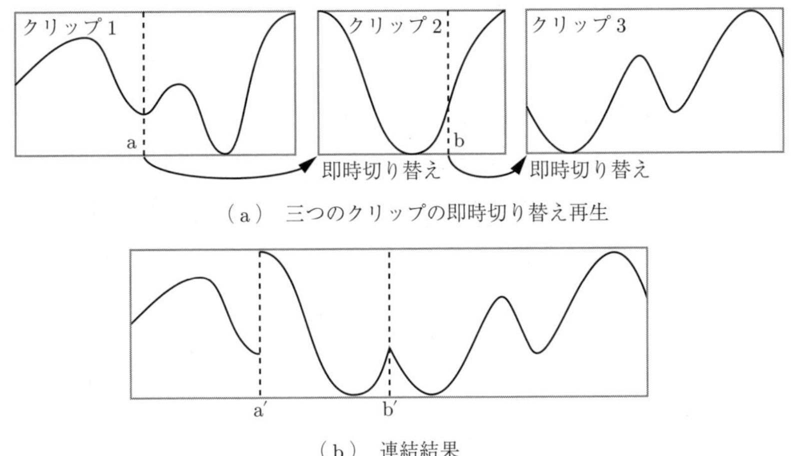

（a） 三つのクリップの即時切り替え再生

（b） 連結結果

図 4.5 クリップの即時切り替え再生

とができ，その切り替えにはわずかな計算量のみを要する。こうした特性は，即応性が要求されるアプリケーションにおいて大きな利点となる。

ただし，連結対象となるアニメーションクリップの内容次第では，切り替えの前後でアニメーションパラメータが C^0 不連続および C^1 不連続に変化する。例えば，図 (b) の時刻 a′ において C^0 不連続，時刻 b′ において C^1 不連続となっている。ほかの具体例を挙げると，直立静止姿勢を保つクリップから歩行クリップに即座に切り替えると，ゆっくりとした歩き出し動作を行うことなく，直立姿勢から急激に四肢を前後に大きく開くような，カクついた不自然なアニメーションが生成されることになる。クリップ即時切り替え方式はこうした品質上の問題をともなうことから，アニメーション品質よりも操作入力に対する即応性が重視されるアプリケーションや，アニメーション生成に費やせる計算時間が厳しく制限された環境向けに用いられる。

4.3.4 ループアニメーション

即時切り替え再生方式の応用の一つに，**ループアニメーション**（loop animation）と呼ばれる制作技法が挙げられる。これは，クリップの終端まで再生し終えた瞬間に，同じクリップの始端に巻き戻して再生を繰り返す方法である。このとき，クリップの終端と始端が滑らかに連結することを制作条件とすることで，繰り返し再生しても必ず連続的なアニメーションを与えることを保証する。具体例として，ルートの3次元位置をループアニメーションで制作する例を図 **4.6** に示す。ループ対象となるクリップは灰色で示しており，このクリップを繰り返し再生することで，より長いアニメーションカーブを生成している。ループアニメーションクリップは任意の時刻において C^0 および C^1 連続であり，またクリップ終端と始端も C^0 および C^1 連続に連結するように制作されている。したがって，同一のクリップを時間的に連結し，クリップの再生が終端に至った瞬間に始端からの再生に切り替えたとしても，あらゆる時刻において滑らかなアニメーションが再生される。

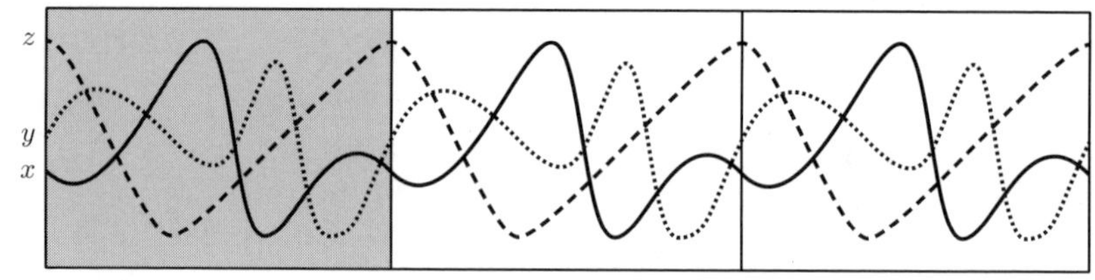

図 **4.6**　ループアニメーション

こうしたループアニメーションの技法は，歩行アニメーションのように同じ動作を周期的に繰り返すアニメーションに活用される。すなわち，1周期分の動作を収めたアニメーションクリップを制作し，ランタイム実行時にループ再生することで，一連の周期アニメーションを生成できる。

4.4　ポーズブレンド

異なる二つのクリップを連結する際に，つなぎ目にあたる部分に平滑化を施すことで C^0 連続および C^1 連続なアニメーションを実現できる。そうした平滑化計算を効率的に処理する代表技術として，**アニメーションブレンド**（animation blend）が挙げられる。これは，複数の異なるアニメーションクリップを補間することで，それらの中間的な挙動を示す新しいアニメーションを生成する技術である。例えば，ゆったりと歩行するクリップと全速力で競歩するクリップを一対一の割合でブレンドすることで，それらの中間の歩速を示す早歩きアニメーションを生成できる。また，その際，時間経過にしたがってブレンド割合を連続的に変化させることで，二つのアニメーションを徐々に切り替えるような効果が得られる。つまり，連結元のアニメーションから連結先に徐々に再生が切り替わるようにアニメーションブレンドすることで，連結部分の不連続性が目立たないように加工できる。

また，ランタイムにおけるアニメーションブレンドの計算は，**ポーズブレンド**（pose blend）の反復によって実現される。これは，複数の異なるポーズをブレンドすることで，それらの中間的なポーズを生成する技術である。つまり，複数のアニメーションクリップを並行して再生しつつ，それぞれからサンプリングされたポーズを逐次ブレンドすることで，見た目上のアニメーションブレンドを実現する。また，いったんブレンドされたポーズをさらに別のポーズとブレンドするような多段階処理も行えるなど，汎用性の高い技術である。ただし，ポーズブレンドの対象となるクリップのチャンネル構造は一致していなければならない。すなわち，スケルトンのポーズデータの場合は，ジョイント数やスケルトン構造がすべて一致している必要がある。

なお，二つのポーズの補間を指す用語として，ほかにもキーフレーム補間が挙げられるが，これは時間的に離れたキーポーズ間の滑らかな遷移を目的とした手法である。一方，ポーズブレンドは新しい姿勢の生成を目的として，二つ以上の異なるポーズを補間する技術全般を指す用語である。両者の計算手順には多くの共通点があるが，本書では目的が異なる技術として区別する。以降，本節では線形ブレンドや加算ブレンド，パラメトリックブレンドといった，代表的なポーズブレンドの手法について説明する。

4.4.1 線形ポーズブレンド

線形ポーズブレンド（linear pose blend）は，二つのポーズを内挿することで中間的なポーズを生成する手法である。つまり，式 (4.1)~(4.3) に示すように，ブレンド係数の総和を必ず 1 に制約しつつ，各ジョイントにおいて対応する二つのローカルポーズを補間する。

$$\boldsymbol{t}_j^* = \mathrm{LERP}\left(\boldsymbol{t}_{j,1}, \boldsymbol{t}_{j,2}, \alpha\right) \tag{4.1}$$

$$\boldsymbol{q}_j^* = \mathrm{SLERP}\left(\boldsymbol{q}_{j,1}, \boldsymbol{q}_{j,2}, \alpha\right) \tag{4.2}$$

$$\boldsymbol{s}_j^* = \mathrm{LERP}\left(\boldsymbol{s}_{j,1}, \boldsymbol{s}_{j,2}, \alpha\right) \tag{4.3}$$

ここで，$(\boldsymbol{t}_{j,1}, \boldsymbol{q}_{j,1}, \boldsymbol{s}_{j,1})$ と $(\boldsymbol{t}_{j,2}, \boldsymbol{q}_{j,2}, \boldsymbol{s}_{j,2})$ は，ブレンド対象となる二つのローカルポーズを表す。また，ブレンド率 α の定義域は $0 \leq \alpha \leq 1$ であり，$\alpha = 0$ で生成されるポーズは一つ目のポーズに一致し，$\alpha = 1$ の場合は二つ目のポーズに一致する。

二つのキャラクタポーズを線形ブレンドする例を**図 4.7** に示す。ここでは図 (a) と (e) に示す二つのポーズをブレンド元として，ブレンド率 $\alpha = 0.25$，0.5，0.75 で線形ブレンドした結果をそれぞれ図 (b)，(c)，(d) に示している。この結果に示すように，ポーズブレンドは各ジョイントの中間姿勢を与えている。ここで左腕と右脚に着目すると，ブレンド元の肘，手首，膝，足首は同じ姿勢であり，肩と腿だけが異なる方向を示している。そのため，ブレンド結果の左手先は左肩を中心とする円軌道上に位置し，右足先は右腿を中心とする円軌道上に位置することになる。また，左足先とルートの位置関係に着目すると，ブレンド

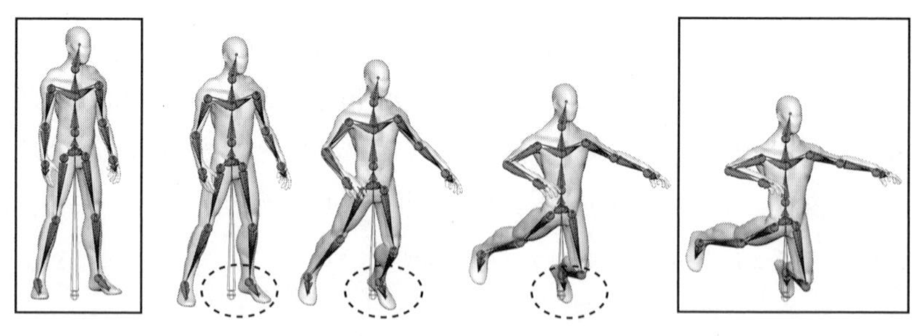

（a）ブレンド元 1　（b）25 %　（c）50 %　（d）75 %　（e）ブレンド元 2

図 4.7　線形ポーズブレンドの例

元においては左足先とルートが同じ高さにあるにもかかわらず，三つのブレンド結果においてはいずれも左足先がルートより低い位置に下がっている。これは，各ジョイントの回転を球面線形補間したとしても，フォワードキネマティクスの非線形性により，各ジョイントのワールド位置は必ずしも線形に変化しないためである。その結果，腰の位置に対する LERP による高さの変化と，左脚のジョイントに対する SLERP による左足先の高さの変化にズレが生じ，あたかも地面にめり込むような不具合を生じている。

4.4.2 加算ポーズブレンド

加算ブレンドシェイプと同じく，複数のポーズの線形補間を直接計算するのではなく，ポーズ間の差分値をブレンドする方法が**加算ポーズブレンド**（additive pose blend）である。加算ポーズブレンドでは，まず基本となるポーズを一つ定めたうえで，その派生となるポーズへの差分データを制作しておく。そしてランタイム計算では，差分ポーズにブレンド係数を乗じたうえで基本ポーズに加算することで，それらの中間的なポーズ，あるいは外挿したポーズを生成する。例えば，**図 4.8** では，基本アニメーションである低周波のアニメーション

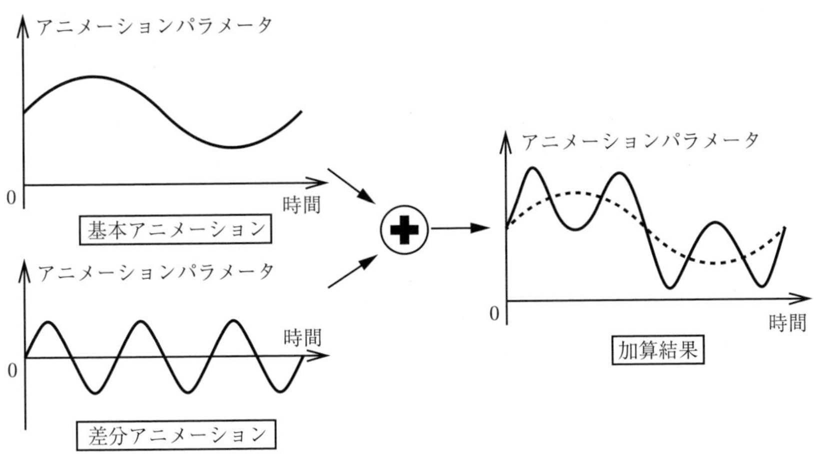

図 **4.8**　加算ポーズブレンド

カーブに，高周波の差分アニメーションを加算する例を示している。この結果，低周波の基本カーブに高周波成分が重畳したような加算結果が得られる。こうした加算ポーズブレンドの計算を式 (4.4)〜(4.6) に示す。

$$\boldsymbol{t}_j^* = \bar{\boldsymbol{t}}_j + \sum_{b=1}^{B} \beta_b \Delta \boldsymbol{t}_{j,b}, \qquad \Delta \boldsymbol{t}_{j,b} = \boldsymbol{t}_{j,b} - \bar{\boldsymbol{t}}_j \tag{4.4}$$

$$\boldsymbol{q}_j^* = \exp\left(\sum_{b=1}^{B} \beta_b \Delta \boldsymbol{q}_{j,b}\right) \bar{\boldsymbol{q}}_j, \qquad \Delta \boldsymbol{q}_{j,b} = \log\left(\boldsymbol{q}_{j,b} \bar{\boldsymbol{q}}_j^{-1}\right) \tag{4.5}$$

$$\boldsymbol{s}_j^* = \bar{\boldsymbol{s}}_j + \sum_{b=1}^{B} \beta_b \Delta \boldsymbol{t}_{j,b}, \qquad \Delta \boldsymbol{s}_{j,b} = \boldsymbol{s}_{j,b} - \bar{\boldsymbol{s}}_j \tag{4.6}$$

ここで，$(\bar{\boldsymbol{t}}_j, \bar{\boldsymbol{q}}_j, \bar{\boldsymbol{s}}_j)$ は基本ポーズ，$(\boldsymbol{t}_{j,b}, \boldsymbol{q}_{j,b}, \boldsymbol{s}_{j,b})$ は b 番目の派生ポーズ，そして $(\Delta \boldsymbol{t}_{j,b}, \Delta \boldsymbol{q}_{j,b}, \Delta \boldsymbol{s}_{j,b})$ は基本ポーズから派生ポーズへの差分ポーズを表している。また，式 (4.5) で示したクォータニオンの対数 log と指数 exp については付録 A.3 を参照されたい。ここで，加算ブレンド係数 β_b の定義域は必ずしも $0 \leq \beta_b \leq 1$ を満たさなくともよい。つまり，加算結果に破綻が生じない範囲で，負値や 1 以上のブレンド係数を用いることも許容される。なお，ランタイム計算には差分ポーズのデータのみが必要であるため，派生ポーズは静的データ制作時にのみ扱われる。

このように加算ポーズブレンドでは，差分ポーズに対するブレンド係数を変化させることでさまざまなポーズを生成する。また，線形ポーズブレンドが必ず二つのポーズのみを補間するのに対し，加算ポーズブレンドでは二つ以上の差分ポーズを同時に加算できる。例えば，**図 4.9** に示すように，直立姿勢を表す基本ポーズに対して，右腕を前方に振り上げた差分ポーズと，右腕を側方に振り上げる差分ポーズを同時に加算することで，右腕を右斜め前方に振り上げたポーズを合成できる。またその際，二つの差分ポーズに対するブレンド係数に変化させることで，右腕の方向を任意に制御できる。このように，基本アニメーションに対して複数の差分クリップを組み合わせることで，さまざまなバリエーションを示すアニメーションをランタイム実行中に即時合成できる。

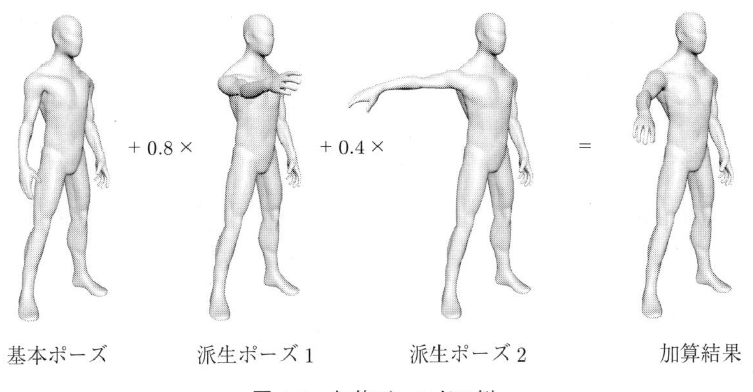

図 4.9 加算ブレンドの例

4.4.3 パラメトリックポーズブレンド

パラメトリックポーズブレンド（parametric pose blend）は，ポーズスペース変形法の考え方をスケルトンアニメーションに応用した技術である。つまり，ポーズの特徴を数値化した任意の操作パラメータを導入したうえで，ブレンド後のポーズが指定された操作パラメータ値を満たすように，ブレンド係数を自動推定する技術である。例えば，さまざまな位置に右手を伸ばすような複数のターゲットポーズが与えられたとき，右手先の 3 次元座標を操作パラメータとして扱う。そして，ブレンド結果の右手先が指定された任意座標に到達するように，各ターゲットに対するブレンド係数を自動推定する。その結果，あたかも指定位置に右手先を追従させるようなポーズを合成できる。なお，こうした幾何学情報のみならず，体力や喜怒哀楽などのような抽象的な値も操作パラメータとして導入できる。こうしたパラメトリックポーズブレンドの計算には，区分線形補間法や散布データ補間法など，ポーズスペース変形法で用いられる各種アルゴリズムを応用できる。

ここでは，区分線形補間法を 2 次元の操作パラメータ $\boldsymbol{c} = [c_1 \quad c_2]$ に拡張した**バイリニア補間法**（bilinear interpolation method）を用いたアルゴリズムを紹介する。このアルゴリズムの適用にあたっては，まずオーサリング時に，操

作パラメータが構成する 2 次元パラメータ空間を格子状に分割する。例えば，二つのパラメータ軸をそれぞれ M 等分と N 等分するとき，$(M+1)(N+1)$ 個の格子頂点座標 $\{[c_{1,m} \quad c_{2,n}] | m \in \{0, \cdots, M\}, n \in \{0, \cdots, N\}\}$ が得られる。つぎに，格子各頂点の操作パラメータ値 $[c_{1,m} \quad c_{2,n}]$ に対応するターゲットポーズ $(\boldsymbol{t}_{m,n}, \boldsymbol{q}_{m,n}, \boldsymbol{s}_{m,n})$ を制作する。なお，必ずしも格子は等間隔に分割されている必要はなく，不等間隔に配置された長方形状であっても構わない。

そして，ランタイム実行時にはつぎの計算手順を踏む。最初に，操作入力や環境情報に従って操作パラメータの目標値 $\boldsymbol{c}^* = [c_1^* \quad c_2^*]$ を定める。つぎに，目標値 $\boldsymbol{c}^*$ を内包する格子を探索し，その格子領域を表すパラメータの定義域 $c_{1,m} \leq c_1^* \leq c_{1,m+1}$，$c_{2,n} \leq c_2^* \leq c_{2,n+1}$ を求める。そして，目標値 $\boldsymbol{c}^*$ と定義域 $[c_{1,m}, c_{1,m+1}]$，$[c_{2,n}, c_{2,n+1}]$ に基づく 2 段階の線形補間によって，四つのターゲットポーズを内挿する。まず，第一段階においては，一つ目の操作パラメータ c_1 に関する線形補間を実行する。操作パラメータの目標値 c_1^* とその区間 $[c_{1,m}, c_{1,m+1}]$ に基づいてブレンド率 $\alpha_1 = (c_1^* - c_{1,m})/(c_{1,m+1} - c_{1,m})$ を定義するとき，一段階目の線形補間は式 (4.7)〜式 (4.12) で表される。

$$\boldsymbol{t}_n^* = \mathrm{LERP}\left(\boldsymbol{t}_{m,n}, \boldsymbol{t}_{m+1,n}, \alpha_1\right) \tag{4.7}$$

$$\boldsymbol{t}_{n+1}^* = \mathrm{LERP}\left(\boldsymbol{t}_{m,n+1}, \boldsymbol{t}_{m+1,n+1}, \alpha_1\right) \tag{4.8}$$

$$\boldsymbol{q}_n^* = \mathrm{SLERP}\left(\boldsymbol{q}_{m,n}, \boldsymbol{q}_{m+1,n}, \alpha_1\right) \tag{4.9}$$

$$\boldsymbol{q}_{n+1}^* = \mathrm{SLERP}\left(\boldsymbol{q}_{m,n+1}, \boldsymbol{q}_{m+1,n+1}, \alpha_1\right) \tag{4.10}$$

$$\boldsymbol{s}_n^* = \mathrm{LERP}\left(\boldsymbol{s}_{m,n}, \boldsymbol{s}_{m+1,n}, \alpha_1\right) \tag{4.11}$$

$$\boldsymbol{s}_{n+1}^* = \mathrm{LERP}\left(\boldsymbol{s}_{m,n+1}, \boldsymbol{s}_{m+1,n+1}, \alpha_1\right) \tag{4.12}$$

そして，操作パラメータの目標値 c_2^* とその区間 $[c_{2,n}, c_{2,n+1}]$ に基づく 2 段階目の線形補間は，ブレンド率 $\alpha_2 = (c_2^* - c_{2,n})/(c_{2,n+1} - c_{2,n})$ を定義するとき，式 (4.13)〜(4.15) で表される。

$$\boldsymbol{t}^* = \mathrm{LERP}\left(\boldsymbol{t}_n^*, \boldsymbol{t}_{n+1}^*, \alpha_2\right) \tag{4.13}$$

$$\boldsymbol{q}^* = \mathrm{SLERP}\left(\boldsymbol{q}_n^*, \boldsymbol{q}_{n+1}^*, \alpha_2\right) \tag{4.14}$$

$$\boldsymbol{s}^* = \mathrm{LERP}\left(\boldsymbol{s}_n^*, \boldsymbol{s}_{n+1}^*, \alpha_2\right) \tag{4.15}$$

このように四つのターゲットポーズのバイリニア補間によって，目標パラメータ値 $\boldsymbol{c}^*$ を満たすポーズ $(\boldsymbol{t}^*, \boldsymbol{q}^*, \boldsymbol{s}^*)$ を近似する。

バイリニア補間法を用いたパラメトリックポーズブレンドの具体例として，平地歩行アニメーションを歩行速度と旋回角度の 2 種類の操作パラメータで制御する例を挙げる。この場合は，**図 4.10**(a) に示すように，歩行速度の最小値 0 km/h と最大値 6 km/h の区間を適当な間隔で分割する。さらに，左方向への最大旋回角度 $-50°$ から右方向への最大旋回角度 $50°$ に至る区間を分割することで，操作パラメータ空間を格子状に区切る。そのうえで，各格子点に対応する歩行速度と旋回角度を示す歩行アニメーションクリップを制作する。一方，ランタイム計算では，操作入力に対応して定められた目標歩行速度 3.6 km/h と，目標旋回角度 $20°$ を満たすように，バイリニア補間によって各ジョイント

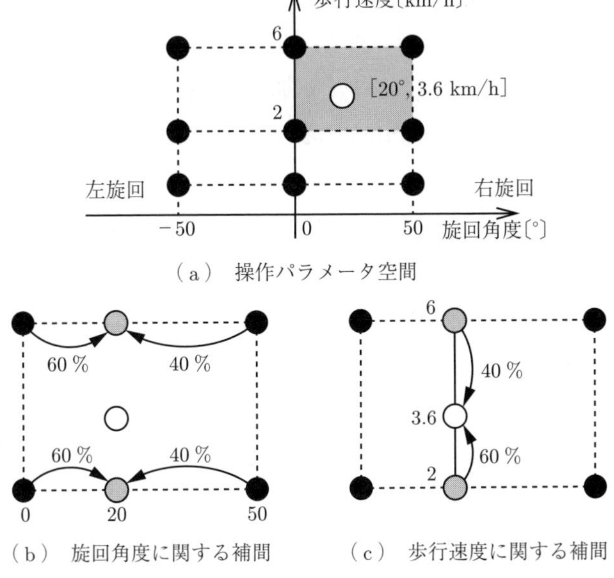

図 4.10 歩行アニメーションのパラメトリックブレンド

のローカルポーズを求める。具体的には，まず図 (b) に示すように，旋回角度に関する補間計算を施す。ここで目標値が属する格子の区間が $[0°, 50°]$ であることから，ブレンド率は内分比に基づいて $\alpha_1 = 0.4$ と求まる。そして，式 (4.7)〜(4.12) の計算を各ジョイントについて行う。続いて，図 (c) に示すように，歩行速度に関する補間計算を行うことでバイリニア補間結果を得る。ここでは，目標値が属する速度の区間が [2 km/h, 6 km/h] であることから，ブレンド率 $\alpha_2 = 0.4$ が求まり，式 (4.13)〜(4.15) によって各ジョイントのローカルポーズが求まる。

このように，パラメトリックポーズブレンドを用いることで，直観的な数値によってポーズブレンドを制御できるようになる。ただし，操作パラメータ空間を広くカバーするような多数のターゲットを用意しなければならず，比較的単純なバイリニア補間でも複数回の線形補間計算を行うように，静的データ制作作業とランタイム計算の両面で少なくないコストを要する。さらに，ジョイント位置を操作パラメータとする場合には，フォワードキネマティクス計算の非線形性のため，しばしば目標値が著しく異なるブレンド結果を与える。そうした不具合を解消するためには，操作パラメータ空間内にターゲットが密に分布するように膨大な数のターゲットを追加しなければならないため，さらに計算時間とメモリ消費量の両方が増大するという問題がある。

4.5　トランジション

二つのアニメーションクリップを連結するために一定の遷移区間を設け，その中で二つのクリップ再生を徐々に切り替えるアプローチが採られる。こうしたクリップの連結部分における切り替わりアニメーションを**トランジション** (transition) と呼ぶ。多くのトランジション生成アルゴリズムでは，**図 4.11** に示すとおり，まずトランジション区間の各時刻について，連結元と連結先のクリップ内に対応する時刻を定める。そして，それらの時刻が指す二つのポーズのブレンドによって，トランジション中のポーズを生成する。このように，ポーズ

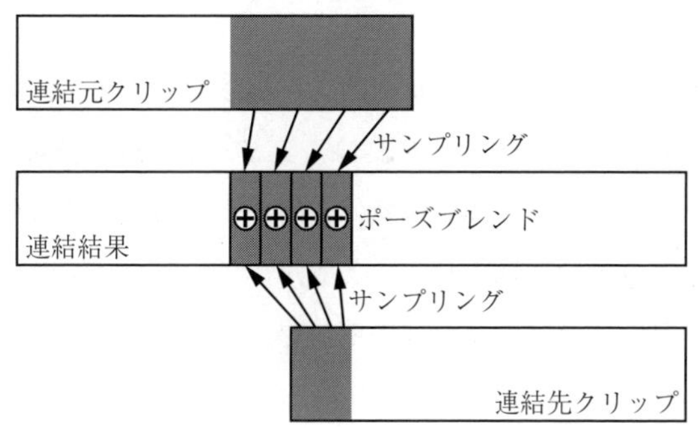

図 **4.11** ブレンドトランジションの模式図

ブレンドを用いたトランジション生成法を，特に**ブレンドトランジション** (blend transition) と呼ぶこともある。例えば，連結元の平行移動チャンネル $\boldsymbol{t}_1(\tau)$ と連結先 $\boldsymbol{t}_2(\tau)$ のブレンドトランジションは，式 (4.16) で表される。

$$\boldsymbol{t}^*(\tau) = \mathrm{LERP}\left(\boldsymbol{t}_1(h_1(\tau)), \boldsymbol{t}_2(h_2(\tau)), \alpha(\tau)\right) \tag{4.16}$$

ここで，τ はトランジション開始時刻から終了時刻に至る区間において $0 \leq \tau \leq 1$ となるように正規化された時間パラメータ，$\alpha(\tau)$ は $0 \leq \alpha(\tau) \leq 1$ を満たすブレンド率，$h_1(\tau)$ と $h_2(\tau)$ はトランジション区間の時刻 τ に対応する連結元と連結先の時刻を定める単調増加関数，そして $\boldsymbol{t}^*(\tau)$ がトランジション区間における平行移動成分を表す。こうしたブレンドトランジションの計算は，回転チャンネルとスケールチャンネルについても同様に定義される。

$$\boldsymbol{q}^*(\tau) = \mathrm{SLERP}\left(\boldsymbol{q}_1(h_1(\tau)), \boldsymbol{q}_2(h_2(\tau)), \alpha(\tau)\right) \tag{4.17}$$

$$\boldsymbol{s}^*(\tau) = \mathrm{LERP}\left(\boldsymbol{s}_1(h_1(\tau)), \boldsymbol{s}_2(h_2(\tau)), \alpha(\tau)\right) \tag{4.18}$$

ここで，ブレンドトランジションは，ブレンド対象とする時刻 $h_1(\tau)$ および $h_2(\tau)$ の設定方法と，ブレンド率 $\alpha(\tau)$ の設定方法によって，いくつか異なるアルゴリズムに分類される。その中でも本節では，代表的なトランジション生成法であるクロスフェードとフリーズトランジション，慣性補間，そして補間トランジションについて説明する。

4.5.1 線形クロスフェード

連結元の終端と連結先の始端を時間的に重複させたうえで，両者を並行再生しつつポーズブレンドを施す方法を**クロスフェード**（cross fade）と呼ぶ。この方式ではトランジション区間始端では $\alpha(0)=0$，終端では $\alpha(1)=1$ となるようにブレンド率を単調増加させることで，トランジション開始時から連結元アニメーションがしだいにフェードアウトし，連結先アニメーションに滑らかにフェードインするような効果を得る。このとき，連結元と連結先およびトランジション区間の長さは必ずしも一致している必要はなく，あくまでもサンプリング数のみが一致していればよい。例えば，高速歩行モーションを連結元ク

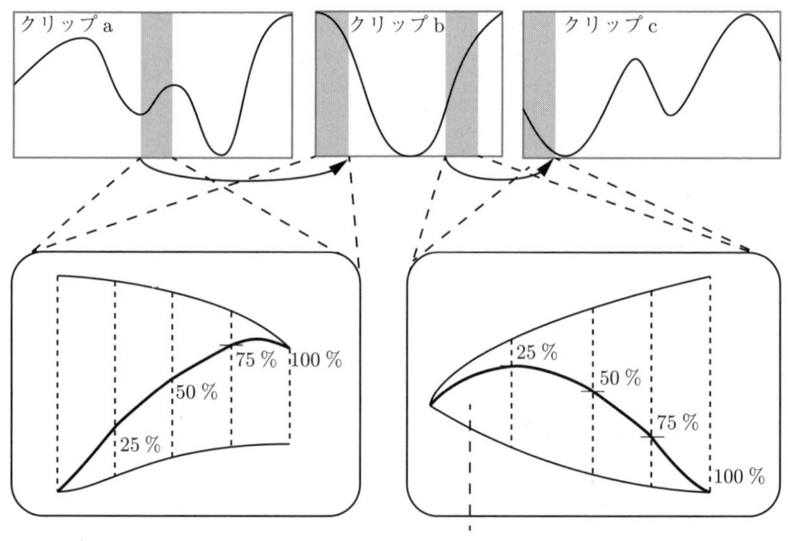

（a） 二つの重複区間における線形クロスフェード

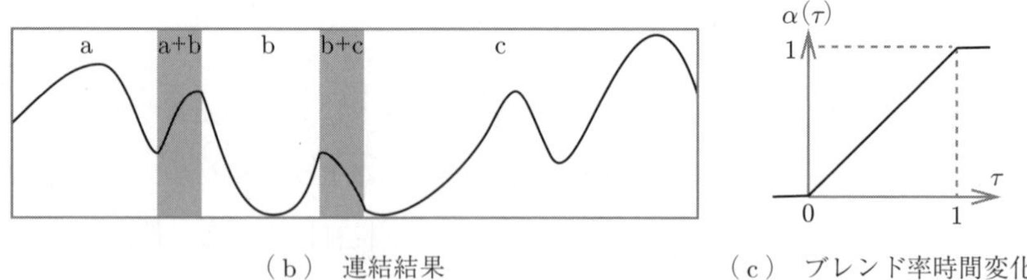

（b） 連結結果　　（c） ブレンド率時間変化

図 **4.12** 線形クロスフェード

リップ，低速歩行モーションを連結先クリップとするクロスフェードでは，それぞれ異なるサンプリング間隔を用いつつ，中間的な速度および時間長を示すトランジションを生成する。

さらに，クロスフェードはブレンド率の時間変化によっていくつかの種類に分類される。まず，時間経過に応じてブレンド率を線形に変化させる**線形クロスフェード**（linear cross fade）が挙げられる。この方法では，図 **4.12** に示すように，トランジション区間内でブレンド率を $\alpha(\tau) = \tau$ のように線形増加させることで，トランジション区間両端における C^0 連続性を保証する。しかし，C^1 連続性は必ずしも保証されないため，図 (b) に示すように，トランジションの開始と終了のタイミングでアニメーションにカクつきが発生することがある。これは，図 (c) に示すように，ブレンド率そのものがトランジション区間両端で C^1 不連続になっているためである。つまり，ブレンド率が示す C^0 連続性によって生成アニメーションも C^0 連続となる一方で，連結するアニメーションクリップの内容にかかわらず，ブレンド率の C^1 不連続性によってトランジション区間の両端に不連続な速度変化を生じる。

4.5.2 イーズイン・アウトクロスフェード

線形クロスフェードが持つ C^1 不連続性の問題点を解消するために，図 **4.13** に示すように，イーズイン・アウトの効果を用いてブレンド率 $\alpha(\tau)$ を非線形に変化させることで，重複区間の両端点で運動速度が滑らかに連結する手法が用いられる。ここで，クロスフェードにおけるイーズアウトとは，トランジション開始時刻付近においてブレンド率を低い値に抑えつつ徐々に増加させることで，連結元クリップからトランジションに滑らかに連結する効果を指す。また，イーズインは，トランジション終了間際ではブレンド率を高い値に保ちながら緩やかに 1 まで増加させることで，連結先クリップに滑らかに連結する効果を指す。こうした操作により，トランジション区間両端におけるブレンド率の変化が C^0 連続および C^1 連続となり，図 4.13(b) に示すとおり，アニメーションの速度も滑らかに連結する。その際，図 (c) に示すように両端でのブレンド率

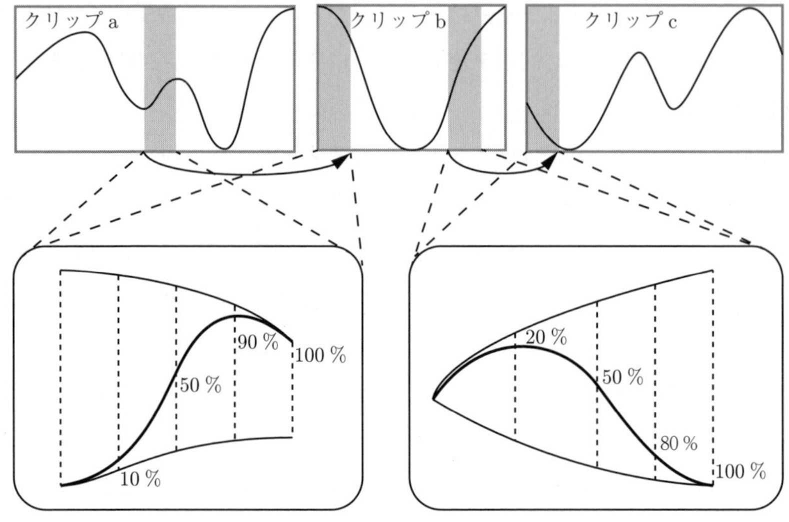

（a） 二つの重複区間におけるイーズイン・アウトクロスフェード

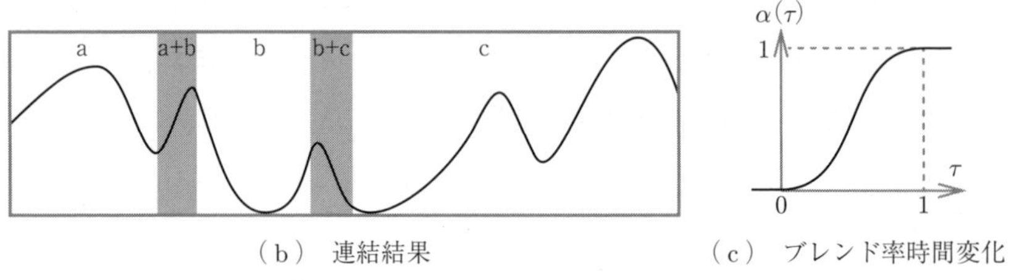

（b） 連結結果　　（c） ブレンド率時間変化

図 4.13　イーズイン・アウトクロスフェード

変化を抑えるために，トランジションの中央付近ではブレンド率を急速に変化させることになる。こうしたイーズイン・アウトを実現する計算手段については 3.5.4 項を参照されたい。

4.5.3　フリーズトランジション

ブレンドトランジションを計算する際に，連結元を特定の時刻における一つのポーズに固定しつつ，連結先には一定長のトランジション区間を設ける技法を**フリーズトランジション**（freeze transition）と呼ぶ。反対に，連結元に一定長のトランジション区間を設けつつ，連結先を特定時刻に固定する方法も同じくフリーズトランジションである。つまり，連結元か連結先のいずれかのクリップの再生を停止（フリーズ）したうえで，もう一方の再生を継続しながら出力ポーズを線形ブレンドする方法である。この方法を用いることで，例えば直立静止ポーズから歩行アニメーションに至る歩き出しの挙動を擬似的に生成できる。反対に，歩行アニメーションから直立静止姿勢へのフリーズトランジションによって，擬似的な立ち止まりアニメーションを生成できる。

連結元の時刻を固定するフリーズトランジションの例を**図 4.14** に示す。このとき，平行移動チャンネルに対するフリーズトランジションの計算は，式 (4.19) で表される。

$$\boldsymbol{t}^*(\tau) = \mathrm{LERP}\left(\boldsymbol{t}_1(h_1(0)), \boldsymbol{t}_2(h_2(\tau)), \alpha(\tau)\right) \tag{4.19}$$

ここで，$h_1(0)$ は，トランジション区間中の時間経過に関係なく，連結元の特定時刻を指す定数となる。一方，連結先クリップ中の時刻 $h_2(\tau)$ は τ に応じて進行する。つまり，図 4.14(a) の破線で表されるポーズ対のブレンドが行われる。これは，図 (b) に示すとおり，トランジション開始と同時に連結元の時刻 $h_1(0)$ におけるアニメーションパラメータを固定しつつ，連結先区間との間にクロスフェードを適用することと同義である。

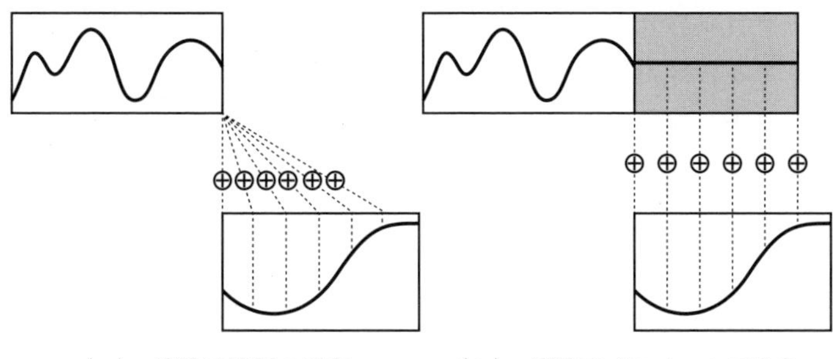

（a） 連結元時刻の固定　　（b） 連結元パラメータの固定

図 4.14 フリーズトランジション

さらに，ブレンド率の時間変化あるいはサンプリングの時間間隔を非線形に制御することで，トランジションアニメーションの緩急を自在に操作できる。

例えば，直立静止姿勢から歩行動作クリップ始端へのフリーズトランジションを求める場合は，静止状態を維持しようとする慣性を模倣するようにイーズアウトするのが望ましい。そのため，そうしたキャラクタの速度変化を模すようにブレンド率を単調増加させる。一方，トランジション終盤ではブレンド率の増加を加速させつつ，歩行クリップ始端における歩行速度に近づける。その結果，C^1 連続性を満たすように連結先クリップにイーズインするような，滑らかなトランジションを生成できる。ただし，これらはあくまでも理想的な計算手順であり，実際には各クリップの運動速度の自動分析に要する計算量を削減するなど，ランタイム計算を可能とするための工夫が求められる。

4.5.4 慣 性 補 間

ブレンドトランジションとは異なる計算アプローチとして，**慣性補間**（inertialization）[53] と呼ばれる技法が提案されている。この技法は即時切り替え再生を行いつつ，切り替え後の一定長のトランジション区間内で，連結元から連結先への差異をしだいに補うような加算アニメーションを即時生成する。その際，あたかも慣性の法則を模倣するような C^1 連続性を与える滑らかなイーズアウトを実現する。

ここでは平行移動チャンネルのみを対象として慣性補間の概要を説明する。回転チャンネルの扱いも含めた詳細なアルゴリズムについては文献53) を参照されたい。まず，トランジション開始時と終了時のフレームを τ_1 と τ_2，トランジション開始直前フレームにおける連結元の平行移動成分を $\boldsymbol{t}_{1,\tau_1-1}$，その時間微分である速度を $\dot{\boldsymbol{t}}_{1,\tau_1-1}$，開始フレーム τ_1 における連結先の平行移動値を $\boldsymbol{t}_{2,\tau_1}$ とそれぞれ表す。このとき慣性補間の計算目的は，連結先のアニメーション $\boldsymbol{t}_{2,\tau}$ に加算するアニメーション $\Delta\boldsymbol{t}_\tau$ を最適化することである。その際，トランジション開始フレームにおいて $\boldsymbol{t}_{2,\tau_1}+\Delta\boldsymbol{t}_{\tau_1}=\boldsymbol{t}_{1,\tau_1-1}$，終了フレームにおいて $\boldsymbol{t}_{2,\tau_2}+\Delta\boldsymbol{t}_{\tau_2}=\boldsymbol{t}_{2,\tau_2}$ すなわち $\Delta\boldsymbol{t}_{\tau_2}=\boldsymbol{\emptyset}$ とする制約を課すことで，両端点における C^0 連続性を保証する。さらに，両端点における速度に関する制約 $\dot{\boldsymbol{t}}_{2,\tau_1}+\Delta\dot{\boldsymbol{t}}_{\tau_1}=\dot{\boldsymbol{t}}_{1,\tau_1-1}$，$\Delta\dot{\boldsymbol{t}}_{\tau_2}=\boldsymbol{\emptyset}$ も課すことで C^1 連続性も保証する。これらの制約条件のもとで，生体力学分野で提案されているトルク変化最小規範[54)] に則った閉形式の最適化計算を解くことで，C^2 連続性も保証する加算アニメーション $\boldsymbol{\Delta t}_\tau, \tau_1 \leq \tau \leq \tau_2$ を効率的に生成する。

慣性補間によって得られる加算アニメーションの一例を**図 4.15** に示す。この例に示すように，加算アニメーションの始端では連結元アニメーションの挙動を継承しつつ，その影響がトランジション区間内でしだいに減衰し，最終的に連結先アニメーションに滑らかに遷移する。また，加算アニメーションの生成計算は，切り替え直前の連結元のパラメータ値とその速度，およびトランジション区間長のみに基づいて決定する。つまり，連結先のアニメーションに依存することなく，かつ連結元のブレンドツリーの計算を完全に停止できることから，実装の容易さと計算効率の両面でも優れている。

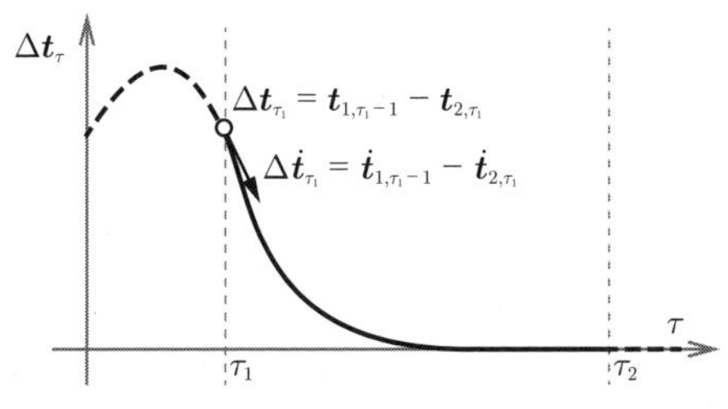

図 4.15 慣性補間の原理

4.5.5 補間トランジション

時間的に重複しない二つのクリップ間のトランジションを生成する技術のことを，本書では**補間トランジション**（inbetweening transition）と呼ぶ。つまり，連結元クリップ終端と連結先クリップ始端の間の時間的空白を補間し，滑らかに接続する技術である。この手法では，トランジション区間両端のポーズを境界条件とする補間計算を行うことで，C^0 連続なトランジションを生成する。具体的な計算手法として，**図 4.16** に示すような二つのアプローチが挙げられる。

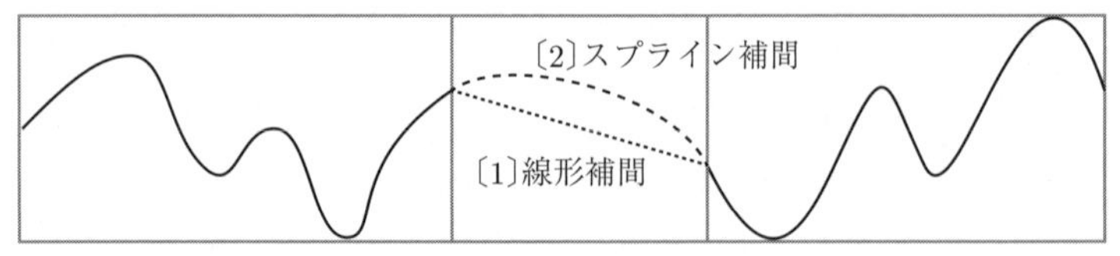

図 **4.16**　補間トランジション

〔**1**〕 **線形補間**　キーフレーム補間の要領で，両端のポーズを線形補間する方法が挙げられる。すなわち，トランジション区間両端にあたるポーズの平行移動成分とスケール成分を線形補間，回転成分を球面線形補間するものとし，トランジション区間内の時間経過に応じて，ブレンド率を線形あるいはイーズイン・アウトするように変化させる。この方法では C^0 連続なアニメーションを生成できるが，たとえイーズイン・アウト補間を用いても C^1 連続性は必ずしも保証されない。これは，トランジション区間両端付近における速度情報を考慮せず，あくまでポーズのみを参照するためである。

〔**2**〕 **スプライン補間**　C^1 連続性も保証する補間を実現するために，ベジェ曲線をはじめとする各種スプライン補間法を利用することが考えられる。つまり，トランジション区間の両端の値と速度をもとに算出したスプライン曲線を，トランジション中のアニメーションカーブとして利用する。この方法では，必ず滑らかなトランジションが得られる一方で，スプライン曲線の計算，特にクォータニオンのスプライン曲線に大きな計算量を要する。したがって，実際上はベジェ曲線など低次のスプライン関数の応用に限定されることから，おのずとアニメーション表現力も制限される。

以上に述べたように，多くの補間トランジション生成手法は，連結対象のクリップになんらかの仮定を置いたうえで，一定のルールに則って時間的空白を補間する。すなわち，各アルゴリズム固有の仮定が成立する場合にのみ，自然なトランジションを生成できる。また，ランタイム計算に費やせる計算量の制約から，現実的には比較的単純なアルゴリズムの採用に留まることが多い。さらに，補間トランジションの適用に際しては，トランジション区間長の設定も大きな課題となる。つまり，トランジション区間が短かすぎるとアニメーションにカクつきを生じやすい一方で，トランジション区間が長すぎると間延びしたような印象を与える。最適な区間長は，補間対象のポーズの差分の大きさ，連結元クリップ終端における速度，連結先クリップ始端における速度，および補間アルゴリズムの組合せなどによって変化するため，手動設定と自動設定のいずれも容易ではない。このように，補間トランジションはアニメーションクリップ制作用途には適しているが，ランタイム計算への応用については計算量とアニメーション品質の両面で多くの技術的課題が残されている。

4.6　アニメーションレイヤ

スケルトンアニメーションのクリップは，必ずしもすべてのチャンネルデータを含む必要はなく，いくつかのジョイントによって構成されるグループごとに異なるクリップに分割してもよい。このように，キャラクタを構成するジョイントのグループのことを，**アニメーションレイヤ**（animation layer）と呼ぶ。具体的な例として，**図 4.17** に人型キャラクタのアニメーションレイヤ構成例を示す。まず，図 (a) の例では，キャラクタスケルトンは右腕部レイヤと左腕部レイヤ，胴体・下半身レイヤの三つに分割されている。このとき，アニメーショ

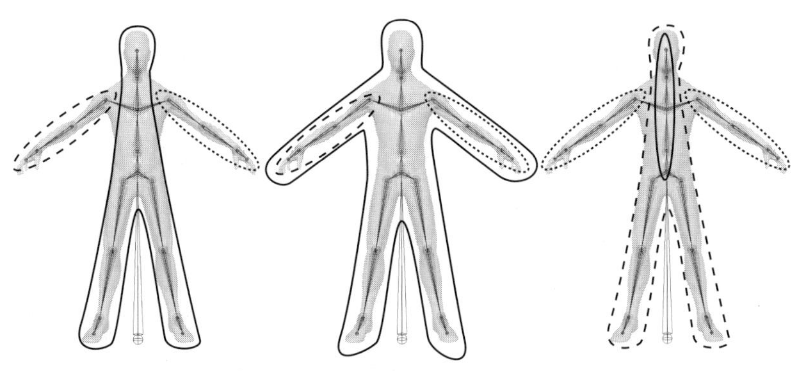

（a）各腕レイヤと胴体・下肢レイヤ　（b）全身レイヤと各腕加算レイヤ　（c）両腕レイヤの分離と胴体加算レイヤ

図 4.17　アニメーションレイヤ

ンクリップもレイヤごとに制作される。そして，三つのレイヤごとに異なるクリップを同時再生することで，全身のアニメーションを構成する。この具体例として，左右両腕でさまざまなアクションを行いつつ歩行するようなアニメーション生成を考える。このとき全身の歩行アニメーションは，胴体と下半身のアニメーションを収めた単一のクリップと，右腕や左腕の挙動を表す複数のクリップとの組合せに分解できる。そしてランタイム実行中は，腕部以外の部位に対しては通常歩行アニメーションをループ再生しつつ，操作入力に応じて各腕レイヤのクリップを切り替えることで，所望のアニメーションを生成する。

一方，アニメーションレイヤを用いない場合には，スケルトンを構成するすべてのチャンネルを一括してクリップに収めなければならない。そのため，たとえ下半身と左腕のアニメーションがまったく同一で，右腕の挙動のみがわずかに異なるアニメーションであっても，それぞれ個別のクリップとして制作しなければならない。この状態からさらに左腕を独立に動かすアクションを加えようとすると，制作済みの全クリップに対して左腕の各アクションを加えた新しいクリップを追加しなければならない。このように，独立して動作させる部位の組合せが増えるほど，制作すべきクリップ数が指数的に増加することになる。こうした制作コストとデータ量の冗長性の問題を，アニメーションレイヤの導入によって効率的に解決する。

また，図 4.17(b) の例では，全身のジョイントを含むレイヤと各腕部のレイヤの，計三つのレイヤを定義している。このとき，全身レイヤと各腕レイヤの間には階層関係が与えられており，下位レイヤにあたる全身のアニメーションは，上位にあたる各腕部レイヤによって修正される。例えば，全身レイヤに対して歩行アニメーションクリップを制作するとともに，右腕レイヤや左腕レイヤにのみ作用する差分クリップを用意する。そして，ベースとなる単一の歩行アニメーションをループ再生しつつ，各腕部のアニメーションを加算アニメーションによって変化させる。このように，レイヤごとに用意された必要最小数のクリップを，必要に応じて単一の全身アニメーションに加算合成することで，パーツ単位のアニメーションをランタイム制御できる。

なお，レイヤを構成するジョイントは必ずしもボーンで接続されている必要はなく，例えば右腕部や左脚部を一つのレイヤとして扱うように，スケルトン構造的に離れている部分を組み合わせてもよい。例えば，図 4.17(c) の例では，両腕を同時に制御するための腕部レイヤと，胴体・下半身レイヤに分割したうえで，さらに胴体の挙動を加算アニメーションによってランタイム再生中に即時加工するようなレイヤを構成している。ただし，どのようなレイヤ構成であれ，自然な全身アニメーションを生成するためには，すべてのレイヤを適切に協調動作させることが重要である。

4.7 ステートマシン

4.7.1 ステートマシンの概要

ステートマシン (state machine) あるいは**アクションステートマシン** (action state machine) は，キャラクタが実行しうるアクションの種類と，連続して実行しうるアクションどうしの接続関係を記述した**有限状態機械** (finite state machine) である。ステートマシンは，異なる種類のアクションをそれぞれ個別の**ステート** (state) として表現したうえで，遷移可能なステートの間を有向パスで接続することで構築される。そしてランタイム実行時には，操作入力や時間経過などの遷移発生条件に応じてステート間の遷移を発生させることで，つぎつぎと異なるアクションを行うようなアニメーションを生成する。

アクションゲームを念頭においた単純なステートマシンを**図 4.18** に示す。こ

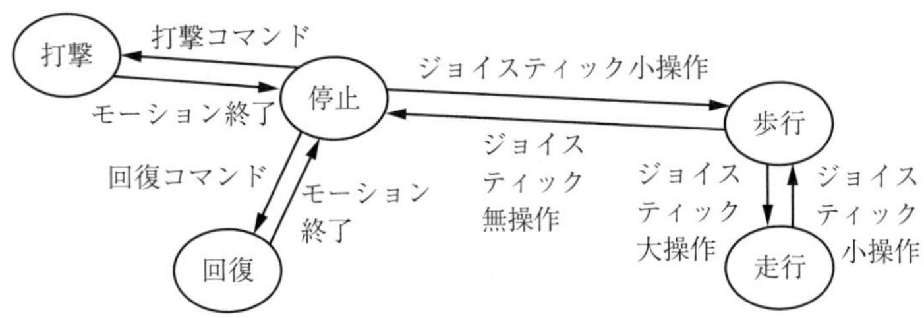

図 4.18 単純なアクションゲームを想定したステートマシンの例

のステートマシンを用いて制御されるキャラクタは，なにも操作入力が与えられていない間は停止ステートに留まり続けて，アイドルモーションをループ再生する。その状態から打撃コマンドが入力されると，瞬時に打撃ステートに遷移してパンチやキックなどのアニメーションを再生する。そして，打撃アクションの実行が終わると，自動的に停止ステートに遷移して再びアイドルモーションをループ再生する。回復ステートへの遷移についても同様に，停止ステート継続中に入力されるコマンドに応じて発生し，回復アニメーション再生後は自動的に停止ステートに移行するような設計を表している。

一方，歩行ステートと走行ステートには，ジョイスティック操作に応じて遷移する。まず，ジョイステック操作開始段階の移動速度が小さい状態では歩行ステートに留まって，ゆっくり歩行するようなアニメーションをループ再生する。そこからさらにジョイスティックを大きく操作すると走行ステートに遷移し，より速い走行アニメーションをループ再生する。その後はジョイスティックの操作量に応じて走行ステートと歩行ステートを相互に遷移し，ジョイスティック操作を終えると自動的に停止ステートに遷移する。

ここで，歩行および走行ステートと，打撃および回復ステートの間には遷移パスが存在しない。つまり，歩行あるいは走行時には，打撃や回復アクションを行えないことが表されている。歩行や走行状態から打撃や回復アクションを行うためには，いったんジョイスティック操作を止めて停止ステートに遷移し，そのうえで打撃コマンドあるいは回復コマンドを実行しなければならない。このようにステートマシンはキャラクタがとりうるアクション種別と，それらの連結可能性を示す遷移パス，そして遷移を発生させる条件を統一的にデータ表現する。

4.7.2 単一クリップをステートとする構成

ステートマシンを構築する最も単純な手順は，単一のアニメーションクリップを個別のステートとして扱う方法である。格闘アクションを念頭に構築された図 **4.19** に示す例では，構えの姿勢を取り続けるループアニメーションがアイドルステートに対応づけられている。キャラクタは操作入力が与えられない限

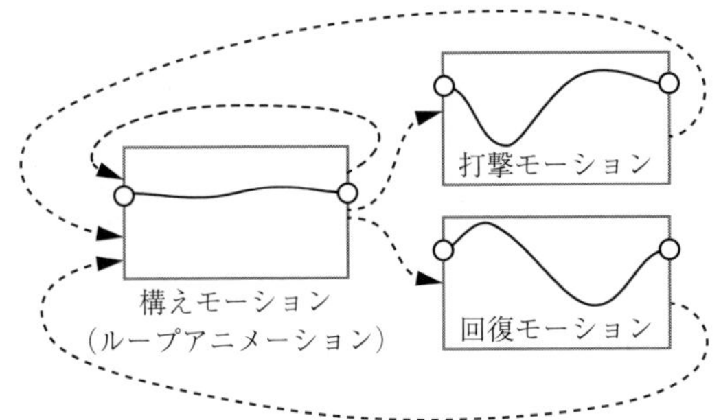

図 4.19　アニメーションクリップを要素とするステートマシン

りこのステートに留まり続け，構えモーションをループ再生する。つぎに，打撃や回復ステートに対応するクリップは，いずれもその始端が構えモーション終端に C^0 および C^1 連続に連結するように制作する。また同様に，アクションクリップの終端は，構えモーション始端に連続的に連結するように制作する。このようなステート構成に対して，つぎの四つの遷移条件を設定する。

(1)　各ステートの再生途中には他ステートへ遷移しない。

(2)　アイドルステートにおいて操作入力が与えられない間は，構えモーションをループ再生する。

(3)　アイドルステート中に操作入力が与えられると，ステート終端に至った瞬間に対応するアクションステート始端に遷移する。

(4)　アクションクリップ再生終了後は，アイドルステートの始端に遷移する。

このように，各ステートに対応するクリップの再生が終了するまでほかのステートへの遷移しないという条件を課すことで，あらゆる時刻において C^0 および C^1 連続なアニメーションを実現する。

ただし，こうした単純なステートマシンの構成では，アニメーションクリップの増加に応じてステート遷移管理のコストが増大する問題がある。具体的にはステートの数を S とするとき，遷移可能なステートの組合せ数は ${}_SC_2 = S(S-1)/2$ である。つまり，遷移パスに対応するトランジション設計に要する作業量は，ステート数の 2 乗に比例して増加することを意味する。また実際には，複数のトランジションの振舞いを一貫させるためのバランス調整も要することから，さらに多くの制作作業量が求められる。これは図 4.18 や図 4.19 に示す単純なステートマシンでは問題とならないが，より多数のクリップを用いてバリエーションの充実を図ろうとする場合に，きわめて深刻な問題となる。

また，図 4.19 に示す構成では，操作入力がアニメーションに反映されるまでに一定の時間遅延が生じる。そのため，他キャラクタや障害物との接触によってキャラクタの挙動が変化するような即応性が重視される場合には，連続性を無視して別クリップへのトランジションを即座に開始するためのパスを追加する必要がある。あるいは，各ステートのクリップ時間長を短くすることで，ステート遷移のタイミングを多く設ける方策も考えられる。ただし，あらゆる状況に対して即応性とアニメーション品質の両方を保証しようとすると，結果的にクリップ数が増加し，ステートマシン設計の複雑化を招く。このように，操作入力に対する即応性とアニメーションの滑らかさ，および制作コストの間には一定のトレードオフが存在するので，アプリケーションの用途に適したステートマシンの設計が求められる。

4.7.3 アニメーションレイヤとステートマシン

ステートマシンはキャラクタ全身に対して構築されることが多いが，アニメーションレイヤごとに個別のステートマシンを構築することもある。**図 4.20** に示す例では，キャラクタスケルトンを右腕レイヤと左腕レイヤ，そして胴体・下半身レイヤの三つに分割している。そして，各レイヤに対して個別にステートマシンを割り当て，それらを協調動作させることで全身のアニメーションを生成する。例えば，胴体・下半身レイヤに対しては，停止ステートや歩行ステートなどといった移動に対応するステート群を設計し，ジョイスティック操作に応じて遷移を制御する。そのうえで，各腕部ステートにはパンチや斬撃といった固有のアクションを追加し，それぞれボタン入力やコマンド入力に応じて制御する。このようにレイヤごとにステートマシンを設計することで，胴体・下半身の移動モーションと腕部のアニメーションを，それぞれ異なる種類の操作

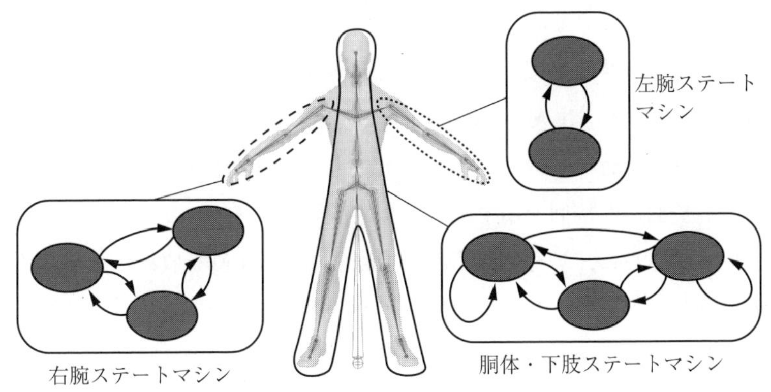

図 **4.20** アニメーションレイヤとステートマシン

入力に応じて個別に制御できる。

4.8 ブレンドツリー

4.8.1 ブレンドツリーの概要

ステート数の増加数を抑えつつアニメーションクリップの充実を図るために，類似した複数のクリップを単一のステートに対応づけることが考えられる。そして，同一ステートに分類されたクリップに例えばパラメトリックポーズブレンドを適用することで，ステートから出力されるアニメーションを連続的に制御できる。そうしたアニメーションブレンド手順を柔軟に設計するための代表的な機構が，**ブレンドツリー**（blend tree）である。ブレンドツリーは，その名称が表すとおり複数のクリップを葉ノードとして持ち，それらに施すアニメーションブレンド演算を中間ノードとして表した木構造である。つまり，葉から根に向かって線形ブレンドや加算ブレンド，パラメトリックブレンドを段階的に適用しながら，最終的に根における出力アニメーションを求める手順をデータ表現する。そして，各ノードにおけるブレンド係数をランタイム実行中に調整することで，さまざまなバリエーションのアニメーションを即時合成できる。このようにブレンドツリーは構造が単純であるがゆえに，制作者にとっても直観的に設計・管理できる。こうした優れた特長を持つことから，アニメーションシステムを構成する事実上標準のモジュールとして活用されている。

歩行アニメーション生成のための簡単なブレンドツリーを図 **4.21** に示す。この例では，前進歩行アニメーションを生成するための素材として，それぞれ直進歩行，右旋回，左旋回を示す三つの全身歩行アニメーションクリップが与えられている。さらに，歩行中に周囲を見渡すような挙動を収めた頭部レイヤに対する差分アニメーションと，両腕レイヤに対する差分アニメーションも与えられている。これら六つのクリップを三つのノードを用いて段階的に接続することでブレンドツリーを構成している。まず，最深部の葉に接続する区分線形補間ノードでは，進行方向パラメータ値に応じた区分線形補間によって全身の歩行ポーズを合成する。さらに，加算ブレンドノード①では，周囲環境に応じて頭部レイヤに見渡すような頭部の挙動を合成する。そして最後に，根にあたる加算ブレンドノード②においてコマンド入力に応じた両腕のアクションを加算したうえでブレンドツリーから出力する。

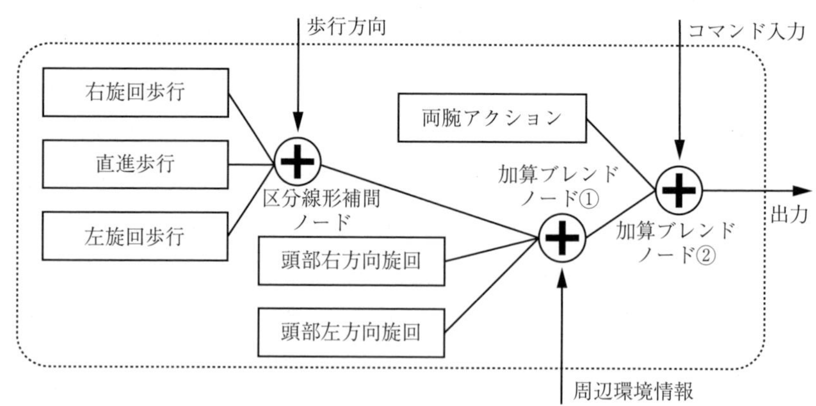

図 **4.21**　歩行アニメーションのブレンドツリーの例

なお，ステートマシンとブレンドツリーに基づくアプローチでは，アニメーションのバリエーションや表現力の向上を図る際のクリップ数の増加を免れない。そのため，ステート数を抑制しようとするとブレンドツリーの肥大化を招き，反対にブレンドツリーの簡素化を図るとステート数が増加するというトレードオフが生じる。そのため，図 4.20 に示したようにアニメーションレイヤごとに異なるステートマシンを構築したり，ステートマシンを階層化して扱うなど，多数のステートを効率的に管理するための工夫が求められる。

4.8.2 ステートマシンとブレンドツリーの連携

ステートとブレンドツリーは基本的に一対一で対応する。例えば，図 4.18 の歩行ステートと走行ステートには，それぞれ一つのブレンドツリーが対応づけられる。そのうえで，単一のステートに留まる間は対応するブレンドツリーのみを駆動し，ジョイスティックの操作量に応じた移動アニメーションを生成する。また，ステート間の遷移が発生した場合には，連結元と連結先両方のブレンドツリーの出力に対してブレンドトランジションを適用することで，途切れのないアニメーションを生成する。

また，各ステートに対応するアニメーションは**ステートパラメータ**（state parameter）を通じて制御される。ステートパラメータは各アクションのバリエーションを表す特徴量であり，例えば歩行ステートでは歩行速度や歩幅，旋回角度などに対応する。その際，ブレンドツリー各ノードのブレンド係数は，これらステートパラメータの設定値に対応したアニメーションが得られるように制御される。例えば，図 4.21 のブレンドツリー最深部では，指定された歩行方向を満たすように区分線形補間のブレンド係数を制御している。同じく中間ノードでは，目標物とキャラクタの位置関係に応じて，頭部レイヤの加算アニメーションを制御している。このように，ステートパラメータを通じた直観的なアニメーション生成が可能になると同時に，ブレンドツリーを構成するクリップ数や，各クリップの内容，ノードの接続構造と言った詳細情報をステート内部に隠匿する。そのため，例えば図 4.21 のブレンドツリー最深部に新しい歩行クリップを追加して表現力向上を図る際にも，ステートパラメータの仕様を変更しない限り，ステートマシンの設計には一切影響を及ぼさない。

4.9 ステート遷移の自動化

ステート間の遷移に対応した自然なトランジションを生成するためには，トランジション区間において連結対象のアニメーションが類似していることが望ましい。そのため，4.7.2 項で述べたように，あらかじめ手動設定された時刻においてのみトランジションを実行できるよう制約することで，不自然なトランジションを回避する方法が広く用いられている。しかしながら，各遷移パスについてそれぞれ最適なトランジション生成アルゴリズムを選定したうえで，遷移区間長などの計算パラメータを手動で設定しなければならず，その作業量はクリップ数の累乗に比例して増大する。そうした膨大な作業量を削減するために，ステート間の遷移に適したタイミング，すなわち遷移元と遷移先の時刻を表す**トランジションポイント**（transition point）を自動検出する技術が必要とされる。そうした技術の中から，本節では周期的動作の位相情報を用いたトランジションポイント決定法と，単一のアニメーションクリップに含まれるトランジションポイントを自動探索する手法であるモーショングラフとモーションマッチングを取り上げる。

4.9.1 位相情報を用いた周期的動作の同期

ループアニメーションクリップによって構成されるステート間で遷移を行う場合，その運動サイクルに基づいてトランジションポイントを決定できる。ここでは歩行や走行などの二足移動アニメーションを例に，遷移元のアニメーションに遷移先を同期させつつ，クロスフェードトランジションを適用する方法を説明する。まず，一般的には二足移動はつぎの四つの要素動作を繰り返し行う。

(1) 左足を前方，右足を後方においた両足の接地

(2) 右足の前方への移動

(3) 右足を前方，左足を後方に置いた両足の接地

(4) 左足の前方への移動

こうした動作サイクルを前提として，周期的アニメーションに対する**位相**（phase）を表すパラメータ ω $(0 \leq \omega < 1)$ を定義する。なお，ここでは両足が着地する時刻と，移動中のつま先がもう一方のかかとを追い越す時刻の，計四つの時刻においてのみ位相を手動設定し，それらの中間時刻における位相は区分線形補間法によって算出するものとする。すなわち，**図 4.22** に示すように，要素動作 (1) に対応する位相を $\omega = 0$ として，要素動作 (2)〜(4) にはそれぞれ $\omega = 0.25$，0.5，0.75 を割り当てる。そしてつぎのサイクルの要素動作 (1) に至る瞬間に $\omega = 1$ から 0 に巡回するように定義している。

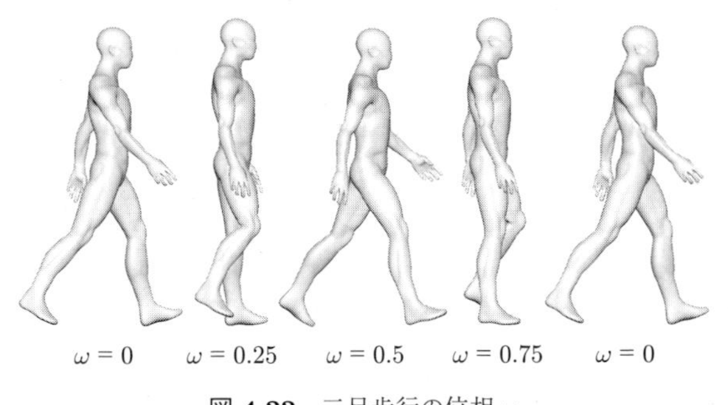

図 4.22 二足歩行の位相 ω

こうして設定された位相情報を用いることで，二足移動アニメーションを容易に同期できる。すなわち，位相が $\omega = 0.5$ のときには必ず右足を前に置くように両足が接地しており，また $\omega = 0.9$ のときには左足を着地する寸前の姿勢にあることが，あらゆる種類の二足移動ステートに共通して保証される。そのため，例えば右足を前方に着地した瞬間に通常歩行ステートから走行ステートへの遷移が発生した場合には，遷移元と遷移先の両方において $0.75 \leq \omega < 1$ に対応するトランジション区間を設けてクロスフェードを適用すればよい。

このように，各周期動作に適した位相情報を定義することで，適切なトランジションポイントを動的に決定できる。いわば，遷移元の足運びに対して遷移先の歩調を同期させたうえで，ブレンドトランジションの対象区間を一意に定められる。移動モーション以外にも，例えば周期的なステップを踏むようなダンス動作などについては，下半身の幾何学的な数値情報に基づいて位相情報を定義できる。なお，上半身を中心に反復的な挙動を示すアニメーションにおいては，手先や頭頂部の挙動に関する位相情報を定義することも考えられる。

4.9.2　モーショングラフ

ステートマシンやブレンドツリーに基づくアニメーションシステムは，短く分割されたクリップをつぎつぎに連結しながら再生することで，途切れのない連続的なアニメーションを生成する。一方，**モーショングラフ**（motion graph）と呼ばれる手法では，異なるアニメーションクリップ間の遷移だけでなく，同一のクリップ内での時間遷移を繰り返すことで一連のアニメーションを生成する。例えば，あらゆる歩行速度や旋回角度を網羅するような長尺の歩行クリップを制作しておき，そのクリップ内での遷移を繰り返すことで，指定された歩行速度や旋回角度の時間変化に追従する歩行アニメーション系列の生成を図る。

モーショングラフは図 **4.23** に示すように，トランジションポイントをノード，ノード間の遷移を有向パスとして表した有向グラフであり，ランタイム計算に先立ってつぎの手順で構築される。まず，同一クリップ中で似通ったポーズや運動速度を示すフレームの組合せを，トランジションポイントとして探索する。つぎに，トランジションポイントを表す二つのノード間を有向パスによって接続することでモーショングラフを構築する。そして，グラフの巡回経路上にあたるアニメーションを再生する。これまでさまざまなモーショングラフ構築アルゴリズムが提案されているが[55)〜61)]，本項ではそれらの基本となった Kovar らのアルゴリズム[62)]について詳述する。

〔**1**〕**ポーズ距離と遷移コスト**　　トランジションポイントの自動検出にあたって，ポーズ間の見た目の非類似度を定量的に評価する**ポーズ距離**（pose distance）を定義する。Kovar らの手法[62)]では，式 (4.20) に示すように，ジョイントのワールド座標を用いたポーズ距離を定義している。

$$\mathrm{dist}\,(\tau_1, \tau_2) = \sum_{j \in \mathcal{J}} \left\| \boldsymbol{p}_{j,\tau_1} - \hat{\boldsymbol{T}}\hat{\boldsymbol{R}}_y \boldsymbol{p}_{j,\tau_2} \right\|^2 \tag{4.20}$$

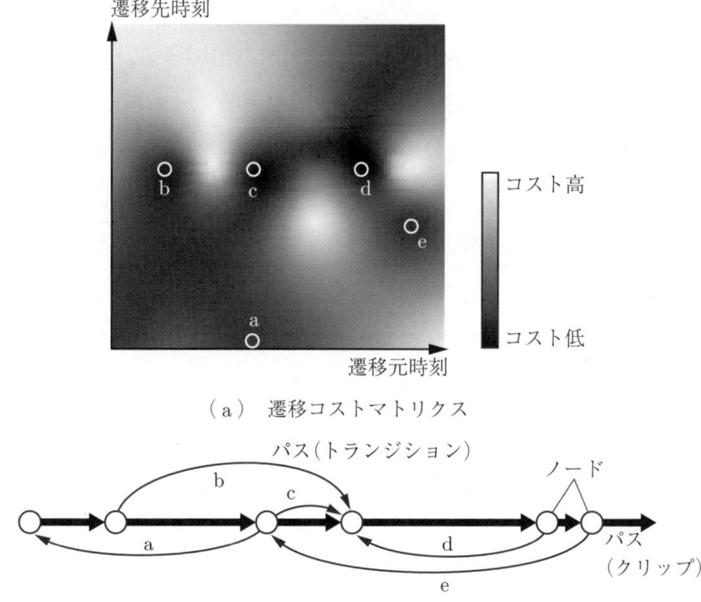

（a） 遷移コストマトリクス

（b） モーショングラフ

図 4.23 モーショングラフの構築

ここで，$\boldsymbol{p}_{j,\tau_1}$ と $\boldsymbol{p}_{j,\tau_2}$ は，それぞれフレーム τ_1 と τ_2 における j 番目のジョイントのワールド座標を表す。また，$\hat{\boldsymbol{T}}$ と $\hat{\boldsymbol{R}}_y$ は，それぞれ二つのポーズ間の距離を最小化するような平行移動と鉛直軸周りの回転を表す。つまりポーズ距離 $\mathrm{dist}\,(\tau_1, \tau_2)$ は，二つのポーズ間の変位と水平面上の角変位の差異を除外したうえで，ジョイント位置に関するユークリッド距離の二乗和を求めることで算出される。

さらに，式 (4.21) に示すように，τ_1 と τ_2 を中心とした一定の時間幅にわたるポーズ距離の総和を求めることで，瞬間的な姿勢だけでなく，前後の複数フレームにわたる運動軌道の差異を評価する遷移コストを定義する。

$$\mathrm{cost}\,(\tau_1, \tau_2) = \sum_{d=-\Delta\tau}^{\Delta\tau} \mathrm{dist}\,(\tau_1 + d, \tau_2 + d) \tag{4.21}$$

ここで，$\Delta\tau$ は評価対象とする周辺時間幅を表す。この遷移コスト $\mathrm{cost}\,(\tau_1, \tau_2)$

を用いることで，アニメーションクリップ内の任意のフレーム τ_1 から τ_2 に遷移する際のトランジションの不自然さを定量的に評価できる。

〔2〕 **トランジションポイントの探索とグラフ構築**　　つぎに，図 4.23(a) に示すように，アニメーションクリップ内のすべてのフレームの組 (τ_1, τ_2) について遷移コストを評価する。ここでは濃淡表示によって，横軸に示す時刻から縦軸に示す時刻に遷移する際のコストを示している。例えば，左下から右上に至る対角線上は同一時刻への遷移に対応するため，遷移コストは当然ながら低い値を示している。一方，グラフの左上の領域は全体的に白くなっており，クリップ始端から終端への遷移はコストが高いことが読み取れる。また，対角線付近以外にも，スポット的に黒くなっている部分があることから，同一クリップ中に類似したアニメーションが含まれていることが確認できる。

こうした遷移コストマトリクスを用いて，最適なトランジションポイントを探索する。まず，遷移コストマトリクス上における極小値を検出する。つぎに，それぞれの極小値に対してさらに閾値判定を行うことで，図中の白丸に示すようにトランジションポイントを選定する。ここで，選定基準となるコストの閾値は，アニメーションの緩急に応じて適応的に設定する。つまり，もしキャラクタが緩やかに動いている場合や静止状態に近い場合には，トランジションに表れるわずかな変化も視認されやすいため，閾値を小さくすることで見た目に滑らかな変化を示す点のみを選定する。一方，キャラクタの動きが激しい場合にはトランジションの不自然さは目立ちにくいため，閾値を大きく設定して比較的多くのトランジションポイントを選定する。

そして，選定されたトランジションポイントを用いて，図 4.23(b) に示すようなモーショングラフを構築する。ここで，モーショングラフのノードは，トランジションポイントにおける遷移元時刻および遷移先時刻であり，遷移元ノードから遷移先ノードに至る有向パスによって接続されている。また，クリップ内で隣接する二つのノードも，時間方向に対応した有向パスで接続される。

なお，アニメーションクリップの内容によっては，遷移先に少数のノードしか含まれないパスや，そもそも遷移先のないパスが含まれることがある。端的な例として，見た目にまったく異なるアクションを連続的に行うようなアニメーションクリップを考える。こうしたクリップに対してモーショングラフを構築しようとしても，遷移コストを最小化するトランジションポイントが限られることから，ノードと遷移パスの両方が少なくなる。その結果，ランタイム実行中にアニメーションの遷移先が発見できなくなったり，与えられた目標移動量と大きく乖離（かいり）したアニメーションが生成されたりするなど，予期しない不具合が生じうる。そのため，あらかじめ余分なノードやパスの除去，近接する複数のパスの統合，あるいは新しいノードやパスの追加といった，試行錯誤的な手動調整が求められる。

〔3〕 グラフの巡回によるアニメーション生成　モーショングラフを用いたアニメーション生成は，各ノードにおいてパス選択を行いながらグラフ上を巡回し，その通過中の有向パスに対応するアニメーションを再生することで実現される。例えば，歩行モーション生成に際しては，まず，さまざまな移動速度や移動方向を含むアニメーションクリップを対象としてモーショングラフを構築する。つぎに，ランタイム計算では，キャラクタの目標移動量を最もよく近似するようなパスの選択を繰り返すことで，有向グラフ上の巡回経路を順次決定する。そして，パス上にあたるクリップ区間の再生や，トランジションアニメーションの生成によって，一連の連続した歩行アニメーションを再生する。

4.9.3 モーションマッチング

ステートマシンやモーショングラフは，いずれもアプリケーション開発時点でトランジションポイントを設定する手法である。そのため，ランタイム実行中に生じうるあらゆるプレイヤ操作やゲーム AI の指令を想定できるのであれば，不自然なアニメーションの発生を事前に除外できる。言い換えれば，ランタイムアニメーション生成に関わる各種パラメータ値に対し，アニメータやデザイナが入念に調整を行うことを要求する技法ともいえる。しかし，アニメーションのバリエーションや映像品質に対する要求が高まるにつれ，アニメーションデータ制作やステートマシン設計に関わるコストが爆発的に増加するという重大な問題が生じる。そこで，なんらかのルールや判断基準に基づいて，ランタイム実行中に最適なトランジションポイントを自動探索する技術が求められている。

そうした課題の解決を目指すアプローチの一つに，**モーションマッチング** (motion matching) と呼ばれる，**しらみつぶし探索法** (brute-force search) に基づくアルゴリズムが知られている[63)]。この方法では，モーショングラフと同様に，同一のクリップ内での遷移を繰り返すことで一連のアニメーションを生成する。ただし，あらかじめ遷移可能なトランジションポイントを事前に定めることなく，ランタイム実行の各時間ステップにおいて，クリップ中の全フレームを対象とした遷移判定を実行する。すなわち，クリップ内のあらゆるフレームどうしが遷移可能なパスとして接続されているとみなし，つぎの時刻で遷移すべきフレームをしらみつぶし探索することで一連のアニメーションを生成する。例えば，クリップ中の任意のフレーム τ_1 を表示している状態から，プレイヤや AI の操作入力やキャラクタの運動状態に応じて，最適な遷移先フレーム τ^* を決定する。こうした遷移先探索は，フレーム τ_1 と τ_2 の類似度を計算する任意の評価関数 $\mathrm{match}\,(\tau_1, \tau_2)$ を用いることで，式 (4.22) のように定式化できる。

$$\tau^* = \arg\max_{\tau_2} \mathrm{match}\,(\tau_1, \tau_2) \tag{4.22}$$

ここで，評価関数 $\mathrm{match}\,(\tau_1, \tau_2)$ の設計が重要となる。例えば，歩行動作の場合には，目標進行方向や進行速度の達成度を評価するとともに，再生中と遷移先のスケルトン姿勢や速度の類似度なども加味することで，滑らかなアニメーションを生成しなければならない。また，それら複数の評価指標に対する適切な重み付けも求められる。こうした評価関数の設計には，対象とするアニメーションクリップの内容やキャラクタに与えられる操作方法などの関係を慎重に分析しつつ，試行錯誤的に各種重み付けを調整するような作業が求められる。そうした事前制作作業は決して容易ではないが，いったん最適な評価関数を定義できれば，ランタイム実行時のしらみつぶし探索は単純に処理できる。もちろん，クリップ長に比例した計算量を費やすなどの計算効率上の問題も残されているが，アプリケーション開発時には予想もされないようなアニメーションをランタイム合成できる点は大きなメリットとなりうる。

4.10 発展的な話題

本章では，アニメーションシステムに広く採用されている基盤技術や設計概念についてまとめた。特に，ステートマシンとブレンドツリーを組み合わせる標準的なアーキテクチャについて説明した。そのシステム内部では，短く分割された多数のアニメーションクリップを対象に，ポーズブレンドを応用した加工・編集・連結技術を適用することで，一連のアニメーションが即時生成されていることを示した。さらにはブレンドツリーやステートマシンが潜在的に抱える問題点を解決するいくつかの試みを紹介した。なお，本章の執筆にあたっては，文献64) を参考にした。

こうした一連の技術の中で，特にトランジション生成については未解決の課題が多い。例えば，ブレンドトランジションは，遷移元と遷移先のアニメーションが類似している場合には高品質な結果を与えるが，類似度が低いアニメーションを連結する場合には不自然な結果になりやすい。そのため，クロスフェードにおける遷移元と遷移先のトランジション区間長を最適化する技術[65)]や，二つのクリップのトランジションを行う際にほかのクリップを余分に重畳させることで品質向上を図る技術[66),67)]が提案されている。また，物理法則に基づく最適化計算を用いた補間トランジション生成アルゴリズム[68),69)]は，計算量の問題からランタイム計算には不向きではあるが，静的データ制作作業の効率化には有効である。

また，モーショングラフやモーションマッチングは，アニメーションクリップ制作やデータ処理機構の構築に要するアニメータやデザイナの労力の削減を指向している。しかし，いずれの技術においても遷移コスト関数の入念な設計が求められるなど，新たな制作課題も生じている。こうした問題に対し，各種機械学習技術を応用した評価関数の自動設計技術など，さらに制作を効率化する技術が研究開発されている。例えば，モーショングラフ上の最適な巡回経路を動的に選択するような経路選択コントローラを，強化学習を通じて自動的に獲得する手法が研究されている[70)~72)]。このような自動化手法は，自然な歩行動作を必要とするゲームタイトルなどにおいても実際に採用されている[73)]。また，モーションマッチングのように，非常に短い時間間隔で遷移先時刻の選定をするアプローチの拡張として，最適な評価関数を強化学習法によって予測する研究も行われている[70)]。さらには深層学習を用いたアニメーション生成[74),75)]や，深層強化学習法の応用[76)]など，今後もさらなる発展が期待される。

5　環境への適応

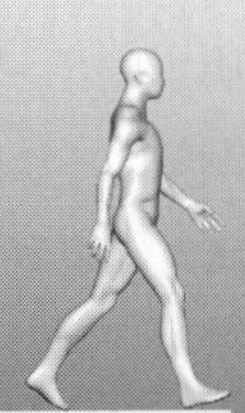

ブレンドツリーやステートマシンを用いたアニメーション生成では，事前に準備しておいたアニメーションクリップの中から与えられた条件によく合致するものを選択し，組み合わせて再生する。与えられる条件はキャラクタの身体がどのような運動状態にあるかを指示しており，移動動作や待機動作，攻撃動作といった動作の大分類がその典型である。これに加えて，運動の速度や方向のような状態量についても条件として考慮することにより，さまざまな運動状態にあるキャラクタのアニメーションが生成される。

こうしたキャラクタ内部の運動状態の表現に加え，キャラクタが置かれる環境の変化に対してその動きを適応させる必要がある。その代表的な例としては，キャラクタが立つ地面の傾きや凹凸への適応を挙げることができる。このような外的な環境条件に対応したアニメーションをすべて静的なデータとして事前に準備しておくことは困難である。本章では，アニメーションクリップから生成した姿勢に対して補正処理を施すことにより，さまざまな外的環境に対してアニメーションを適応させる手法について説明する。

5.1　インバースキネマティクス

プログラム実行時のアニメーション生成に利用するアニメーションクリップには関節角度の時系列データが記録されており，これをキャラクタの身体構造に適用してフォワードキネマティクスの計算を実行し，個々の関節角度から全身の体節の位置と姿勢を計算する（3.4 節）。このような計算とは反対に，キャラクタの部位が特定の位置や姿勢になるような関節角度を求める手続きを**インバースキネマティクス**（Inverse Kinematics）または**逆運動学**，あるいは単に

IK と呼ぶ。

IK のアルゴリズムは，アニメーションクリップ作成時にアニメータが使用するDCC ツールにおいても利用されているが，ゲームプログラムにおける利用方法とは大きく異なっている。アニメータが使用するDCC ツールでは，アニメータが主体となってキャラクタの姿勢を作成し，IK は複雑な関節角度の計算を担うことによってアニメータの創造的な作業を補助する。一方で，ゲームプログラムで利用されるIK は，キャラクタの姿勢の特徴はできるだけ保持したまま，アニメータから独立したアルゴリズムとして姿勢を補正することが求められている。

5.1.1　外的環境への対応

アニメーションクリップはキャラクタが置かれている環境についてなんらかの仮定を置いて作成されている。地上を移動するアニメーションクリップを例にとって説明すれば，多くのアニメーションクリップは完全に水平な平面を仮定し，この水平面上を歩いたり走ったりする動きを表現している。こういった水平な面上の歩行を表すアニメーションクリップを用いてキャラクタが移動するアニメーションを生成したとき，もし実際にはキャラクタが斜面上を移動していたならば，キャラクタの足先が斜面にめり込んだり浮いたりしてしまう場合がある（図 **5.1**）。

斜面上を移動する状況に対応するために，これらの状況に対応した動きをア

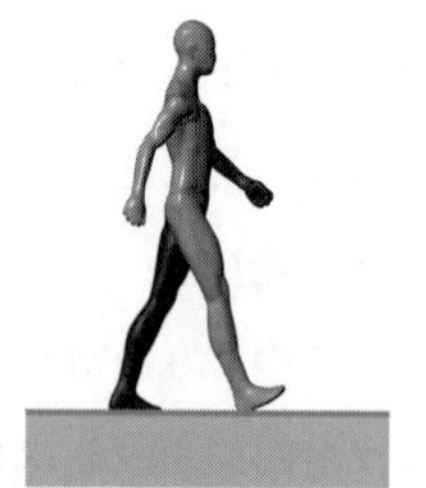
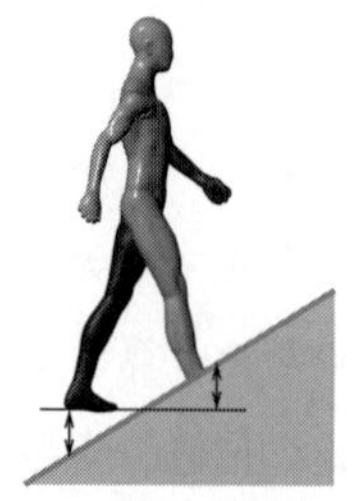

図 **5.1**　水平面を仮定した歩行アニメーション（左）を斜面上のキャラクタに適用したときの足先高さ（右）

ニメーションクリップとして準備しておくことができる。一例を挙げるとすれば，完全な水平面上を歩いているアニメーションクリップ (A) に加えて，40° の傾きを持つ下り坂を歩いているアニメーションクリップ (B) と，40° の傾きを持つ登り坂を歩いているアニメーションクリップ (C) の 3 種類の動きを準備しておく。そして，キャラクタが配置されている地面の傾きに応じて 3 種類の歩行アニメーションクリップ (A), (B), (C) のうちどのデータを再生するかを選択し，キャラクタの動きを生成する。

また，実際の斜面の傾きがアニメーションクリップで想定している傾きに一致しない場合には，実際の傾きに近い二つのアニメーションクリップを探して適当な重み付けを行い，アニメーションのブレンドを行うことができる。**図 5.2** に示す例では 20° の登り坂の上にキャラクタが配置されており，この傾きに近いアニメーションクリップとして水平面上の歩行アニメーション (A) と 40° の登り坂における歩行アニメーション (C) にそれぞれ 50 %の重みを与えてブレンドしている。

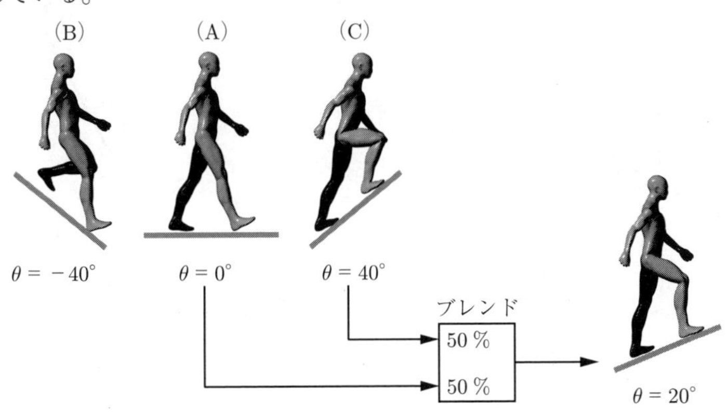

図 5.2 環境条件に近いアニメーションクリップから ブレンドによってアニメーションを生成

5.1.2 姿勢のブレンドによる関節位置の誤差

アニメーションシステムでトランジションやブレンドといった操作が行われる場合には，複数のアニメーションクリップを補間することで全身姿勢を計算する。計算される全身姿勢は入力となるアニメーションクリップ群の中間的な姿勢となるが，補間処理は関節角度の加重和によって行われる。したがって，関節の直交座標系における位置は，入力姿勢群での関節位置を補間した位置になるわけではない。

具体的な例として，股関節（hip）と膝関節（knee）の二つの関節からなる脚の構造を考える（**図 5.3**）。このとき，股関節と膝関節の角度がそれぞれ 0° になっている姿勢 (a) では，足首（ankle）の位置は (0, −2) になる。また，股関節の角度を 60°，膝関節の角度を 120° に変化させた姿勢 (b) では，足首の位置は (0, −1) になる。したがって，これら二つの姿勢 (a)，(b) での足首位置の中点は (0, −1.5) となる。

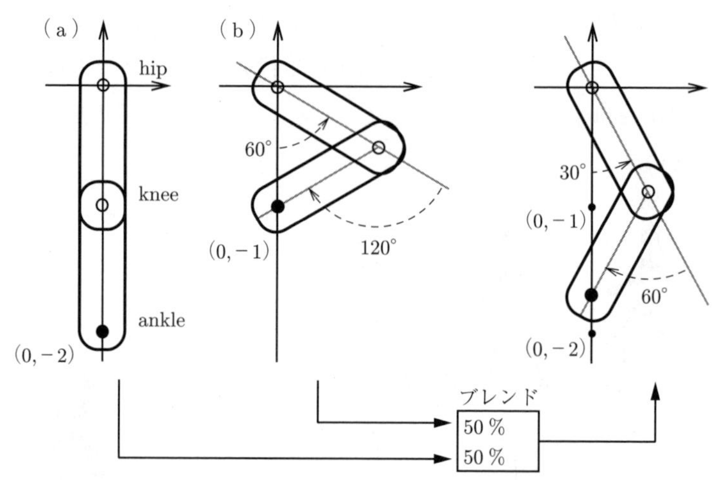

図 5.3　関節角度のブレンドによる姿勢の関節位置

足首の位置がちょうどこの中点に来るような脚の姿勢は，二つの姿勢 (a)，(b) の中間的な姿勢だと考えられる。しかし，中間的な姿勢を生成しようとして二つの姿勢の関節角度をそれぞれ同じ重みでブレンドし，股関節の角度を 30°，膝関節の角度を 60° に変化させても，足首の位置は目的とする位置 (0, −1.5) に一致しない。

以上で検討した例からわかるように，アニメーションブレンドに基づいてキャラクタの動きを生成する方法では，キャラクタが置かれた環境の変化に対応するためにあらかじめ多様な種類のアニメーションクリップを準備しておく必要がある。また，外部の環境の条件に一致するアニメーションクリップを持たない場合には，これに近い条件を想定したアニメーションクリップを補間することができる。しかし，関節角度とその補間によってキャラクタの全身姿勢を生成するため，外部環境に完全に適合した姿勢を生成できるとは限らない。

このような問題に対応するために，キャラクタが置かれた環境に基づいて直交座標系での関節位置を決定し，これを満足するような全身の関節角度を計算するアルゴリズムが利用される。このようなアルゴリズムはフォワードキネマティクスとは逆に，関節位置から関節角度を逆算するために用いられることから，逆運動学と呼ばれる。このような方法を利用することで，与えられた手の位置から肩や肘の角度を計算したり，足先の位置から股関節・膝関節の角度を計算することができる。

5.1.3 1関節のインバースキネマティクス

キャラクタの姿勢を環境に適応させるためのIKの問題の中でも，最も簡単な例について考える。この例では，一本の固い棒がその根本でジョイント $\boldsymbol{o}$ によって空間上に固定されており，棒はこのジョイント $\boldsymbol{o}$ を中心に自由に回転できるものとする（図 **5.4**）。

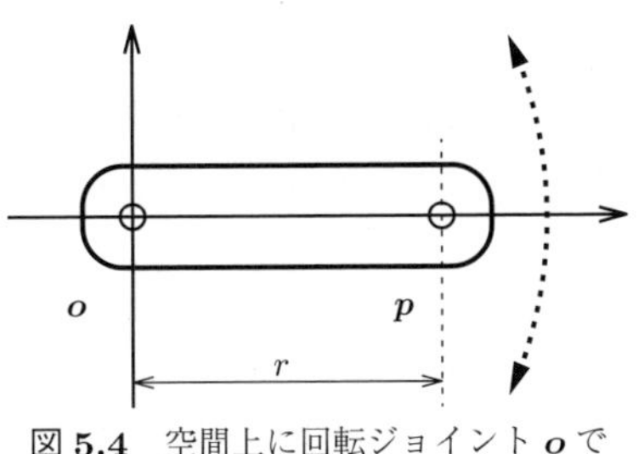

図 5.4 空間上に回転ジョイント $\boldsymbol{o}$ で固定された固い棒

このとき，回転中心ジョイント $\boldsymbol{o}$ の反対側の，棒の先端付近にある点をもう一つのジョイント $\boldsymbol{p}$ とみなし，この先端ジョイント $\boldsymbol{p}$ の位置が与えられた目標位置 $\boldsymbol{g}$ にできるだけ一致するような回転ジョイント $\boldsymbol{o}$ の姿勢の変化 $\Delta\boldsymbol{q}$ を計算する。

棒の長さは伸び縮みしないので，二つのジョイント $\boldsymbol{p}$ と $\boldsymbol{o}$ との距離はつねに一定である。この距離を $r = \|\boldsymbol{p} - \boldsymbol{o}\|$ とすれば，回転ジョイント $\boldsymbol{o}$ がさまざま

な姿勢をとったとき，先端ジョイント $\boldsymbol{p}$ は $\boldsymbol{o}$ を中心とする半径 r の球面上を動き回ることになる。したがって，任意の目標位置 $\boldsymbol{g}$ が与えられたときに，先端ジョイント $\boldsymbol{p}$ の位置を目標位置 $\boldsymbol{g}$ にいつも正確に一致させることはできないので，目標位置 $\boldsymbol{g}$ にできるだけ近くなるような回転ジョイント $\boldsymbol{o}$ の姿勢変化を計算する。

このようなジョイント $\boldsymbol{o}$ の姿勢変化は，ある単位ベクトルの方向を別の単位ベクトルの方向に一致させるような回転として計算できる。そのためには，まず回転ジョイント $\boldsymbol{o}$ から先端ジョイント $\boldsymbol{p}$ の方向を指す単位ベクトルを $\boldsymbol{m}$ とする。このとき，回転ジョイント $\boldsymbol{o}$ から目標位置 $\boldsymbol{g}$ の方向を指す単位ベクトルを $\boldsymbol{n}$ とすれば，$\Delta\boldsymbol{q}$ はベクトル $\boldsymbol{m}$ をベクトル $\boldsymbol{n}$ へと回転するクォータニオンである。

$\Delta\boldsymbol{q}$ の回転軸はベクトル $\boldsymbol{m}$ と $\boldsymbol{n}$ に直行するベクトルであり，$\boldsymbol{m}$ と $\boldsymbol{n}$ の外積によって計算できる。$\Delta\boldsymbol{q}$ の回転角度 θ はベクトル $\boldsymbol{m}$ と $\boldsymbol{n}$ のなす角度であり，その内積に対して $\cos\theta = \boldsymbol{m}\cdot\boldsymbol{n}$ なる関係が成立する。ただし，多くの計算機において cos の逆関数は演算コストが高いため，こうしたクォータニオン $\Delta\boldsymbol{q}$ の計算に三角関数を必要としないアルゴリズムが利用されている[77),78)]。

こうして計算したクォータニオン $\Delta\boldsymbol{q}$ によって回転ジョイント $\boldsymbol{o}$ を中心にして棒の姿勢を回転させることにより，棒の先端にある点 $\boldsymbol{p}$ が目標位置 $\boldsymbol{g}$ の方向を向き，点 $\boldsymbol{p}$ が目標位置 $\boldsymbol{g}$ に最も近くなるような棒の姿勢が実現される。回転前の棒の姿勢をクォータニオン $\boldsymbol{q}$ によって表すと，回転後の棒の姿勢は左から $\Delta\boldsymbol{q}$ を乗じた姿勢 $\Delta\boldsymbol{q}\boldsymbol{q}$ となる。

ただし，以上で説明した手法を利用する場合には，解 $\Delta\boldsymbol{q}$ が存在しなくなる目標位置（特異点）に注意する必要がある。図 **5.5** の問題においては，目標位置 $\boldsymbol{g}$ が回転ジョイントの位置 $\boldsymbol{o}$ に等しい場合には目標方向を示す単位ベクトル $\boldsymbol{n}$ が定義

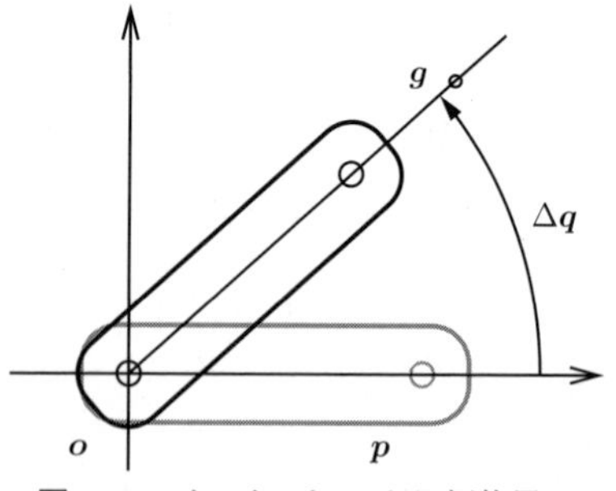

図 **5.5**　ジョイント $\boldsymbol{p}$ が目標位置 $\boldsymbol{g}$ にできるだけ近くなるような，回転ジョイント $\boldsymbol{o}$ の姿勢変化 $\Delta\boldsymbol{q}$

できなくなる。また，目標位置 $\boldsymbol{g}$ が回転ジョイントの位置 $\boldsymbol{o}$ にきわめて近い位置にある場合，目標位置 $\boldsymbol{g}$ が少し移動するだけでも回転量 $\Delta\boldsymbol{q}$ が大きく変化する。したがって，このような特異点に近い目標位置が与えられた場合には，前のフレームで計算した $\Delta\boldsymbol{q}$ を流用するか，回転を持たない $\Delta\boldsymbol{q}$ を解とするなど，結果として生成されるアニメーションが不自然にならないように工夫する必要がある。

5.1.4 2関節のインバースキネマティクス

より複雑なIKの問題の例として，二つのジョイントの角度を計算する問題について考える。この例（図 **5.6**）では，2本の伸び縮みしない棒AとBがジョイント $\boldsymbol{e}$ によって接続されており，この中間ジョイント $\boldsymbol{e}$ によって自由に回転できるものとする。また，Aは中間ジョイント $\boldsymbol{e}$ の反対側にあるジョイント $\boldsymbol{o}$ によって空間内の固定点に接続されており，$\boldsymbol{o}$ を中心にして回転できるものとする。

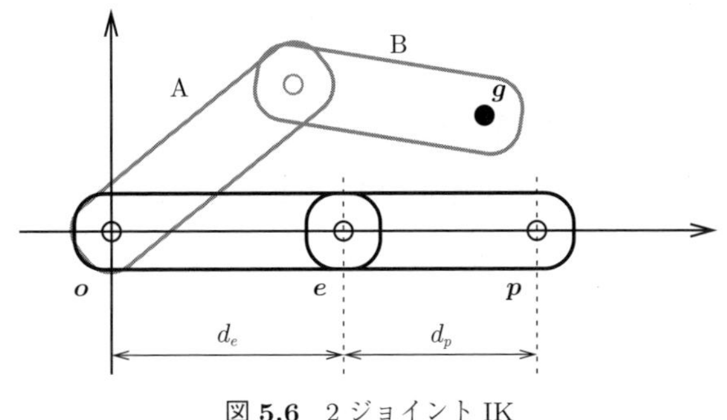

図 **5.6** 2ジョイントIK

このような構造は生物の腕や脚の構造を模したものであり，それぞれ回転ジョイント $\boldsymbol{o}$ は肩関節に，中間ジョイント $\boldsymbol{e}$ は肘関節に相当する。この問題では，棒Bの先端にある点をジョイント $\boldsymbol{p}$ とみなす。そして，この先端ジョイント $\boldsymbol{p}$ の位置が，与えられた目標位置 $\boldsymbol{g}$ にできるだけ一致するような回転ジョイント $\boldsymbol{o}$ と中間ジョイント $\boldsymbol{e}$ の角度を計算する。

この問題では，与えられた目標位置 $\boldsymbol{g}$ に対して先端ジョイント $\boldsymbol{p}$ の位置を正確に一致させることができる場合とできない場合の両方のケースが存在する。例えば，目標位置が $\boldsymbol{g}$ があまりにも遠くに与えられた場合，回転ジョイント $\boldsymbol{o}$ と中間ジョイント $\boldsymbol{e}$ をどれだけ伸展させても先端ジョイント $\boldsymbol{p}$ は目標位置 $\boldsymbol{g}$ に届かない。

目標位置 $\boldsymbol{g}$ と回転ジョイント $\boldsymbol{o}$ との距離を d_g，回転ジョイント $\boldsymbol{o}$ と中間ジョイント $\boldsymbol{e}$ との距離を d_e，中間ジョイント $\boldsymbol{e}$ と先端ジョイント $\boldsymbol{p}$ との距離を d_p とする。このとき，棒 A, B のジョイント間の長さの和が回転ジョイントから目標位置までの距離よりも短ければ $(d_e + d_p < d_g)$，目標位置 $\boldsymbol{g}$ に届くような棒 A, B の姿勢は存在しない。また，棒 A のジョイント間距離 d_e が棒 B のジョイント間距離 d_p よりも大きい場合には，回転ジョイント $\boldsymbol{o}$ に近すぎる目標位置 $(d_p + d_g < d_e)$ を満足させるような棒 A, B の姿勢は存在しない。

これとは反対に，回転ジョイントから目標位置までの距離 d_g がある一定の範囲にある場合には，与えられた目標位置 $\boldsymbol{g}$ に対して先端ジョイント $\boldsymbol{p}$ の位置を正確に一致させる姿勢を計算することができる。この d_g の範囲に関する条件は，棒 A, B のジョイント間距離 d_p, d_e を用いて $d_e + d_p \geq d_g$ および $d_p + d_g \geq d_e$ と表すことができる。このとき，回転ジョイント $\boldsymbol{o}$ を中心とする半径 d_e の円 E と，目標位置 $\boldsymbol{g}$ を中心とする半径 d_p の円 P を考えると，半径が $d_e + d_p \geq d_g$ なる条件を満足することからこれら二つの円 E, P は交点を持つ（図 **5.7**）。

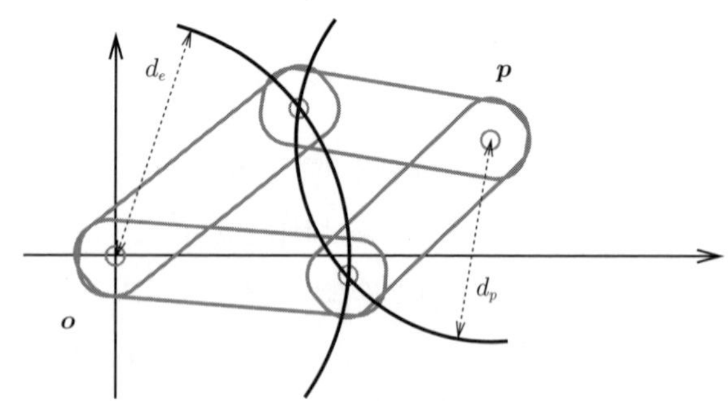

図 **5.7**　半径 d_e の円 E と半径 d_p の円 P との交点

このようにして計算した交点の位置を中間ジョイント $\boldsymbol{e}$ の位置とし，棒 A, B の姿勢をそれぞれ 1 関節の IK の方法によって計算することにより，先端ジョイントの位置 $\boldsymbol{p}$ を与えられた目標位置 $\boldsymbol{g}$ に正確に一致させるような回転ジョイント $\boldsymbol{o}$ と中間ジョイント $\boldsymbol{e}$ の角度を計算することができる。

ただし，目標位置の距離について $d_e + d_p > d_g$ が成立するときは，円 E, P の交点が二つ存在する。このような場合には，二つの交点のうち，棒 A, B が中間ジョイント $\boldsymbol{e}$ で曲がる方向によってどちらかの交点を選択する。選択の基準としては，あらかじめ決めておいた方向に曲がっている交点を選択する方法がある。また別の基準として，入力となる姿勢と同一方向になるような交点を選ぶ方法により，IK による姿勢の変更を行っても入力姿勢の特徴をよく保存することができる。

なお，二つの円 E, P が存在する平面は，回転中心 $\boldsymbol{o}$ および目標位置 $\boldsymbol{g}$ を通る任意の平面を利用できる。キャラクタの姿勢を目標位置によって修正した結果の姿勢を入力となる姿勢にできるだけ近づけるためには，回転中心 $\boldsymbol{o}$ および目標位置 $\boldsymbol{g}$ と，入力姿勢における中間ジョイント $\boldsymbol{e}$ を通る平面上に円 E, P を定義すればよい。

また，目標位置 $\boldsymbol{g}$ に届くような棒 A,B の姿勢が存在しない場合には，キャラクタの腕にどのような姿勢をとらせるべきかは，キャラクタにどのような挙動をとらせたいかというアニメーションの設計の問題となる。もし目標位置 $\boldsymbol{g}$ に先端ジョイントをできるだけ近づけるような挙動が必要な場合には，回転中心 $\boldsymbol{o}$ からの距離がジョイント間の距離の和 $d_e + d_p$ に等しくなるように目標位置 $\boldsymbol{g}$ を修正しておくことで，二つの円の交点として中間ジョイントの位置を計算することができる。

5.1.5 3 関節以上のインバースキネマティクス

前節で述べたように，腕のような構造に含まれるジョイントの数が 1 または 2 であるときには，入力となるキャラクタの姿勢の特徴をよく保存しつつ与えられた目標位置をできるだけ満足するようなジョイントの角度を，解析的な手続きによって計算することができる。

剛体を接続するジョイントの数が3以上のときには，**ヤコビ行列** (Jacobian) を利用した数値的解法によってキャラクタの姿勢を徐々に変化させ，与えられた目標位置を満足するような，ジョイントの角度を計算する方法を利用できる。例として，伸び縮みしない棒 $C_1, C_2, \cdots, C_n$ がジョイント $\boldsymbol{o}_1, \boldsymbol{o}_2, \cdots, \boldsymbol{o}_n$ によって直列に接続され，末端の C_n の先端にジョイント $\boldsymbol{o}_{n+1}$ が存在するような関節構造を考える（図 **5.8**）。

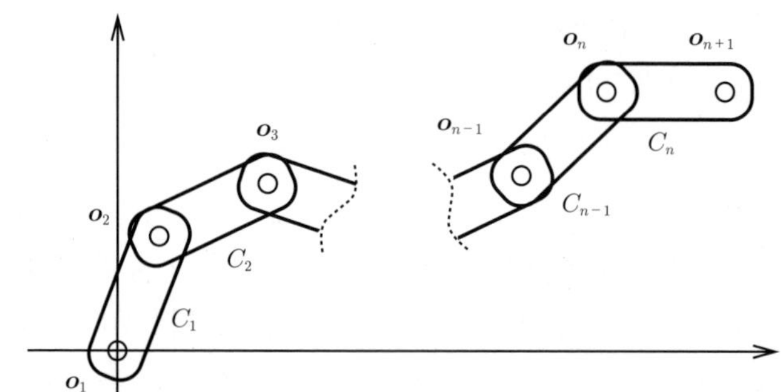

図 **5.8**　n 関節の IK ($n \geq 3$)

このとき，各ジョイントの角度をまとめた変数は

$$\boldsymbol{\theta} = \begin{bmatrix} \theta_1 & \theta_2 & \theta_3 & \cdots & \theta_j \end{bmatrix}^T \tag{5.1}$$

のようなベクトルとして定義できる。各ジョイントの回転自由度がそれぞれ3である場合には，全回転自由度は $j = 3n$ となる。先端にあるジョイント $\boldsymbol{o}_{n+1}$ の位置はジョイントの角度 $\boldsymbol{\theta}$ を入力とする関数であり

$$\boldsymbol{o}_{n+1} = \boldsymbol{f}(\theta_1, \theta_2, \theta_3, \cdots, \theta_j) = \boldsymbol{f}(\boldsymbol{\theta}) \tag{5.2}$$

のように，角度から位置を計算するフォワードキネマティクスの関数として表現することができる。

これとは反対に，このような構造の先端ジョイント $\boldsymbol{o}_{n+1}$ の位置が与えられた目標位置 $\boldsymbol{g}$ に一致するような，ジョイント $\boldsymbol{o}_1, \boldsymbol{o}_2, \cdots, \boldsymbol{o}_n$ の角度を計算する IK の問題を解くために，ヤコビ行列を利用することができる。

先端のジョイント位置に関するヤコビ行列 $\boldsymbol{J}$ は，フォワードキネマティクスの計算式 $\boldsymbol{o}_{n+1} = \boldsymbol{f}(\boldsymbol{\theta})$ をジョイントの角度 $\boldsymbol{\theta}$ の各変数によって偏微分することによって得られる行列であり

$$\boldsymbol{J} = \frac{d\boldsymbol{o}_{n+1}}{d\boldsymbol{\theta}} \tag{5.3}$$

によって表される。ヤコビ行列 $\boldsymbol{J}$ の直感的な理解としては，入力となるジョイントの角度 $\boldsymbol{\theta}$ の変化に対して，先端ジョイント $\boldsymbol{o}_{n+1}$ の位置がどのように変化するかという関係を表した係数行列であると考えることができる。

反対に，先端のジョイント $\boldsymbol{o}_{n+1}$ の位置を少し動かしたときに，ジョイントの角度 $\boldsymbol{\theta}$ がどのように変化するかがわかれば，先端のジョイント位置を目標位置に一致するまで徐々に移動させるためのジョイント角度の微小な変化を数値的に計算することが可能になる。このような変化の関係はヤコビ行列 $\boldsymbol{J}$ の逆行列によって近似的に表すことができ，先端ジョイントの微小位置変化 $d\boldsymbol{o}_{n+1}$ とジョイントの角度変化 $d\boldsymbol{\theta}$ との間には

$$d\boldsymbol{\theta} = \boldsymbol{J}^{-1} d\boldsymbol{o}_{n+1} \tag{5.4}$$

なる関係が存在する。

ここで，先端のジョイント位置の各要素を $\boldsymbol{o}_{n+1} = \begin{bmatrix} o_x & o_y & o_z \end{bmatrix}^T$ と書けば，行列 $\boldsymbol{J}$ はこれらの要素をジョイントの角度 $\boldsymbol{\theta}$ によって偏微分することで定義され

$$\boldsymbol{J} = \begin{bmatrix} \dfrac{\delta o_x}{\delta \theta_1} & \dfrac{\delta o_x}{\delta \theta_2} & \cdots & \dfrac{\delta o_x}{\delta \theta_j} \\ \dfrac{\delta o_y}{\delta \theta_1} & \dfrac{\delta o_y}{\delta \theta_2} & \cdots & \dfrac{\delta o_y}{\delta \theta_j} \\ \dfrac{\delta o_z}{\delta \theta_1} & \dfrac{\delta o_z}{\delta \theta_2} & \cdots & \dfrac{\delta o_z}{\delta \theta_j} \end{bmatrix} \tag{5.5}$$

と表せる。

行列 $\boldsymbol{J}$ は正方行列とは限らないが，擬似逆行列を利用して目標位置に対するジョイント角度の微小変化 $d\boldsymbol{\theta} = \boldsymbol{J}^{-1} d\boldsymbol{o}_{n+1}$ を計算できるので，ジョイントの数が 3 以上の IK の問題を数値的に解くことができる。

5.1.6 CCD IK

前項の問題（図 5.8）と同様に，伸び縮みしない棒 $C_1, C_2, \cdots, C_n$ がジョイント $\boldsymbol{o}_1, \boldsymbol{o}_2, \cdots, \boldsymbol{o}_n$ によって直列に接続され，末端の C_n の先端にジョイント $\boldsymbol{o}_{n+1}$ が存在するような関節構造を考える。**CCD IK**（Cyclic Coordinate Descent Inverse Kinematics）[79] は，このような構造に対して目標位置 $\boldsymbol{g}$ が与えられたとき，先端ジョイント $\boldsymbol{o}_{n+1}$ が目標位置 $\boldsymbol{g}$ に一致するようなジョイント $\boldsymbol{o}_1, \boldsymbol{o}_2, \cdots, \boldsymbol{o}_n$ の角度を計算するアルゴリズムである。

この手続きでは，まず先端に最も近いジョイント $\boldsymbol{o}_n$ から関節角度の計算を開始し，その計算を根本のジョイント $\boldsymbol{o}_1$ の方向へ一つずつ順番に適用することにより，ジョイント $\boldsymbol{o}_1$ からジョイント $\boldsymbol{o}_n$ までのすべてのジョイントの関節角度を更新する。すべてのジョイントに一度ずつ計算を適用することにより，先端のジョイント $\boldsymbol{o}_{n+1}$ の位置は目標位置 $\boldsymbol{g}$ へとしだいに近づく。CCD IK ではこの一連の計算を何度か反復することにより，先端のジョイント $\boldsymbol{o}_{n+1}$ の位置が目標位置 $\boldsymbol{g}$ に十分近くなるまで移動させる。

CCD IK における関節角度の計算は，1 関節の IK と同じ手続きとなる。あるジョイント $\boldsymbol{o}_k$ の関節角度を計算するとき，より根本側にあるジョイントはすべて無視し，より先端側にあるジョイント $\boldsymbol{o}_{k+1}, \boldsymbol{o}_{k+2}, \cdots, \boldsymbol{o}_n$ はその相対角度を不変とする。そして，注目しているジョイント $\boldsymbol{o}_k$ を回転中心として，先端のジョイント $\boldsymbol{o}_{n+1}$ の位置をできるだけ目標位置 $\boldsymbol{g}$ に近づけるような 1 関節の IK の問題を解くことにより，ジョイント $\boldsymbol{o}_k$ の角度を変化させる。このとき，より先端側にあるジョイント $\boldsymbol{o}_{k+1}, \boldsymbol{o}_{k+2}, \cdots, \boldsymbol{o}_n$ によって接続された棒 $C_k, C_{k+1}, \cdots, C_n$ は，相対角度を維持したままジョイント $\boldsymbol{o}_k$ の角度変化に従ってその姿勢を変化させる。

つぎに，注目するジョイントを一つだけ根本に近いジョイント $\boldsymbol{o}_{k-1}$ に移し，同様にして 1 関節の IK の問題を解くことでジョイント $\boldsymbol{o}_{k-1}$ の角度を変化させる。このようにして注目するジョイントを根本のジョイント $\boldsymbol{o}_1$ まで一つずつ移動させ，それぞれのジョイントを回転中心として 1 関節の IK の問題を解くことで，先端のジョイント $\boldsymbol{o}_{n+1}$ の位置がしだいに目標位置 $\boldsymbol{g}$ に近づいていく。この一連の計算を行った後に先端のジョイント $\boldsymbol{o}_{n+1}$ の位置が目標位置 $\boldsymbol{g}$ に十分近づいていなければ，もう一度最も先端に近いジョイント $\boldsymbol{o}_n$ から一連の角度計算を適用する。一方で，もし目標位置 $\boldsymbol{g}$ に十分近づくか，角度計算の反復回数が一定の上限値に達した場合には，その時点でのジョイントの角度をそのまま結果の姿勢として利用し，計算の反復を打ち切る。

以上のような手続きによる CCD IK の計算は，関節構造が目標位置 $\boldsymbol{g}$ に到達できるような姿勢を持つ場合には収束が速く，また，実装が簡単であるという利点を持つ。その一方で，目標位置 $\boldsymbol{g}$ が遠くにあって到達できない場合などには反復計算をその上限まで繰り返すことになる。また，二つのジョイントに対して個別の目標位置 $\boldsymbol{g}_1$，$\boldsymbol{g}_2$ を与える拡張を行う場合には，$\boldsymbol{g}_1$ を目標位置とする姿勢計算と $\boldsymbol{g}_2$ を目標位置とする姿勢計算を交互に適用するような方法が考えられるが，解となる姿勢が一方向に収束するとは限らないため，手法の頑健性が失われてしまう。

このような問題点を踏まえ，反復計算による姿勢の計算を行うが，解となる姿勢への収束がより速く，分岐を持つ関節構造を取り扱うことができる **FABRIK** (Forward And Backward Reaching Inverse Kinematics)[80] アルゴリズムが提案され，広く利用されている。

5.1.7 パーティクル IK

パーティクル IK (particle IK) は，ジョイントで接続された身体構造に対して関節の目標位置を与えたとき，質量を持った点群（パーティクル）によってジョイントの位置を代表させ，この点と点の間の距離を一定に保つような拘束条件を課すことで，与えられた目標位置を満足するような身体関節構造の位置姿勢を計算する方法である[81]。

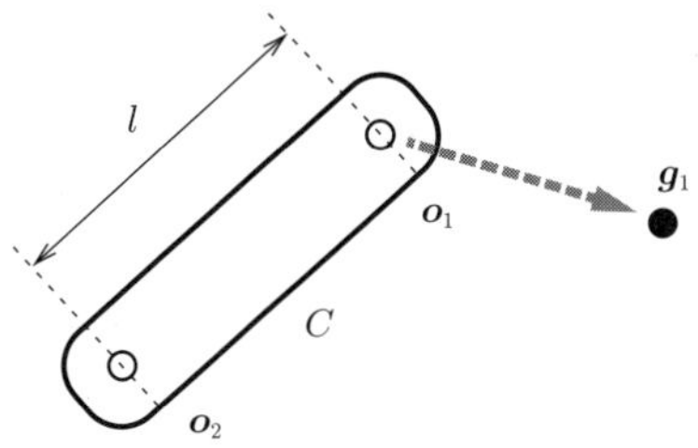

図 5.9 ジョイント $\boldsymbol{o}_1$ の目標位置 $\boldsymbol{g}_1$

最も簡単な例として，一本の棒 C の両端にジョイント $\boldsymbol{o}_1, \boldsymbol{o}_2$ があり，この棒は空間内を自由に移動・回転できるものとする。ジョイント $\boldsymbol{o}_1$ に目標位置 $\boldsymbol{g}_1$ を与えたときに，この目標位置を満足するような棒の位置姿勢を計算する問題を考える（図 **5.9**）。

パーティクルを用いた IK の方法では，棒のジョイント位置に質点 $\boldsymbol{x}_1, \boldsymbol{x}_2$ を配置し，これらの質点の位置によって棒の姿勢を代表させる。同じ棒の上に存在するジョイントを代表する質点については，棒が剛体であるという条件からその質点間の距離が一定であるという拘束条件 $\|\boldsymbol{x}_1 - \boldsymbol{x}_2\| = l$ が課せられている。

まず初めのステップとして，目標位置が与えられている質点を，その目標位置にまで直接移動させる。この例では，$\boldsymbol{x}_1$ の位置を直接 $\boldsymbol{g}_1$ へと移動させる。この移動によって質点の間の距離に関する拘束条件が破られるので，つぎのステップとして，それぞれの距離拘束について，拘束条件が満たされる位置に両端の質点を移動させる。質点を移動させる方向は，移動後の $\boldsymbol{x}_1$ から $\boldsymbol{x}_2$ へと向かうベクトル $\boldsymbol{d}$ の方向を利用する。

ベクトル $\boldsymbol{d}$ の長さを $\|\boldsymbol{d}\|$ で表すと，質点を移動させる方向を表す単位ベクトルは $\boldsymbol{n} = \boldsymbol{d}/\|\boldsymbol{d}\|$ となる。また，質点間の相対位置ベクトルは $\boldsymbol{d} = \boldsymbol{x}_2 - \boldsymbol{x}_1$ である。両方の質点を移動させて質点間の距離に関する拘束条件を満足させるには，その距離 $\|\boldsymbol{d}\|$ が l になる必要がある。このとき，それぞれの質点の移動量 $\Delta\boldsymbol{x}_1$ および $\Delta\boldsymbol{x}_2$ を式 (5.6)，(5.7) のように与える。

$$\Delta\boldsymbol{x}_1 = (\|\boldsymbol{d}\| - l)\alpha\boldsymbol{n} \tag{5.6}$$

$$\Delta\boldsymbol{x}_2 = -(\|\boldsymbol{d}\| - l)(1 - \alpha)\boldsymbol{n} \tag{5.7}$$

ただし α は，拘束条件を満足させるための距離調整において質点 $\boldsymbol{x}_1$ と $\boldsymbol{x}_2$ がどれぐらい位置に影響を受けるかを表す係数であり，$0 \leq \alpha \leq 1$ の範囲にある。

ここで，質点 $\boldsymbol{x}_1$ と $\boldsymbol{x}_2$ の動きにくさを表す量 m_1 および m_2 を導入する。この量 m が大きいほど質点は動きにくく，小さいほど動きやすいため，一種の慣性質量を表していると考えてよい。このとき，距離調整における係数 α は m の逆数（動きやすさ）によって

$$\alpha = \frac{m_1^{-1}}{m_1^{-1} + m_2^{-1}} \tag{5.8}$$

$$1 - \alpha = \frac{m_2^{-1}}{m_1^{-1} + m_2^{-1}} \tag{5.9}$$

と表せる。さらに，質点 $\boldsymbol{x}_1$ が空間上に固定されているような場合には，動きやすさが 0 になっていると考えて

$$m_1^{-1} = 0 \tag{5.10}$$

とし，前式にこれを代入して

$$\alpha = 0 \tag{5.11}$$

となる。

パーティクル IK をより一般化することにより，伸び縮みしない棒 $C_1, C_2, \cdots, C_n$ の上にジョイント $\boldsymbol{o}_1, \boldsymbol{o}_2, \cdots, \boldsymbol{o}_m$ が存在し，ジョイントで接続されたこれらの棒が，ジョイントを中心に自由に回転できるような関節構造に関する IK の問題を解くことができる。このとき，同一の棒の上に存在するジョイント $\boldsymbol{o}_{i_1}, \boldsymbol{o}_{i_2}$ については，棒が剛体であるという条件から，ジョイントに対応する質点間の距離が一定であるという拘束条件 $\|\boldsymbol{x}_{i_1} - \boldsymbol{x}_{i_2}\| = l_i$ を課す。この方法は関節の接続関係について特定の構造を仮定しないので，分岐を持つ関節構造や閉ループを持つ関節構造に関する IK の問題を解くことができる。

パーティクル IK によってジョイントの目標位置 $\boldsymbol{g}_k$ を満足させるような質点の位置を計算する手順は以下のようになる。

(1) すべての目標位置 k について，ジョイントの位置を直接 $\boldsymbol{g}_k$ に移動する。

(2) 距離拘束条件 l_i について，両端にある質点 $\boldsymbol{x}_{i_1}$ と $\boldsymbol{x}_{i_2}$ の組をその動きにくさ m_1, m_2 に応じて移動させる。この移動をすべての距離拘束条件について一組ずつ行う。

(3) すべての距離拘束条件 l_i について，拘束条件が十分に満たされているかどうか検査する。もし満たされていなければ，あらかじめ設定しておいた繰返し回数の範囲で手順 (2) を再度実行する。

このようにして，任意の関節構造を持つキャラクタについて，その目標位置を満足するようなジョイントの位置を計算できる。計算されたジョイントの位置から各節の姿勢を計算するためには，1 関節の IK の手法を利用する。

5.2 動力学の利用

IK のアルゴリズムを利用することにより，キャラクタが配置された環境に対応してその姿勢を幾何的に修正することができる。このような修正により，足先が地面にめり込んでしまわないように適当な高さにまで持ち上げたような脚部のポーズを計算したり，注目している物体に視線が向くような頭部・頸部のポーズを計算したりすることが可能になる。

このような方法に加えて，**動力学**（dynamics）の法則に基づいたアルゴリズムを用いて，環境から影響を受けたキャラクタの姿勢をよりダイナミックに変化させる方法が利用されている。こうした動力学の利用の典型的な例としては，キャラクタに対してボールなどの物体が投げつけられたときに，ボールがぶつかった作用によってキャラクタの姿勢が乱れるような効果を挙げることができる。

5.2.1 動力学シミュレーション手法の利用

動力学を利用してキャラクタの姿勢を変化させるためには，キャラクタの身体構造を構成する各部位をジョイントによって接続された剛体とみなし，ジョイントによって制約を受ける剛体の運動を動力学シミュレーションによって計算する手法を利用できる。このような手法は，特に**ラグドール**（ragdoll）と呼ばれる動的な姿勢生成において必要とされる。ラグドールによる姿勢の生成は，キャラクタが脱力して自らの身体を制御する能力を失った状態になり，受け身をとることができないまま地面に倒れるような動作を生成するために利用される。

ラグドールのような動力学的な運動シミュレーションを行うためには，キャラクタの身体構造に関する運動方程式を時間方向に積分することにより，各部位の位置姿勢の変化を計算する。このような計算を行うためには，身体構造の力学的なモデルを定義し，キャラクタが置かれた環境との位置関係などから**運動方程式**（equation of motion）を構成する必要がある。運動方程式はジョイントの位置姿勢を未知数とする多自由度の連立方程式となる。キャラクタの身体構造の定義からこういった運動方程式を導き，その運動を計算するためには，ソフトウェアコンポーネントとして設計された専用の演算ライブラリが利用されることも多い。

5.2.2 動力学シミュレーションのパラメータ

ラグドールを目的とした身体の動力学シミュレーションでは，キャラクタの各部位を剛体としてモデル化する。剛体とは，力が加えられたり位置姿勢が変化した場合にも，その形状がまったく変化しない物体である。剛体が 3 次元空間内でどのような位置姿勢にあるかという情報は，3 自由度の並進位置 $\boldsymbol{p} = \begin{bmatrix} p_x & p_y & p_z \end{bmatrix}^T$ と 3 自由度の回転角度 $\boldsymbol{r} = \begin{bmatrix} \theta & \phi & \lambda \end{bmatrix}^T$ によって表すことができる。アニメーションシステムにおける表現としては，回転の自由度に関してはクォータニオンを用いて表されることが多く，その場合には 4 次元のベクトル $\boldsymbol{q} = \begin{bmatrix} q_x & q_y & q_z & q_w \end{bmatrix}$ によって姿勢を表す。これらのパラメータをまとめることにより，ある剛体 i の位置姿勢は $\boldsymbol{y}_i = \begin{bmatrix} p_x & p_y & p_z & q_x & q_y & q_z & q_w \end{bmatrix}^T$ というベクトルとして表すことができる。

5.2.3 代表形状による身体形状表現

動力学シミュレーションにおけるキャラクタの身体の形状は，ジョイントの角度変化に従って頂点の位置が変化する多面体として表される。こうした身体の運動は，地面などの環境を表す形状やキャラクタ自身の形状に対する接触や衝突によって変化する。身体の形状は，このような接触や衝突が発生しているかどうかを検査して動力学シミュレーションに反映するために用いられる。したがって，その形状が複雑であるほど接触や衝突の発生を検知するための計算コストが高くなってしまうという問題がある。

リアルタイム CG のアプリケーションでは，詳細形状を表す多面体をキャラクタの体節ごとに別々の剛体形状とみなし，円柱の両端に半球を接続したような単純なカプセル形状によってこのような剛体形状を代表させることが多い（図 **5.10**）。このカプセル型の代表形状を利用した場合には，形状がたがいにめりこんでいるかどうかの検査をカプセルの軸となる線分の最短距離計算によって行えるので，詳細形状の衝突や接触を検出する計算コストを大幅に低減することができる。

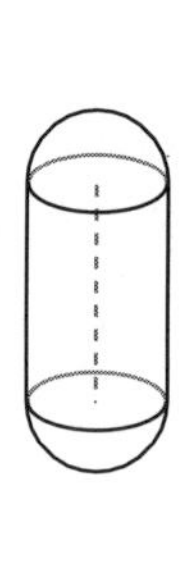

（a） 円柱の両端に半球を接続したカプセル形状

（b） キャラクタの詳細形状

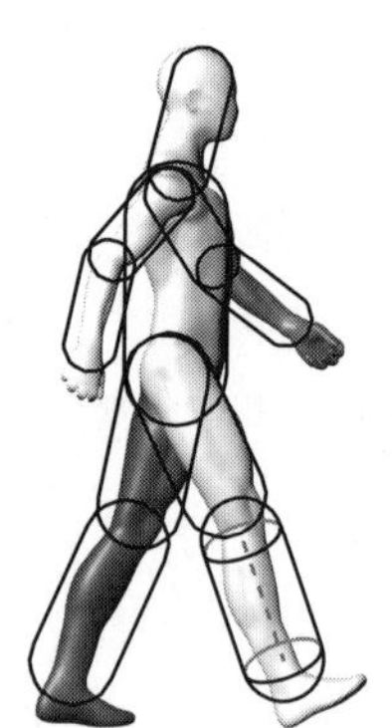

（c） カプセル形状で代表させた体節の形状

図 **5.10**　カプセル型の代表形状

5.2.4　体節に働く力と運動の変化の関係

キャラクタの体節を代表する剛体がたがいに接触や衝突の状態にあるときには，接触や衝突による力を受けて剛体の速度が変化する。また，剛体と剛体との間にあるジョイントも，剛体どうしを結びつける力によって剛体の運動を変化させる。運動方程式は，こうした力と運動の変化との関係を記述する式であり，解として得られる力から計算できる剛体の加速度と角加速度を時間積分することにより，剛体の運動を数値的にシミュレートすることができる[82)]。

最も簡単な運動方程式の例として，1 次元の線分上で動く点について考える。点の位置を x とすれば，その加速度は時間 t による位置の 2 階微分 $a = d^2x/dt^2$ である。このとき，点の加速度 a と点の質量 m を乗じると質点に加わる力 F に等しくなり，運動方程式は $F = ma = m(d^2x/dt^2)$ と書ける。

このような運動方程式をキャラクタの身体構造に拡張すると，ある剛体 i に働く力を $\boldsymbol{F}_1, \boldsymbol{F}_2, \cdots, \boldsymbol{F}_j$ のようにベクトルで表したとき，剛体 i の加速度は時間 t による位置姿勢 $\boldsymbol{y}_i$ の 2 階微分であり，行列 $\boldsymbol{M}_i$ およびベクトル $\boldsymbol{r}_{ij}$ によって

$$\boldsymbol{M}_i \frac{d^2\boldsymbol{y}_i}{dt^2} = \sum_j (\boldsymbol{r}_{ij} \times \boldsymbol{F}_j) \tag{5.12}$$

のように表すことができる。なお行列 $\boldsymbol{M}_i$ は剛体の質量と慣性モーメントによって決まる定数行列，ベクトル $\boldsymbol{r}_{ij}$ は剛体 i に力 j が加わる位置によって決まる定数ベクトルである。

剛体の運動シミュレーションを行うときには，剛体の位置姿勢 $\boldsymbol{y}_i$ および系に働く力 $\boldsymbol{F}_j$ を未知数として運動方程式を解く必要がある。このとき，剛体を接続しているジョイントや，剛体が衝突・接触している地面との位置関係により，これらの未知数 $\boldsymbol{y}_i$ および $\boldsymbol{F}_j$ が満たすべき拘束条件を導くことができる。

5.2.5　力と加速度に対する拘束条件

剛体におけるジョイントとは，剛体 A 上のある点 $\boldsymbol{p}_A$ の位置を別の剛体 B 上の点 $\boldsymbol{p}_B$ に常に一致させるような構造であると考えることができる。剛体の位置姿勢は時々刻々変化するため，これらの点 $\boldsymbol{p}_A, \boldsymbol{p}_B$ も空間内を移動しており，速度を持っている。このとき，点 $\boldsymbol{p}_A$ および点 $\boldsymbol{p}_B$ の移動する速度がたがいに異なっているとジョイントの位置がずれてしまう。したがって，これらの点の速度 $d\boldsymbol{p}_A/dt$ および $d\boldsymbol{p}_B/dt$ はつねに一致していなければならない。同様に，これらの点の加速度についてもつねに一致している必要があり，けっきょく

$$\frac{d^2\boldsymbol{p}_A}{dt^2} - \frac{d^2\boldsymbol{p}_B}{dt^2} = 0 \tag{5.13}$$

を満足させなければならない。

また，剛体と別の剛体とが接触しているときには，接触している点において たがいに押し返すような力が働き，それ以上めり込んでしまうのを防いでいると考えられる。ジョイントの場合と同様に，剛体 A 上のある点 $\boldsymbol{p}_A$ が別の剛体 B 上の点 $\boldsymbol{p}_B$ と接触している状況を考える。接触している点の相対位置は $\boldsymbol{p}_A - \boldsymbol{p}_B = \boldsymbol{d}_j$ と定義でき，2 点の位置が一致していることから相対位置は $\boldsymbol{d}_j = \boldsymbol{0}$ を満足する。このとき，押し返す力が働く方向を $\boldsymbol{n}$ とすれば，$\boldsymbol{n}$ の方向に関する点 $\boldsymbol{p}_A$ と点 $\boldsymbol{p}_B$ との相対距離 d_j について

$$\boldsymbol{n} \cdot (\boldsymbol{p}_A - \boldsymbol{p}_B) = d_j \tag{5.14}$$

と書くことができ，このとき条件 $d_j = 0$ が満足される。

この式について，時間 t によって両辺を 2 階微分すると

$$\boldsymbol{n} \cdot \left(\frac{d^2}{dt^2}\boldsymbol{p}_A - \frac{d^2}{dt^2}\boldsymbol{p}_B \right) + 2\frac{d}{dt}\boldsymbol{n} \cdot \left(\frac{d}{dt}\boldsymbol{p}_A - \frac{d}{dt}\boldsymbol{p}_B \right) = \frac{d^2}{dt^2}d_j \tag{5.15}$$

となる。接触が維持されるときは相対距離の加速度 $(d^2/dt^2)d_j = 0$ であり，接触が解除されて物体が離れていくとき，相対距離の加速度 $(d^2/dt^2)d_j > 0$ である。

以上の例からわかるように，剛体の加速度 $d^2\boldsymbol{y}_i/dt^2$ は剛体に働く力 $\boldsymbol{F}_j$ の関数として書くことができる。また，ジョイントの接続点や剛体の接触点における相対的加速度 $(d^2/dt^2)d_j$ も，剛体の加速度によって表すことができる。これらの関係式から剛体の加速度を消去することにより，剛体に働く力と相対加速度に関する連立方程式

$$\begin{bmatrix} \dfrac{d^2}{dt^2}d_1 \\ \dfrac{d^2}{dt^2}d_2 \\ \vdots \\ \dfrac{d^2}{dt^2}d_j \end{bmatrix} = \boldsymbol{A} \begin{bmatrix} F_1 \\ F_2 \\ \vdots \\ F_j \end{bmatrix} + \boldsymbol{b} \tag{5.16}$$

が導かれる。定数行列 $\boldsymbol{A}$ と定数ベクトル $\boldsymbol{b}$ は剛体の質量と慣性モーメント，剛

体に力が加わる位置によって決まる。この式を，$(d^2/dt^2)d_j = 0$（j がジョイントのとき）または $F_j(d^2/dt^2)d_j \geq 0$（j が接触点のとき）なる条件下で解くことにより，キャラクタの身体構造をモデル化した剛体に働く力 $\boldsymbol{F}_j$ を計算し，その運動の時間方向の変化を知ることができる。

5.2.6 動力学シミュレーションにおける摩擦とダンピング

剛体がたがいに接触した状態を維持している場合，たがいに押し返す力に加え，物体どうしが接触点で滑る運動を抑制するように**摩擦力**（frictional force）が働く場合がある。クーロンの摩擦モデルを利用すれば，摩擦力の大きさは剛体をたがいに垂直に押し返す力（接触力）に比例し，その比例係数は**静止摩擦係数**（static friction coefficient）または**動摩擦係数**（dynamic friction coefficient）として定義される。静止摩擦係数は接触点で物体が滑っていない場合に働く係数，動摩擦係数は物体が滑っている場合に働く係数であり，一般に静止摩擦係数のほうが動摩擦係数よりも大きい。剛体の質量や慣性モーメントに加えてこのような摩擦係数を考慮することにより，キャラクタが地面の上を滑ったときにしだいに速度が 0 に近づくような現象を再現することができる。

また，剛体がたがいに近づいた結果として衝突が起こったとき，衝突した前後で速度がどのように変化するかをモデル化したパラメータが**反発係数**（はねかえり係数，coefficient of restitution）である。この反発係数が 1 のときには**弾性衝突**（elastic collision）が起こり，衝突前の剛体の運動エネルギーは完全に保存される。そして，衝突後の衝突点での相対速度は衝突前の相対速度の符号を反転した値となる。また，反発係数が 0 のときには**完全非弾性衝突**（completely inelastic collision）となり，衝突後の相対速度が一致する。キャラクタの身体をモデル化した剛体や環境に対してこうした反発係数の値を適切に設定しておくことにより，衝突が起こったときの物体の材質による速度変化の違いを表現することができる。

リアルタイム CG アプリケーションでは，動力学的な数値シミュレーションの発散を防ぎ，安定した解を得るための人為的な工夫が必要になる場合が多い。その例としては，運動の速度に比例して働く**空気抵抗**（air resistance，ダンピングともいう）の比例係数を現実の空気抵抗よりも大きくし，運動の速度や角速度がより速く0に収束するような設定を行う工夫がある。また，接触点での滑りにおける摩擦係数やジョイントにおける回転摩擦の係数をより大きく設定したり，衝突における反発係数をより小さい値に設定して跳ね返り運動を意図的に抑制する工夫も行われる。このような人工的な設定値は現実のキャラクタの持つ物理的な特性とは異なる運動を生成するが，動力学的計算の結果の安定性を得るためのトレードオフとしてしばしば採用される。

5.2.7　パーティクル IK によるラグドールシミュレーション

質量や摩擦のようなキャラクタの物理的な特性を反映したラグドールの効果を得るために，パーティクル IK を応用することができる。この方法では，各ジョイント位置を代表する質点の重さによってキャラクタの各部位の質量を代表させ，慣性モーメントを陽に表現しない。同一の節上にある二つの質点に対しては質点間の距離に拘束条件を課すことで，節が伸び縮みするのを防ぐ。

このような手法は，パーティクル IK を動力学シミュレーションのために拡張したものと捉えることができ，以下のような手順に従って計算を行う。

(1)　質点に働く外力を計算する。

(2)　計算した外力と質点の現在位置に基づいて，時間刻みの分だけ時間を進めたときの質点位置を計算する。

(3)　質点に課せられる位置や距離に関する拘束条件に基づいて，質点の位置を調節する。

まずはじめに，キャラクタの身体構造をモデル化した各質点 i に働く外力 $\boldsymbol{f}_i$ を計算する。このような外力の代表的な例としては，重力を挙げることができる。重力は質点の重さに比例した大きさで，鉛直下方向に働く力である。また，環境中で吹いている風から受ける力や，キャラクタにぶつかった物体から与えられる衝撃力などもこれに含まれる。なお，キャラクタの体節が伸縮するのを防ぐためには質点間の距離を一定に保つ必要があるが，このような距離拘束は外力とは別に扱う。

つぎに，与えられた時間刻み Δt だけ系の時間を進め，質点の位置を更新する。典型的な方法では，質点はその位置 $\boldsymbol{x}_i$ および速度 $\boldsymbol{v}_i$ を運動状態を表す量として保持している。そして，時間を進めたときの位置 $\boldsymbol{x}'_i$ および速度 $\boldsymbol{v}'_i$ は，陽的オイラー法を用いて，式 (5.17)，(5.18) のように計算することができる。

$$\boldsymbol{x}'_i = \boldsymbol{x}_i + \Delta t \boldsymbol{v}_i \tag{5.17}$$

$$\boldsymbol{v}'_i = \boldsymbol{v}_i + \Delta t \frac{\boldsymbol{f}_i}{m_i} \tag{5.18}$$

ただし，m_i は質点 i の質量であり，質点に加わる外力 $\boldsymbol{f}_i$ から加速度を計算するために用いられる。

陽的オイラー法を用いて質点の状態を更新する代わりに，陰的時間積分法の一つであるベルレ積分を用いることで，より結果の安定性を高めることができる。ベルレ積分によって質点の状態を更新する場合には，質点の速度 $\boldsymbol{v}_i$ の代わりに，前回位置を更新する前の質点の位置 $\boldsymbol{x}^*_i$ として記憶しておく。そして，式 (5.19)，(5.20) を用いて時間を進めたときの位置 $\boldsymbol{x}'_i$ を計算する。

$$\boldsymbol{x}'_i = 2\boldsymbol{x}_i - \boldsymbol{x}^*_i + \Delta t^2 \frac{\boldsymbol{f}_i}{m} \tag{5.19}$$

$$\boldsymbol{x}^*_i = \boldsymbol{x}_i \tag{5.20}$$

最後に，質点に働く幾何的な拘束条件を満足させる。キャラクタの体節を代表するような質点間の距離を一定に保つ拘束を課すためには，質点の位置を目標位置にまで直接移動させる。同様にして，キャラクタの体節が環境内に配置された障害物や地面にめり込まないような拘束条件を満足させる場合には，対象となる平面の法線方向に沿ってちょうどめり込まない場所まで質点を移動させる（図 **5.11**）。このような質点の移動は，すべての拘束条件が十分に満足されるような状態になるか，あらかじめ設定しておいた繰り返し回数に達するまで繰り返す。

以上のような一連の手続きにより，身体の構造を質点によって代表させたキャラクタについて，外力の影響を受けて運動したときのジョイントの位置を計算

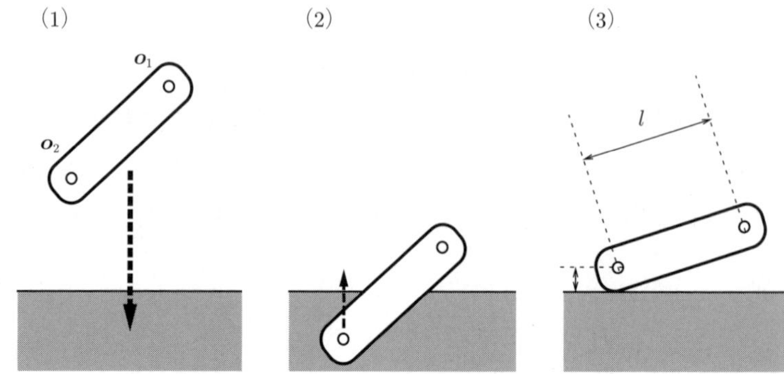

(1) ある体節が地面に向かって落下する。
(2) めり込んだ質点を地面の法線方向に移動させる。
(3) 地面との距離拘束・質点間の距離拘束を満足させる。

図 5.11　質点に働く幾何的な拘束条件の満足

できる。これらのジョイント位置から各節の位置と姿勢の変化を計算するためには，1 関節の IK の手法を利用する。

5.2.8　PD 制御による動きの重畳

動力学シミュレーションによるラグドールを利用してキャラクタの位置姿勢を変化させた場合，シミュレーションの開始時にはアニメーションクリップから生成されたキャラクタの姿勢を初期値として利用する。その後，運動方程式に基づいて剛体の位置姿勢を更新することで，キャラクタを構成する各部位の位置を変化させる。このようなシミュレーションでは，物体の持つ慣性や接触・衝突による力を考慮したリアリスティックな動きを生成できる。その一方で，キャラクタをアニメーションクリップに定義された姿勢へと復帰させるときには，動力学シミュレーションの結果とアニメーションクリップとをブレンドし，アニメーションクリップのブレンド比率を徐々に増加させるトランジション処理を行う必要がある。

姿勢のトランジション処理は，二つの姿勢の関節角度を重み付き線形和によって補間することによって行われる。したがって，トランジション中はつねに同一の幾何的な補間アルゴリズムによってキャラクタのアニメーションが生成されることになり，トランジション前に動力学的なシミュレーション手法が生成していたような質量や慣性を考慮した動的なアニメーションとは動きの性質が大きく変化してしまう。

このような動きの性質の不自然さを緩和する方法として，アニメーションクリップに対して動力学による動きの変化を重ね合わせる手法が利用される[83),84)]。キャラクタの姿勢が静的なアニメーションクリップから生成されるとき，時々刻々変化するジョイントの角度 θ から，ジョイントの持つ角速度 Ω を計算することができる。動きの変化を重ね合わせる手法では，これらの角度および角速度を目標値とし，実際のジョイントの角度と角速度が目標値にできるだけ近くなるように動的に追従させ，その結果をキャラクタの姿勢として利用する。このような手法は，キャラクタに対して衝突や接触による外的な力が加わってジョイントの角度・角速度が変化したときに，もとの姿勢に復帰する動力学的プロセスを近似したものと捉えることができる。

ジョイントの姿勢を追従させるためには，フィードバック制御を応用した方法によってジョイントを駆動する力 τ を計算することで，接触や衝突といった外乱による動的な変化に対応する。力 τ は比例微分制御あるいは PD 制御と呼ばれる手法によって計算され，ジョイントの目標角度 θ および目標角速度 Ω が与えられたとき，ジョイントの現在角度 θ_a および現在角速度 Ω_a によって式 (5.21) のように定義される。

$$\tau = k_p(\theta - \theta_a) + k_d(\Omega - \Omega_a) \tag{5.21}$$

ただし，k_p および k_d は追従を制御するための比例定数である。ここで計算した力をジョイントに与えて動力学シミュレーションを行うことにより，アニメーションクリップに追従するようなジョイントの姿勢を生成することができる。

定数 k_p および k_d は，それぞれ目標角度に対する偏差と目標角速度に対する偏差を解消するために用いられる。k_p は位置の偏差に対する比例係数なので，物理的な要素としてはバネとして働く。また，k_d は速度の偏差に対する比例係数であり，粘性抵抗として働く。したがって，バネに相当する定数 k_p が大きいほどより速く目標角度に近づくことができる。一方で，バネ要素の定数 k_p に比べて粘性抵抗 k_d が小さすぎる場合，制御された値が目標値角度をいったん通り過ぎ（オーバーシュート），その後に目標角度へと収束するような**不足制動**（underdamped）の状態となってしまう。アニメーションの表現としてオーバーシュートが必要な場合も考えられるが，オーバーシュートを起こさずに最も速く目標角度に近づけるためには，k_p と k_d の間に

$$k_d = 2\sqrt{k_p m} \tag{5.22}$$

なる関係が必要である。これを**臨界減衰**（critically damped）と呼ぶ。ただし，m は力 τ によって駆動される部位の質量であり，$\tau = m(d/dt)\Omega$ である。

また，k_p と k_d の間に

$$k_d = \sqrt{2}\sqrt{k_p m} \tag{5.23}$$

なる関係があるときは，オーバーシュートが起こるものの，その振幅が目標値の 5％以内に収束する時間（整定時間）が最も短くなるため，応答よくジョイントを追従させるための比例定数を決定する基準値としてよく利用される。

5.3　環境形状の検査

IK の手法や動力学シミュレーションを利用してキャラクタの姿勢を補正するとき，キャラクタと環境との相互作用が起こる位置を正確に知る必要がある。その例として足先が地面にめりこまないように脚の姿勢を補正する場合を考えれば，地面と足先がちょうど接するような点を検出しなければならない。

このような環境に対する位置の検出を行うためには，あらかじめ足や手などを置くことができるような形状だけを環境内でマークアップしておく方法がある。リアルタイム CG アプリケーションの実行時には，キャラクタの近傍にあるこういった形状を検出し，手足に近い位置にあるものを姿勢補正の対象として選び出す。このような手法は，建物の張り出した部分に両手でぶら下がった

り，突き出した棒の上に飛び乗るといった詳細な位置の制御が必要なアプリケーションで必要となる。形状のマークアップはアプリケーションの要件に従って手動で指定作業を行う必要があるが，形状の特徴を検出することによってある程度の自動化も可能である。また，このようにして作成したマークアップ情報は環境そのものの形状情報とは別のデータとして保存しておき，近傍形状の検出を行うときに参照する。

5.3.1 線分との交差判定

環境に対する位置の検出を行うもう一つの方法として，形状どうしが幾何的に交差しているか否かを検出する手法が利用できる。この手法の代表的な利用法は，足先の一点から上下に伸びる線分を考えて，線分が地面とちょうど交差する点 r の位置とその点での地面の傾きを検出し（図 **5.12**(a)），脚の姿勢補正における足先の目標位置とする（図 (b)）といったものである。このように，地面のようななんらかの形状に対して線分との交差点を検出する手続きを**レイキャスト**（ray casting）と呼ぶ。このとき，地面の形状は多数の三角形の集合として定義され，足先の点を通る線分（レイ）とこれらの三角形群との交差の有無が検査される。

レイキャストに要する計算量は，交差を検査する線分が長いほど大きくなる。

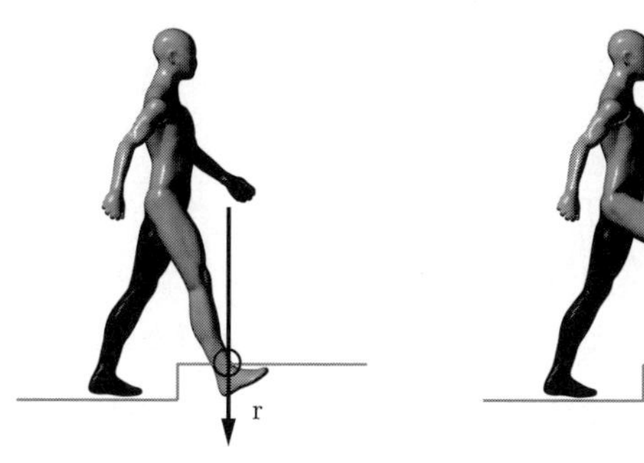

（a） レイキャストによる点 r の検出　　（b） 脚の姿勢補正

図 **5.12** レイキャストを用いた脚の姿勢補正

また，交差する点をどの程度まで列挙するかによっても計算量が変化する。最も計算量が大きくなる方法は，三角形群の中から与えられた線分と交差する三角形をすべて列挙する場合である。つぎに，線分の開始点から最も近くで交差する三角形を一つ選び出す場合には計算量はより小さくなり，線分といずれか一つの三角形とが交差するかどうかだけを検出すればよい場合には計算量が最も小さくて済む。ゲームプログラム中で交差の検査を実施する場合には，必要に応じてこれらの異なる列挙方法を適切に使い分ける必要がある。

5.3.2　複雑な形状との交差判定

レイキャストでは，三角形群に対する交差の有無を検査する対象の形状として線分が用いられている。より複雑な形状として，直方体や球体といった基礎的形状を交差判定の対象として用いることができる。さらに，三角形群そのものを対象とした交差判定も可能だが，判定に必要となる計算量は大きくなる。

三角形群を交差判定の対象とする場合，その形状が閉じていて凸である場合には，効率のよい交差検出アルゴリズムが利用できる。そのため，三角形群に穴が空いていたり，へこんでいる部分を含む多面体である場合には，三角形群を凸形状で覆うような形状（凸包）で近似する方法や，複数の凸形状に分解して取り扱う方法が利用される[85)]。

5.3.3　移動する形状との交差判定

形状が移動する速度が大きい場合，離散的に変化する形状の位置に基づいてフレームごとの交差判定を行うと，フレームとフレームとの合間で薄い形状と交差する現象を検出できない場合がある（**図 5.13**）。このようなすり抜け現象を防ぐために，ある形状がどれだけ移動すれば三角形群と交差するかを検出する**連続的交差検出**（Continuous Collision Detection, CCD）が用いられる。

連続的交差検出では，形状の移動開始位置と移動終了位置によって交差判定における形状の移動範囲を指定する。移動範囲で掃引した形状が三角形群と交差するときには，移動開始点に最も近くで交差する物体の位置が計算される

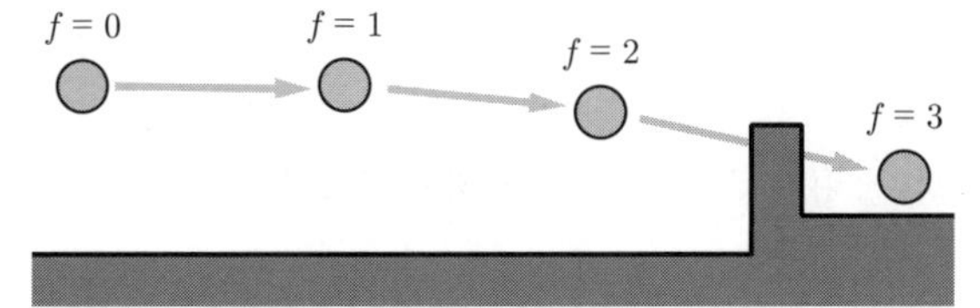

図 **5.13** フレームごとの交差判定に起因するすり抜け

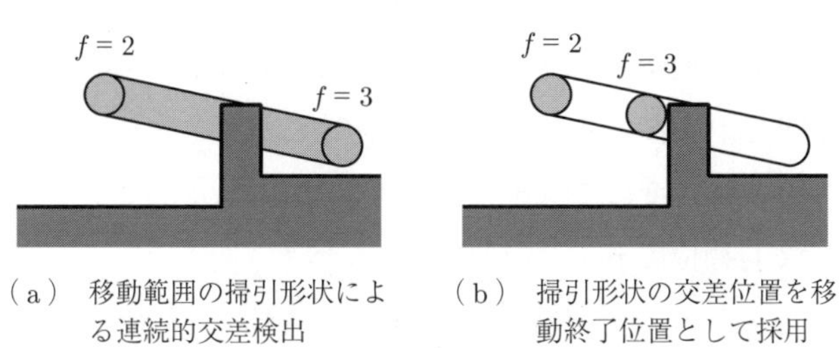

（a） 移動範囲の掃引形状による連続的交差検出　（b） 掃引形状の交差位置を移動終了位置として採用

図 **5.14** 連続的交差検出

(図 **5.14**)。このとき，形状が複雑であるほど連続的交差検出に必要となる計算量は多くなる。また，静止した線分に対する交差検出であるレイキャストは，移動する点に対する連続的交差検出と考えることもできる。

5.3.4 地形の凹凸に沿った移動

連続的交差検出手法の代表的な活用例としては，地面に沿ってキャラクタを移動させる処理を挙げることができる。この処理は，キャラクタが立っている地面が凹凸や傾きを持っている場合に，水平方向の移動につれて変化する地面の高さに応じてキャラクタの鉛直方向の位置を調節する。また，移動方向にある地面の段差がある閾値よりも大きくなっている場合には，キャラクタに段差を登らせず，段差の手前の地点に留めておく。

このような機能を実装する簡単なアルゴリズムの一つとして，キャラクタの身体を一本の円柱形状によって代表させる手法が用いられる。この円柱形状と地形との交差を検査することにより，移動による高さの変化の計算や，移動の可否の判定を行う。また，要求される移動機能によっては，円柱形状の下端に半球や円錐を接続したような，円柱の下端がすぼまった形状を利用することもある。

このような形状を用いてキャラクタを移動させる手続きは，以下のように書くことができる。

(1) あるフレーム n でキャラクタが立っている位置 $\boldsymbol{p}_n$ に，円柱形状を配置する。このとき，円柱形状の軸が鉛直方向と並行になるように配置し，その底面を地表面から距離 s だけ浮かせる。この距離 s は，キャラクタが乗り越えられる段差の最大高さを決定するパラメータとなる。

(2) キャラクタの速度に基づき，つぎのフレーム $n+1$ でキャラクタの移動先とする目標位置 $\boldsymbol{p}_{n+1}$ を決定する。

(3) 現在位置 $\boldsymbol{p}_n$ から目標位置 $\boldsymbol{p}_{n+1}$ まで円柱形状を移動させたときの連続的交差検出を実行する。

(4) もし形状の交差が存在しない場合には，円柱形状を目標位置 $\boldsymbol{p}_{n+1}$ まで移動させる（図 **5.15**(a)）。交差が存在するときには，ちょうど交差が発生する位置 $\boldsymbol{p}'_{n+1}$ まで移動させる（図 (b)）。

(5) 移動先の位置で円柱形状を鉛直下方向に移動させたときの連続的交差検出を実行して移動先におけるキャラクタの鉛直方向の位置 h を決定し，フレーム $n+1$ でのキャラクタの位置とする。

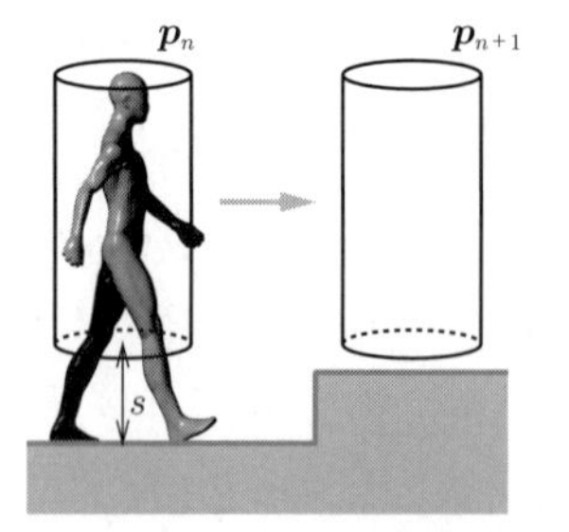

（a） s よりも低い段差は乗り越えられる

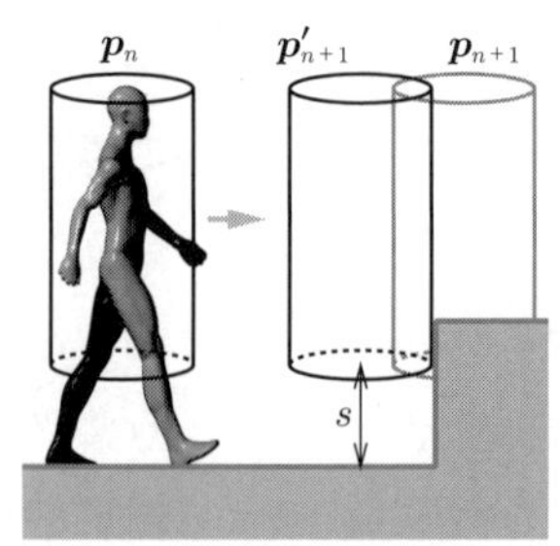

（b） s よりも高い段差は乗り越えられない

図 **5.15**　円柱形状を用いたキャラクタの移動

5.3.5 交差判定のための代表形状

交差の検査対象となる三角形群は，キャラクタが配置される地形や建物の形状を代表している。こういった代表形状は，画面上でのレンダリングに使用される詳細な形状を簡略化することによって作成することができ，簡略化のための専用アルゴリズムを実装した形状処理ソフトウェアを利用して生成されることが多い。ただし，もとになる詳細形状と大きく異なった不適当な形状が生成されることがあるため，自動生成された簡略化形状を手作業で修正する作業や，詳細形状に対応する代表形状を独立して制作する作業が必要となる場合がある。

5.3.6 交差判定の効率化

代表形状を構成する三角形群は，アプリケーションの取り扱う空間全体に渡る広い範囲に分布するので，多数の三角形を含む形状に関して効率よく交差を検出するためのデータ構造やアルゴリズムが研究されている[86)]。動力学的なシミュレーションを行うソフトウェアコンポーネントはこのような交差検出を行う機能を備えているため，リアルタイム CG アプリケーションの交差判定のためにも利用される。

交差検出アルゴリズムでは，三角形群に対して位置による並び替えや階層化などの幾何的な前処理を行うことにより，効率のよい交差計算を実現するための付加的データを生成することが多い。そのため，いったん前処理を実行した三角形群は，個々の頂点位置を独立して移動させることはできない。ただし，ひとまとまりの物体を表す三角形群を一つのグループとして前処理を施しておけば，グループ単位で交差検出における物体の位置姿勢を変化させることができる。また，環境内に同一形状が多数配置されている場合にも，一つの形状を前処理によって生成した付加データをすべての形状で共有し，より少ない記憶容量で交差検出を実行することができる。

また，地表面の形状を表す三角形群のうち，庇（ひさし）や洞窟による鉛直方向の重なりがないなだらかな形状には，ある水平面内の座標値を決めればその位置での高さが一通りに決まるという特徴がある。このような地表面形状を少ない記憶容量で表現し，効率よく交差判定を行うために，等間隔の格子点に対してそれぞれの位置での高さを定義した専用の形状表現形式が利用されている。このような表現形式は**ハイトフィールド**（heightfield）または**ハイトマップ**（heightmap）と呼ばれる。

5.3.7　交差判定の集約

リアルタイム CG アプリケーションでは，広大な環境内に散在するキャラクタのうち，画面に表示する必要があるものだけをアニメーション処理の対象にするような処理量の削減が行われる。このようなキャラクタが環境形状に対するレイキャストを実行した場合，アニメーション処理の対象となるキャラクタが環境の一部に偏在していることから，交差検出も環境全体を構成する三角形群のごく一部だけを対象として行われることになる。

こういった交差検出は，個々のキャラクタごとに独立したタイミングで実行することもできる。しかし，処理対象のキャラクタで必要となったすべての交差検出の条件をいったん保存しておき，その後，保存しておいた交差検出を 1 フレームに一度だけまとめて実行することにより，環境を代表する形状の記憶領域へのアクセスが時間的に集約され，効率のよい交差検出処理が可能になる。また，前後するフレームでは交差検出を行う位置は大きく移動しないことが多いため，前フレームの交差検出結果を交差位置の手がかりとして利用することで，交差検出処理の効率をより高めることができる。ただし，このように交差判定の実行タイミングを集約した場合には，アニメーション処理で使用できる交差判定の結果は，一つ前のフレームにおけるキャラクタの位置姿勢に基づいて計算された情報である。そのため，より厳密な姿勢の処理が必要な場合には，前後するフレームにおけるキャラクタの位置姿勢の変化に基づいて交差判定の結果を補正する必要がある。

6　連携と疎通

アニメーションシステムが生成するキャラクタの動きに応じて，関連するシステムにおいて特定の処理の実行が必要になる場合がある。典型的な例としては，歩行状態にあるキャラクタの足が地面に接触した瞬間に足音を発生させるような処理である。こういった処理を実現するためには，足音が必要なタイミングで効果音を司るシステムに指示を出す仕組みがアニメーションシステムに備わっている必要がある。また，アニメーションシステムが動きの生成を行う際には，キャラクタの動作として実現したい移動の速さや方向の目標値を，外部のシステムから与えられるパラメータとして受け取らなければならない。本章では，アニメーションシステムと外部のシステムがたがいに情報をやりとりするために利用される仕組みについて説明する。さらに，このような仕組みをアニメーションシステム自身の制御のために利用し，より多様なキャラクタの動作を生成するために応用した例についても述べる。

6.1　アニメーションシステムの外部連携

ゲーム中でキャラクタが運動しているとき，足を地面につけた瞬間には足音が鳴り，足が着地した位置の地面からは土煙が立ちのぼるような演出がよく行われる。こうした演出効果を実現するためには，効果音を処理するシステムと視覚効果（visual effect, VFX）を生成するシステムに対し，アニメーションシステムが適切なタイミングで指示を出せばよい。

こうした指示出しを実行するために，アニメーションシステム内部での事象に同期して，別のシステムでの計算処理を実行させる外部連携機構が利用される。この機構は，キャラクタのアニメーションが特定の時点に達した瞬間に，これをアニメーションシステムの外部に伝達することで実現されている。

伝達システムの呼称は，イベントシステム（event system），トリガーシステム（trigger system），メッセージシステム（message system），通知システム（notification system）などのさまざまな名前がある。本章ではこのような伝達システムを**通知システム**（notification system），伝達される情報を**通知データ**（notification data）と呼ぶことにする。通知データはアニメーションクリップの一部として付加される。

6.1.1　外部システムとの連携メカニズム

アニメーションシステムと外部のシステムとの連携を考える例として，人型のキャラクタが歩行運動の状態にある場合を考える。このキャラクタは，歩行運動をしばらく続けた後に駆け足運動に遷移し，最後に一度大きくジャンプするような一連の動作を行うものとする。

この例のような一連のアニメーションを生成するためには，静的なアニメーションクリップとして，(A) 歩行のクリップ，(B) 駆け足のクリップ，(C) ジャンプのクリップの 3 種類のデータを準備しておき，アニメーション生成実行時にはクリップ (A)，(B)，(C) の順番でアニメーションクリップを再生する（図 **6.1**）。

それぞれのアニメーションクリップには，足が地面についた瞬間が通知デー

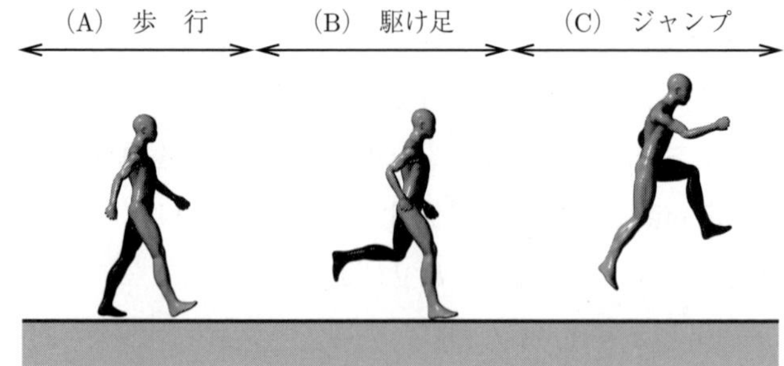

図 6.1　アニメーションクリップ (A)，(B)，(C) を組み合わせて一連の運動を生成

タとして付加される。アニメーションクリップの再生が進行し，通知が定義されている瞬間にまで至ると，通知のメカニズムによって効果音システムやVFXシステムに通知データが伝達される。

アニメーションクリップの通知データは，アニメーションクリップ上のタイミングを表す時間情報と，これを処理する外部システムのための特徴情報の2種類の情報から構成されている。特徴情報には外部システムを制御するためのパラメータを格納しておくことができる（図 **6.2**）。

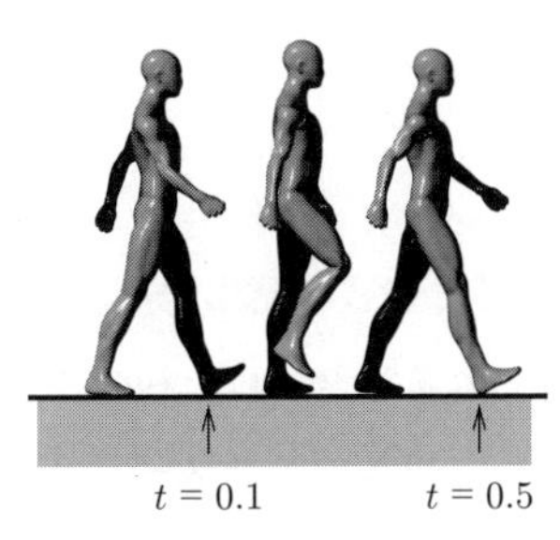

（a） 歩行のアニメーションクリップ

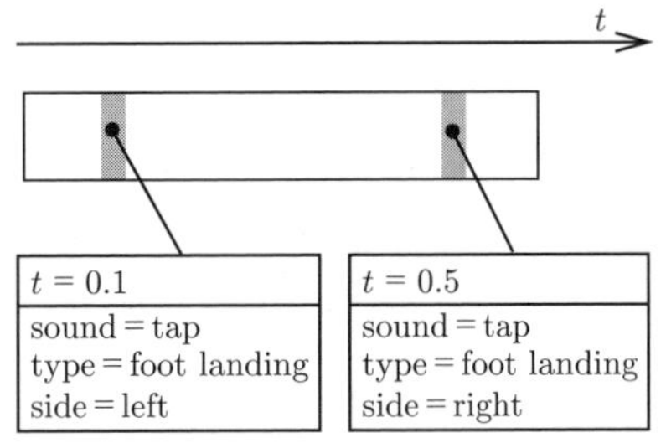

（b） アニメーションクリップの通知データ

図 6.2 歩行動作中に足が地面につく瞬間に時間情報と特徴情報を付加

その例として，効果音システムに対する通知データを考えれば，足音を表す音の波形データや，音の識別名がこのような特徴情報に相当する。また，どのような音を鳴らすかについては外部のシステムによる解釈に任せ，着地における運動の勢いを特徴情報として与えておけば，着地する地面の硬さや材質を併せて考慮することで再生する音の種類や土煙の大きさを変化させるような動的な処理が実現できる。

6.1.2 通知のコールバックとキュー

アニメーションシステムで発生した通知を外部のシステムに伝達してこれを処理させる方式には2通りの方式が考えられる。一つはコールバック処理による方式であり，もう一つはキューを用いる方式である。コールバック処理を用いる場合，通知は発生した瞬間に外部のシステムに伝達され，通知に呼応する処理が即時に実行される。

一方で，キューを用いる方式では，発生した通知はいったんアニメーションシステム内のバッファに蓄えられる。そして，あるキャラクタに関してアニメーションシステムによる姿勢の更新がすべて終了してから，蓄えられた通知をその種類や優先度などによって整理統合する。その後，アニメーションと連携する外部のシステムは，整理された通知をバッファから読み取ることで，さまざまな種類の通知に呼応する処理を順次実行する。

6.1.3 通知の優先度

通知はアニメーションクリップが再生されることによって発生する。また，アニメーションのブレンドやトランジションが行われる場合には，複数のアニメーションクリップが同時に再生される。そのため，複数のアニメーションクリップから同じ種類の通知がまったく同時に発生し，なおかつ通知の持つデータがたがいに異なるという状況が発生する可能性がある（図 **6.3**）。

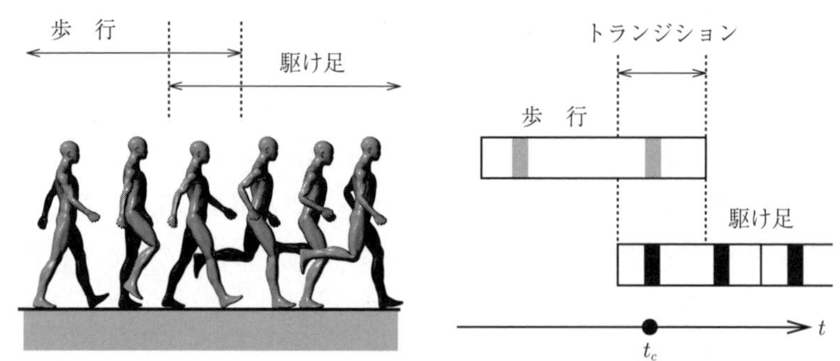

図 6.3　歩行から駆け足へのトランジションにおいて複数の異なる通知がまったく同時に発生する瞬間 t_c

このような問題を一番簡単に解決する方法は，各通知が持つ通知データの一部として**通知の優先度**（notification priority）を定義し，同時に発生した同じ種類の通知は優先度が一番高いものだけを処理するというものになる。また，特定の種類のアニメーション通知に対しては，その瞬間にアニメーションブレンド処理の重み付けが最も大きいクリップを代表として扱い，この代表クリップから発せられた通知のみを外部システムでの処理の対象とするといった工夫が行われる。

コールバック処理を用いて通知の優先度を処理する場合，外部システムではアニメーションシステムの一連の処理が終了するタイミングを待ち，その間に伝達された通知のうち最も優先度が高いものに対応する処理を実行する。このような処理を実現するためには，外部システムには受信した通知のうち最も優先度が高いものだけを保持しておくためのバッファを持たせておく必要がある。

キューを用いて通知の優先度に対応する処理を実装する場合には，外部システムはいったんキューに蓄えられた通知を走査し，最も優先度が高い通知に対応する処理だけを実行すればよい。また，発行されたすべての通知はキュー内に保存されているため，通知をその優先度の順番に並び替えて優先度が高い順番に実行したり，複数の通知が持つ通知データを一つに合成し，合成後の値に対応する処理を実行するといった柔軟な処理を実装することが可能になる。

6.1.4　通知データの作成と記録

アニメーションシステムで使用されるアニメーションクリップは，キャラクタの関節角度が時間的に変化する様子を時系列データとして格納したものである。また，キャラクタの全身の姿勢はこれを構成する複数の関節の角度によって表される。したがって，アニメーションクリップは時系列データを格納するチャンネルを全関節の運動自由度の数だけ保持するデータ構造を持つ。通知データはアニメーションクリップの一部として格納されるが，関節角度の時系列データとは異なる特殊なチャンネルとして記録される。

通知データを記録するチャンネルには，通知が発生した瞬間に通知の特徴情報が配置される。このような通知データの時間情報の調整や特徴情報の設定に関わる作業には専用のソフトウェアが用いられる。また，通知データ設定の実作業は，主としてアニメーションの編集作業者（アニメータ）によって担われる。ただし，足の着地のようにキャラクタの身体と外部環境との位置関係によって決定できる時間情報については，タイミングを半自動的に検出することができる。このようなタイミングを検出するアルゴリズムを専用ソフトウェア上に実装することにより，アニメータに対して時間情報の候補となる点を提示し，アニメータの作業を支援することができる。

6.1.5 時間幅を持つ通知

アニメーションクリップ上で，ある長さを持つ時間区間において特定の状態が継続していることを，外部のシステムへと知らせる仕組みが必要な場合がある。その例としては，キャラクタの足が地面と接触しているか否かの状態を取得して，接触している状態にあるときだけ足裏が地面の上で滑らないように脚姿勢の補正処理を実行するようなシステムを挙げることができる。このような時間幅を持つ通知は，その時間区間を開始時間と終了時間の組によって定義することで表すことができる。

二本の足を持つキャラクタの場合には，右足・左足の地面との接触を表すチャンネルをそれぞれアニメーションクリップ内に準備する。そして，地面との接触が開始する時間を開始時間の点とし，足が地面から離れる時間を終了時間の点として，各チャンネル上に通知の時間区間を定義する。

前節では，瞬間的な事象を外部に伝達するために，通知データが定義された点が再生された瞬間に外部システムの処理を呼び出す仕組みについて説明した。このような方法とは異なり，時間幅を持った状態を表す通知は，通知の開始点と終端点が再生されたそれぞれの瞬間に一度ずつ外部システムの処理を呼び出す方法で実装することはできない。その理由は以下のように説明できる。

まず，アニメーションシステムにおいては，アニメーションクリップは必ずしも先頭から再生されるとは限らない。例えば，アニメーションクリップ間でトランジション処理が行われる場合には，トランジション先のクリップでは状態の開始点よりも後の時点から再生が開始される場合がある。また同様に，アニメーションクリップが状態の終端点まで必ず再生されるとは限らないため，終端点が必ず呼び出されることを仮定した処理は正しく動作しない。

したがって，時間幅を持つ通知に関する処理を外部のシステムで行わせるためには，クリップ内のある時点が指定されたとき，チャンネルに設定された状態開始点と状態終端点の位置をすべて考慮し，指定された時点における状態を算出する処理が必要となる。また，アニメーションクリップ間でトランジション処理が行われるときは，トランジションの前後のクリップにおける状態をそれぞれ算出することで，複数のクリップの持つ状態を統合した状態を算出しなければならない。

6.2 アニメーション付加情報の活用

6.2.1 アニメーション特徴情報の補間

アニメーションシステムが通知情報を扱うためには，アニメーションクリップに対して通知情報を付加できる仕組みが求められる。また，通知情報が存在するかどうかを効率よく検索する機能が実行時に必要とされる。これらの機構は，アニメーションシステムが外部システムに情報を通知するために利用されるだけではなく，アニメーションの状態を動的に制御するためにも利用される。その代表的な例が，アニメーションクリップ上でのキャラクタの姿勢の特徴を付加情報として与えておくことにより，これをアニメーションの状態遷移におけるヒントとして利用する処理である。

このような活用方法においては，キーフレーム以外の瞬間での関節角度を補間処理によって算出する仕組みを応用することにより，アニメーションクリップの時間軸上にある複数の付加情報について，その特徴量に対する補間処理を行い，任意の瞬間における付加情報を算出することができる。また，つねに付加情報を外部のシステムへと通知する必要があるとは限らない。

6.2.2 位相情報を利用したアニメーションの遷移

アニメーションクリップの間でトランジション処理を行う場合，二つのクリップから出力されている姿勢が大きく異なっていると，姿勢の重み付け合成によって生成されるトランジション中の姿勢が不自然なものとなる。そのような例として，キャラクタが移動状態にある場合を考える。このとき，移動の速度を少しずつ速くしたいときには歩行運動から駆け足運動へとトランジション処理を行うが，このような処理によって自然な動作を生成するためには，トランジション先である駆け足運動クリップの中から，トランジションのもとになる歩行運動クリップが再生中の両脚の姿勢とできるだけ似ている姿勢を探し出して，再生の開始点とする必要がある。

こういった処理をアニメーションクリップの付加情報によって実現するために，歩行や駆け足における両脚の姿勢の位置関係を位相 ω によって表し，トランジションにおける再生開始点の決定に利用する方法が用いられる（4.9.1 項）。ω は 0 以上 1 未満の値を持つ量であり，左足が着地した瞬間を $\omega = 0$ とし，右足が着地した瞬間を $\omega = 0.5$ とする。それ以外の瞬間における位相を知りたい場合，右足が着地した瞬間と左足が着地した瞬間が定義された点を手がかりとして位相 ω の値を補間し，クリップ上の任意の時点について ω の値を計算することができる。

このような位相 ω の手がかりとなる瞬間は，歩行動作と駆け足動作のそれぞれのアニメーションクリップ上で付加情報として配置しておく。また，両脚の姿勢や地面との位置関係を自動的に判定することで，アニメータによる付加情報定義の作業を支援することが可能である。

以上の説明では，歩行中の両脚の位置関係に関する情報を利用して自然なトランジションを実現する方法について述べた。これ以外にも，静止して立っている状態から一歩踏み出す際に，どちらの脚が前に出ている状態で立っているかを付加情報として定義したり，別のクリップへ遷移してほしくない時間区間を時間幅を持つ付加情報として定義しておくといった応用が行われている。

6.3　アニメーションシステムと AI システムの間の情報伝達

現代的なアニメーションシステムでは，静的なデータとして準備されたアニメーションクリップを組み合わせることによってキャラクタの姿勢をつぎつぎに変化させ，一連の動きを作り出す。このようなアニメーションの生成において，その目標として与えられる代表的な条件はキャラクタの速度と方向である。

キャラクタが人間のプレイヤによって操作されている場合，プレイヤが操作しているゲームコントローラから得られる値がアニメーションシステムへの目標入力となる。より具体的には，ゲームコントローラに備わった二自由度のアナログスティックの傾きが大きいときは大きな速度が目標入力となり，傾きが小さいときは小さな速度が目標入力となる。このとき，生成されるアニメーションはそれぞれ駆け足動作と歩行動作が行われることが期待されている。また，アナログスティックが傾けられた方向はキャラクタの移動する目標方向に対応している。

これと同様に，キャラクタがAIのアルゴリズムによって制御されている場合にも，アニメーションシステムに対する主たる目標入力としてキャラクタの移動速度と方向が与えられる。AIはそのアルゴリズムとして移動先の位置決定や移動経路の探索を行うが，これを具体的なキャラクタの動きとして実現するために，現在の位置と移動経路から目標とする移動速度と移動方向を算出し，アニメーションシステムへと伝達する。

このような目標パラメータは，AIシステムがアニメーションシステムに対して直接指示を与えるのではなく，**ブラックボード**（blackboard）と呼ばれる共有記憶領域を介して間接的に受渡しを行う[87)]。ブラックボードの記憶領域はキャラクタごとに確保されており，AIシステムは算出した目標速度と目標方向をブラックボードの特定の領域へと書き込む。アニメーションシステムはこの領域を参照することで，キャラクタの目標として与えられた速度と方向を把握し，よく適合するアニメーションクリップを選択することができる。

このような間接的なコミュニケーション手段を用いることの利点は，AIシステムとアニメーションシステムの独立性が高まることにある。参照するパラメータの規約さえ守っていれば，AIシステムにおける目標パラメータの計算方法の変更や改良は自由に行うことができる。また，アニメーションシステムにおいて，キャラクタごとに異なった移動アニメーションクリップを使用している場合でも，目標パラメータを満足するような状態遷移を個別に定義することによって対応することができる。さらに，これらのシステムの計算が実行される頻度は必ずしも一致しているとは限らないため，ブラックボードの記憶領域にパラメータをいったん保存することで更新頻度の違いを吸収することが可能である。

AI システムから出力される目標パラメータには，移動速度と移動方向のほかにも，キャラクタの疲労度や感情のような補助的なパラメータを加えることができる。アニメーションシステムはこれらのパラメータを参照し，もしアニメーションクリップとして疲労困憊（こんぱい）した歩行動作や喜びにあふれた駆け足動作が準備されていた場合には，AI が出力する補助的なパラメータを反映したキャラクタの動作を生成させることができる。

これに加えて，アニメーションシステムはブラックボードを参照するだけではなく，その記憶領域にパラメータを書き込むこともできる。すなわち，AI の与える目標速度や目標方向のパラメータに対して，それぞれのキャラクタがアニメーションクリップの再生によってどのような速度・方向の移動を実現しているのかをフィードバックするためにブラックボードの記憶領域が利用される。地形やほかのキャラクタと衝突が発生してキャラクタが移動できなくなっている場合，アニメーションシステムの持つ内部状態がブラックボードを介して伝達されることで，AI システムは自らが指示する目標速度や目標方向が実行不可能になっていることを検知できる。

7 キャラクタアニメーションと人工知能

キャラクタアニメーションは，アニメーションだけの問題に閉じるケースもあるが，それはとても単純な場合だけである。身体は環境の中に他律的に動かされる対象であり，同時に内側から知能によって生きられる主体でもある。キャラクタアニメーションを考えるときは，この三者，環境，身体，知能の関係を考えねばならない。身体は環境に包まれ，知能は身体に含まれる（図 **7.1**）。キャラクタアニメーションは，工学的な分野であると同時に，身体についての理論を試す場所でもある。現在でも，アニメーションと人工知能と環境を包括的に解き明かすシステムは存在せず，研究が続けられている。ここでは，ディジタルゲームの中で探求されてきた成果を示す。

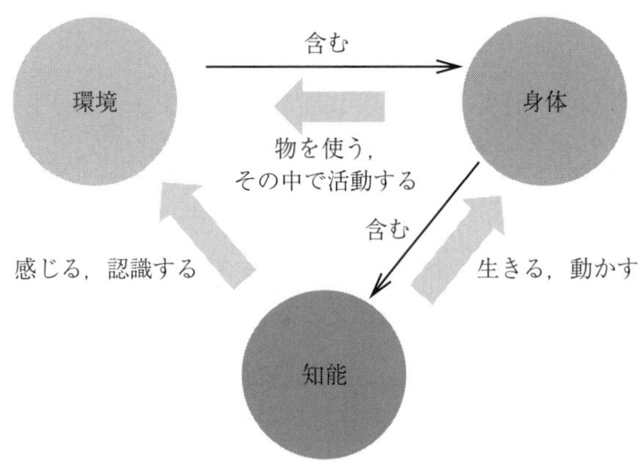

図 7.1　「環境」「身体」「知能」の関係

7.1　身体と知能を持つゲームキャラクタ

ゲームキャラクタ，特にユーザが操作しないノン・プレイヤ・キャラクタ

(Non-Player Character, NPC) は, 以下のような特徴を持つ (図 **7.2**)。

(1) 構造化された身体を持つ。

(2) 環境の中にある。

(3) 人工知能を持つ。

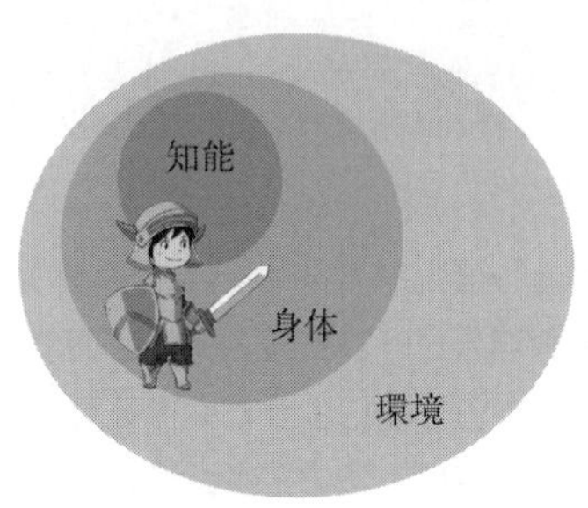

図 7.2　ゲームキャラクタの基本

ここで構造化された身体とは, 前章までに見てきたように, ポリゴンモデル, ボーン, リグ, さらにそのアニメーションモデルを持つ, ということである。環境とはゲームステージや地形のことである。そして, 本章では特に, そのキャラクタが持つ人工知能を中心に解説する。

ディジタルゲームの NPC は, 2000 年以降, **自律型エージェント** (autonomous agent) を目指して発展してきた。NPC は, ディジタルゲームのステージが 3 次元化し, 複雑化するにしたがい, それまで, それぞれのシーンごとに制御が書かれていた**スクリプティッド AI** (scripted AI) から, 自分の感覚で環境を認識し, 意思決定し, 身体運動をデザインする「自律型 AI」へと変化してきた。物理的には身体は環境の中にあり, 人工知能は環境を認識しつつ身体を動かす。ゲームキャラクタを動かすことは, 環境と身体と人工知能, 三者の関係を構築することである。大型ゲームのメインキャラクタの多くは「自律型 AI」であり, モブやサブキャラクタ以下は「スクリプティッド AI」であることが多い[88)]。

7.2 キャラクタ制作

キャラクタ制作は，ゲーム開発の中でも，最も多く技術が結集している領域である。大きくは，キャラクタモデル，キャラクタフェイシャル，キャラクタAI，キャラクタダイアログ，キャラクタアニメーションなど複数のモジュールに分かれる。

ゲームキャラクタを作る一連の大きな流れは以下のようなものである。

(1) デザイナがキャラクタのデザイン画を描く。

(2) 3次元モデラがデザイン画をもとにキャラクタのポリゴンモデルが作る。

(3) モデルにボーン（骨）とジョイント（関節）を入れる。

(4) アニメータがボーンとジョイントのアニメーションを入れる。

(5) AIエンジニアがキャラクタの人工知能を作る。

ここでいう，キャラクタを動かす人工知能のことをキャラクタAIと呼ぶ。並行して下記の作業も行われる。

(1) キャラクタのテクスチャ（表面の模様）を作る。

(2) キャラクタのフェイシャル（顔アニメーション）を作る。

(3) キャラクタの台詞を決定する。

(4) キャラクタボイスを収録する。

キャラクタ制作は，ゲーム制作の中でも，最も制作作業が集中する場であり，そのため，複数の作業が巧みに組み合わされている。その中でも，キャラクタAIとキャラクタアニメーションの組合せは，最も複雑で高度な分野であり，また十分に研究が進んでいない分野でもある。そのおもな理由は下記2点にある。

(1) アニメーションと人工知能が別々の分野として研究されてきた。

(2) アニメーションと人工知能の結び方の基礎理論がない。

(1)はアカデミックな発展と方向によるものであり，(2)は工学的な問題であると同時に，「心と身体がいかにつながっているか」という**心身問題**（mind-body problem）と呼ばれる哲学的な問題でもある。心身問題には数多の議論があるが，決定的な工学モデルは存在しない。知能と身体を結ぶ実装について，ゲーム開発はいまだ明確なモデルを持たない。論文などで提案された手法を参考にしながら，開発タイトルごとにアニメーションと人工知能の間のシステムを構築している現状である。

7.3　キャラクタ周りの人工知能

現代のゲーム AI のシステムは，**メタ AI**（meta-AI），**キャラクタ AI**（character AI），**ナビゲーション AI**（navigation AI）からなる[33),89)]。キャラクタの身体行動を司るアニメーションシステムは，アニメーションクリップと呼ばれるモーションデータを所持し，モーション間の遷移を定義する[90)]（図 **7.3**，4.7 節）。

これらの AI とアニメーションシステムは異なる機能と領域を持ち，それぞれの階層ごとに解決する問題が異なる（表 **7.1**）。本章の目標は「メタ AI」「キャ

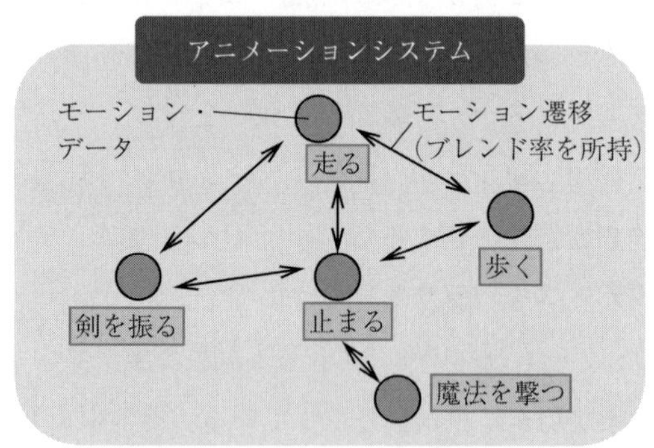

図 **7.3**　アニメーションシステム

表 **7.1**　三つの AI とアニメーションの役割

モジュールの種類	役割・機能	観測範囲	行動影響範囲
メタ AI	ゲームの流れを作る	ゲーム全体・ログ	ゲーム全体
ナビゲーション AI	ゲームの空間に関する思考	ゲームの環境世界	メタ AI・キャラクタ AI をサポート
キャラクタ AI	キャラクタの意思決定	キャラクタ周辺	キャラクタ周辺
アニメーション	キャラクタの身体制御	キャラクタの身体	キャラクタの身体

ラクタ AI」「ナビゲーション AI」と「アニメーションシステム」の関係を説明するところにある[91]。

メタ AI はゲーム全体の流れを作るために，キャラクタをはじめとするゲームのあらゆる要素をコントロールする[92]。キャラクタにはその状況に合った役割を指示する。キャラクタ AI は環境を認識し，意思決定をし，自らの身体行動を生成する。この身体行動の生成部分に密接にアニメーション技術が結びつく。ナビゲーション AI は，環境世界の空間的特性を抽出し，キャラクタ AI，メタ AI に提供する。これによって各ゲームステージは抽象化され，それぞれのステージごとに AI を制作する必要がなくなる。キャラクタアニメーションは，環境が制限した条件の中で，具体的なアニメーション動作を生成する（図 **7.4**）。

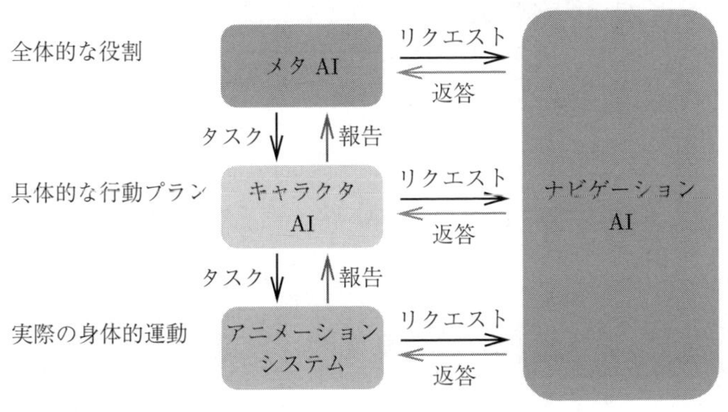

図 7.4 アニメーションシステムと三つの AI の連携

例えば，メタ AI はゲーム全体の流れを見て，1 体の NPC にプレイヤ・キャラクタの背後から攻撃するように指示をする。その 1 体を選ぶために，メタ AI は，プレイヤ・キャラクタの周囲 20 m にいる数体の NPC からプレイヤへのパス検索を行い，最小コストでプレイヤ・キャラクタにたどり着けるキャラクタを選択する。このパス検索はナビゲーション AI に依頼し，ナビゲーション AI は，それぞれの NPC からプレイヤ・キャラクタへ，そもそも到達可能か，到達可能であるとしたら，そのコストを返す。メタ AI に選ばれて「背後から攻撃せよ」の命令を受け取った NPC は，プレイヤを攻撃するために必要な具体的な行動を，キャラクタ AI を通じて形成する。例えば，剣を振るキャラクタであれば「剣の攻撃範囲内に近づく」「剣を振る」という二つの動作を予定する。アニメーションシステムは，実際にこの二つをキャラクタの実際の運動として展開する。メタ AI から指示のない NPC は，自ら意思を決定し行動する。

このように三つの AI とアニメーションを用いて，そのゲーム固有の**ユーザエクスペリエンス**（user experience）を作ってゆく（図 **7.5**）[93]。

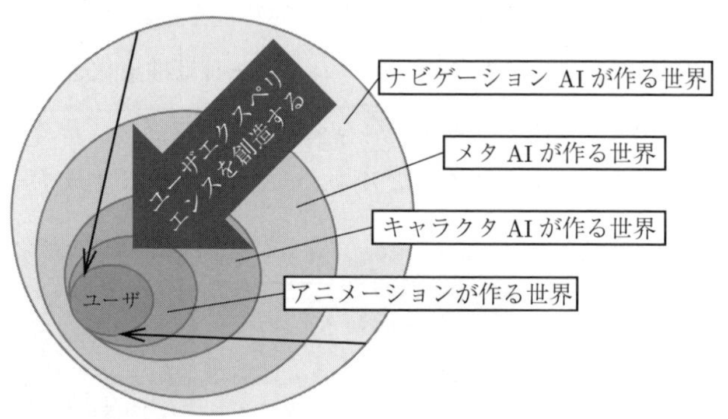

図 7.5　アニメーション・AI とユーザエクスペリエンス

7.4　階層の具体的なシステム

ディジタルゲームにおけるキャラクタシステム（キャラクタを動かす全体のシステム）は複雑な環境で，身体を動かし，目的を遂行するシステムである。メタ AI，キャラクタ AI，アニメーションは，ナビゲーション AI のサポートの元で実行される。ナビゲーション AI は，身体のサイズや運動特性に応じた空間的特性・地形特性をそれぞれのメタ AI，キャラクタ AI に提供する[33]。

各モジュールを汎用性の高い一般的なものとして作るために，各モジュールどうしの関係性も汎用的な関係として構築する。特に，ディジタルゲームは，それぞれ身体の違う数十から数百の NPC を制作する必要がある。それぞれのアニメーションに対するキャラクタ AI を制作することを避けるために，二つの手法を導入する。

(1) **多階層化**（multi-layered） キャラクタ AI とアニメーションシステムの間に中間層（ボディ・レイヤ）を設置する。

(2) **知識表現**（Knowledge Representation, KR） キャラクタの身体をできるだけ抽象化した情報を準備する。

以下，この 2 点について説明する。

7.4.1 アニメーションシステムと AI の多階層化

キャラクタ AI と，アニメーションシステムを直接結ぶことを避け，中間のボディ・レイヤを導入する理由は以下である。

(1) キャラクタ AI と，アニメーションシステムが密にリンクすると，それぞれの拡張性・独立性・再利用性が減少する。

(2) さまざまな身体ごとにキャラクタ AI を作ることを避ける。

このような中間層を作るアプローチは，大型タイトルのキャラクタシステムでは，よくとられるアプローチである。数十〜数百の NPC の身体の違いを中間層で吸収することで，キャラクタ AI がそれぞれの NPC の身体の特殊性に対応しなくてよいようにする（**図 7.6**）。実際のところ，ボディ・レイヤの抽象化は，二足歩行だけのキャラクタだけのゲームであれば，ある程度の抽象化が

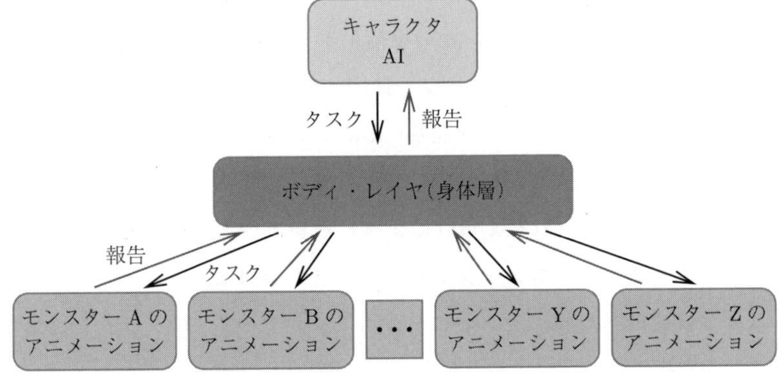

図 7.6 理想的なアニメーション，ボディ，キャラクタ AI の関係

可能であるが，多種多様なモンスターの身体の形状を抽象化することは難しい。そういった場合には，ボディ・レイヤは最小限の抽象化しかできず，モンスターの身体ごとにキャラクタ AI を作り直す必要がある。

ボディ・レイヤの役割は，アニメーションシステムから身体の状態を認識し，キャラクタ AI に提供することである。はしごを登っている，剣を振る，走る，ジャンプしている，という身体の状態はボディ・レイヤが維持している。アニメーションシステムが持つ個々のモーションの単位を，キャラクタ AI が操作する実装は，キャラクタ AI がアニメーションシステムに密接に結びついてしまう。ボディ・レイヤはキャラクタ AI から状態を指定され，アニメーションシステムからは，身体・アニメーションの特性情報（知識表現）を受け取る。はしごを登っている最中は剣を振れないなど，各状態の関係もボディ・レイヤが調整する。ボディ・レイヤは，いま，どの状態をとれるか，という情報をキャラクタ AI に提供する[94)]。

キャラクタ AI とアニメーションシステムをつなぐ多層構造の実践例として，『Hitman: Absolution』（IO Interactive, 2012 年）のアニメーションシステムがある[95)]（図 **7.7**）。

キャラクタ AI から運動の命令が「アニメーション・アクチュエータ」へ発行され，二つのスロットに登録される。アクチュエータは，その命令を実行するために「アニメーションプログラム層」の基本プログラムをスタック（積み上げ）する。追加的にアニメーションを補正する「ポストプロセスプログラム」も並行に実行される。「パス検索」など動作とは直接関係のないタスクも，「アニメーションプログラム層」で管理される。コントローラ層で必要となるパラメータも，この「アニメーションプログラム層」で準備される。コントローラ層はキャラクタごとに入れ替えられるようになっている。

アクチュエータからアニメーション・グラフの中間は，「ベースプログラム」と「ポストプロセスプログラム」に分かれる。「ベースプログラム」は全身を使った動作を担当し，一度に一つしか選択できない。「ポストプロセスプログラム」は「狙う」「見上げる」と並行してできる行動群「Act」からなり，追加的

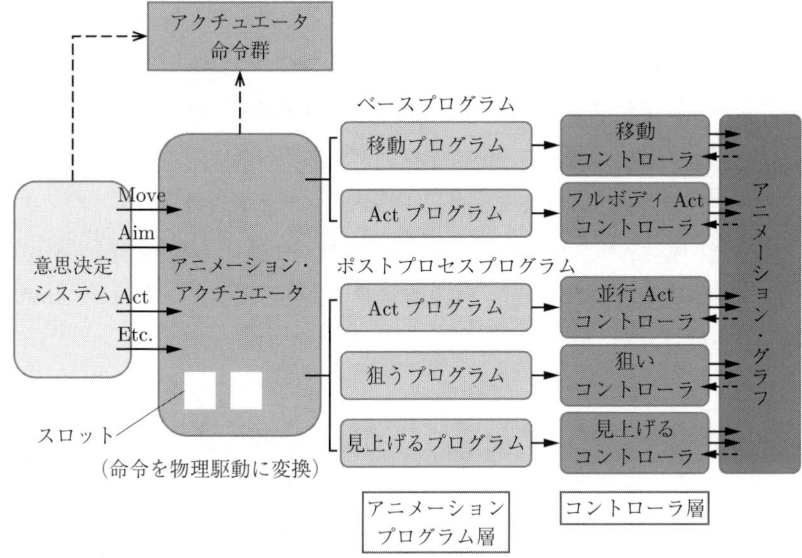

図 **7.7** 『Hitman: Absolution』におけるアニメーション多層構造[95)]

な動作を構成する。複数の動作を重ね合わせることができる。おもな動作を展開しながら，小さな動作を重ねていくシステムである。

7.4.2 身体の知識表現

ボディ・レイヤがアニメーションシステムを抽象化するとは，「身体の静的構造の情報」と「身体の運動能力」の二つを抽象化し，**身体の知識表現**として表すことである（図 **7.8**）。身体的構造は設定パラメータや，自己の身体の解析な

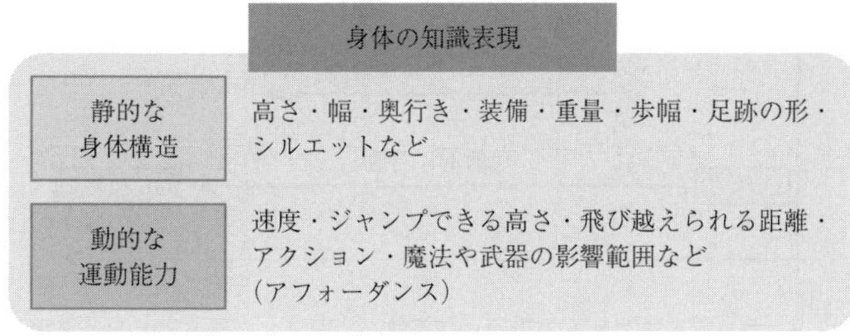

図 **7.8** 身体の知識表現

どから抽出する。身体の運動能力は，設定パラメータどおりにアニメーションが作られていれば，設定をそのまま用いるだけでよいが，逆にアニメーション・データによって運動能力が決まる場合（アニメーション・ドリブンのゲーム設計）はキャラクタの運動シミュレーションから運動パラメータを抽出する。実際にテストステージで，キャラクタにアニメーションを再生させて，パンチの届く距離や，魔法が届く領域，ジャンプできる距離・高さ，加速曲線などの，運動特性を抽出するのである。このような情報は「**アフォーダンス**（affordance）情報」とも呼ばれる。

7.5　サブサンプション・アーキテクチャ

身体の反射から，高度な意思決定までを，並列的につなぐモデルを**サブサンプション・アーキテクチャ**（subsumption architecture）という（図 **7.9**）。一つの場所にすべての刺激・情報を集めて意思決定を行う「中央集権構造」に対して，外界の変化に迅速に対応するモデルである。1985 年にロドニー・ブルックスによって発案された[96]。ここで説明するサブサンプション・アーキテクチャは，オリジナルの形ではなく，ディジタルゲームに対応させたものである。

サブサンプション・アーキテクチャの作り方は以下のようである。まず，セ

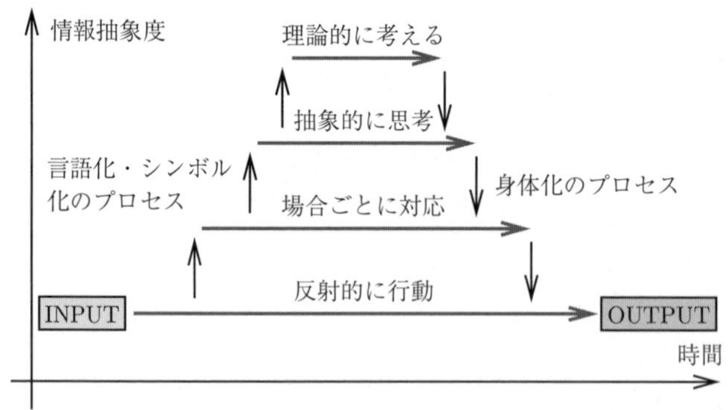

図 **7.9**　ディジタルゲームで用いられるサブサンプション・アーキテクチャ

ンサから身体運動までの反射的なレイヤを作る。例えば，剣が振り下ろされそうになったらよけるなどである。つぎに，その反射レイヤを抑止・開放する権限を持つ上位のレイヤを作る。例えば，剣の速度が遅い場合には，剣を盾で跳ね返して（パリィして）攻撃する。この場合，最初のレイヤは抑止されることになる。さらに，上位レイヤとして，この戦闘の継続をやめて逃げることを考える層を作る。このレイヤは下二層のレイヤを抑止して，その場から逃げ出すという選択肢をとる。さらにつぎの最上位レイヤは，このステージそのものにおいて，仲間を助ける，クリアをあきらめるといった戦略的行動を考えるレイヤを作る。それぞれのレイヤは，それぞれにセンサを持ち，独立に動作しつつ，レイヤ間の力関係が存在する。

ゲームキャラクタにおけるサブサンプション・アーキテクチャは以下のようになる（**図 7.10**）。まず，環境を解析したデータをナビゲーション AI が所持する。これは環境の事前解析とも呼ばれる。例えば，地形を抽象化したナビゲーション・データなどが主である。ナビゲーション AI はゲーム内で動的に地形を解析する場合もある。例えば，戦術位置解析と呼ばれるキャラクタの目的地を探索する手法などである。つぎに，キャラクタ AI，ボディ・レイヤ，アニメーションの三つの層それぞれにセンサを付与し，それぞれの層が必要とする情報

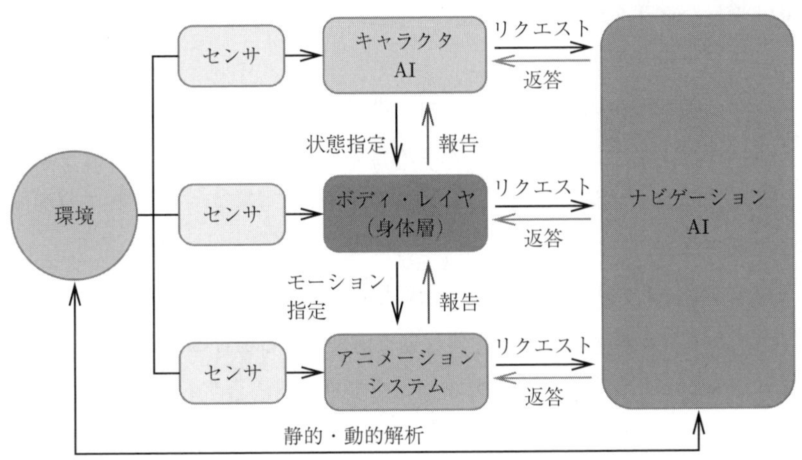

図 7.10　ゲームキャラクタにおけるサブサンプション・アーキテクチャ

を環境からセンサを通じて取得する。

この三層どうしの関係は，前述したレイヤ間の構造ほど単純ではない。キャラクタ AI が行う意思決定，ボディ・レイヤが行う状態遷移，アニメーションシステムが行うモーション遷移がそれぞれ動作する。最下層となるアニメーション・レイヤの動作がまず基本となるが，これをボディ・レイヤ，さらにキャラクタ AI が制御する[97)]。

7.6　意思決定とアニメーションの間の領域

キャラクタ AI が考える領域と，アニメーションシステムが解決するべき領域の区分は曖昧である。「抽象的な意思決定がキャラクタ AI であり，身体的動作がアニメーション」という単純な区分だけでは区別できない事情がある。

キャラクタ AI が決定するのは，数秒から数分先までの行動プランなど，時間的に幅のある事象である。ここでは，キャラクタ AI が決定する行動プランをタスクと呼ぶ。タスクとは

(1)　魔法を撃つ

(2)　丸太を越える

(3)　壁にペンキを塗る

(4)　カブトムシを捕まえる

といった「物理的な次元まで還元された問題」である。このタスクを実行するために，キャラクタ AI は内部でアニメーションシステムに必要な情報を準備し，アニメーションシステムは，この情報を用いて実際のキャラクタの身体行動を生成する。

キャラクタ AI が状況を認識し，意思決定することで，形成されたタスクは，アニメーションシステムだけで身体行動を構築できる場合と，キャラクタ AI からアニメーションシステムに必要な情報を提供する場合がある（図 **7.11**）。

しかし，この区分は明確ではない。アニメーションシステムがタスクを解釈して身体行動を生成する場合もあれば，キャラクタ AI が身体行動に必要な情報

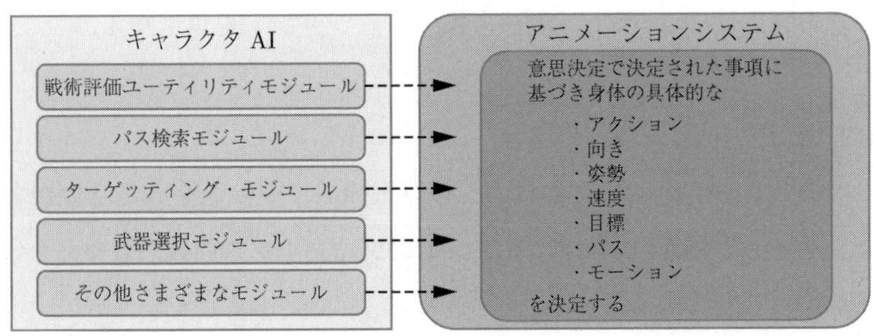

図 **7.11** キャラクタ AI とアニメーションシステムの関係の一例

を多く提供する場合がある。例えば，助走をつけてジャンプしてカブトムシを掴む，という行為はどれぐらいの助走をつけるか，どこでジャンプするか，という問題を，キャラクタ AI が解く場合と，アニメーションシステム側で解決する場合がある。この実装はタイトルごとに異なり，また，対応するべき問題ごとにシステムも異なる。

7.6.1 1 アクションの場合

最も単純な一つのアクションを選択することで済むタスクを考える。例えば，「敵に魔法を撃つ」タスクを考える（図 **7.12**）。キャラクタ AI は，「敵位置」に「魔法を撃つ」行動を指定して，ボディ・レイヤに渡す。ボディ・レイヤがない簡単なキャラクタ構造の場合は，直接，アニメーションシステムに渡す。キャ

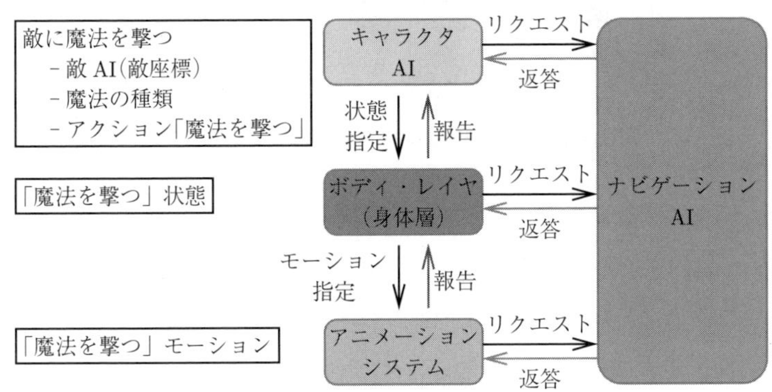

図 **7.12** 「魔法を撃つ」タスクの実行

ラクタを敵方向に向かせて，「魔法を撃つモーション」を再生する。

7.6.2　2 アクション以上の場合

一つのタスクを実行するために，二つ以上のアクションをとる必要がある場合には，キャラクタ AI が全体のアクションシークエンスの概形を整えた後，その詳細が詰められていく。

例えば，「ジャンプしてカブトムシをとる」タスクを考える（図 **7.13**）。この場合，まずキャラクタ AI は，身体の知識表現として，「ジャンプできる高さ」を所持しておかねばならない。そして，「カブトムシの高さ」と「ジャンプできる高さ」を比較して，このタスクが実行可能かを判定する。判断が難しい場合は，とりあえずやってみる，ということでもよい。キャラクタ AI は必ずしも完璧である必要はない。実行する場合は，ターゲット（カブトムシ）位置に対してジャンプ位置と軌道を調整して実行する（図 **7.14**）。

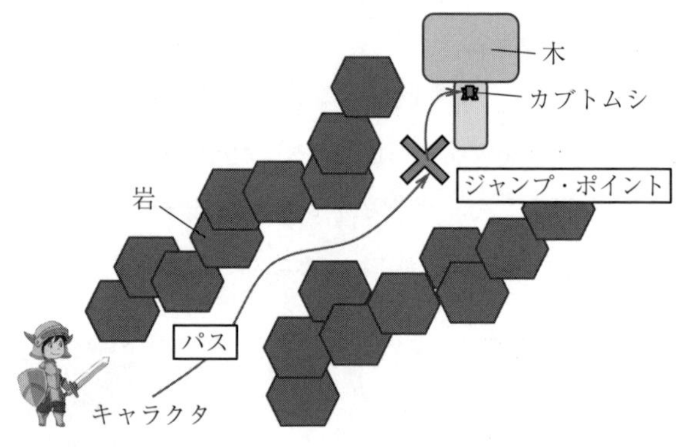

図 7.13　「ジャンプしてカブトムシをとる」タスク

また，例えば「敵を攻撃する」タスクの場合，「敵キャラクタへ走って近づいて，1.5 m 以内になったら剣を振る」という二つのアクションに分割することは，キャラクタ AI の役割である（図 **7.15**）。アニメーションシステムは，「敵キャラクタへ走って近づく」ために，ナビゲーション AI のパス検索のルートに沿ってキャラクタに「走るモーション」を実行する。そして，キャラクタ AI

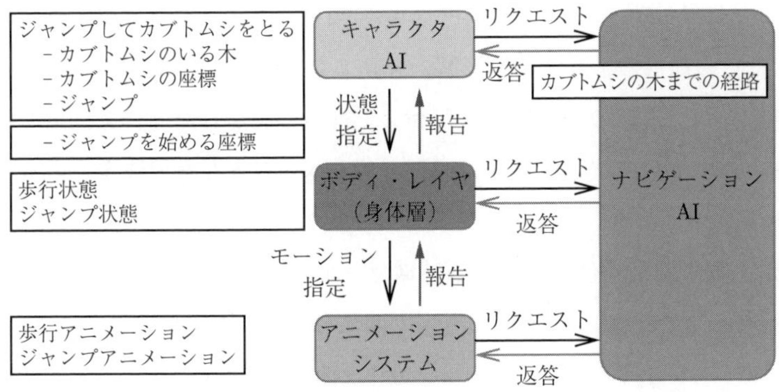

図 **7.14** 「ジャンプしてカブトムシをとる」タスクの実行

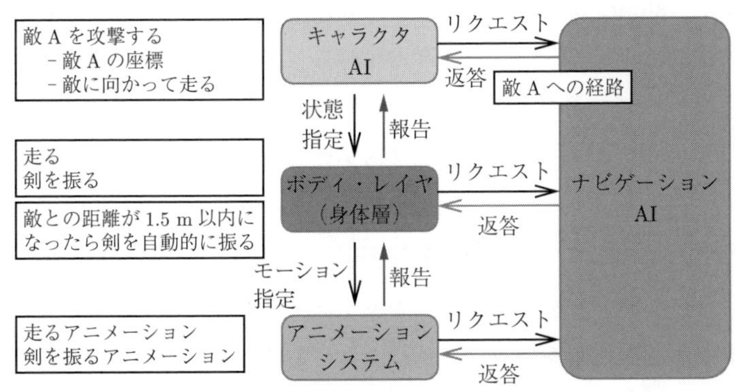

図 **7.15** 「敵を攻撃する」タスクの実行

は敵キャラクタとの距離を監視し1.5m以内になったら，「剣を振る」ように指令を出し，アニメーションシステムは「剣を振る」モーションを実行する。しかし，アニメーションの側で「1.5m以内になったら自動的に剣を振る」というルーティンを仕込んでおく場合もある。これによって，キャラクタAIの負荷を軽減すると同時に，反射的なアクションとして実装することができる。

最後に，より複雑な「机の下をスライディングして反対側へ行く」タスクを考えてみよう。身体運動の軌跡を含んだ問題をロジカルに解決することはできない。机の下がどれぐらいの隙間で，スライディングがどれぐらいの隙間を要するかは，試してみないとわからない。このような場合には，キャラクタAIとアニメーションシステムとナビゲーション AI が連携し，身体運動のシミュレーションやその地形のより深い地形解析をリアルタイムで行う[98]。パラメータを変化させつつ，複数のシミュレーションを行い，成功した場合を採用する。このような意思決定方法を**シミュレーション・ベーストな意思決定**という[99]。

7.6.3　物や地形を使うシステム「スマートオブジェクト」

本章冒頭で,「環境」「身体」「知能」の関係を解説した。キャラクタ AI は「知能」，ボディ・レイヤ，アニメーションは「身体」であるが，ディジタルゲームの特殊な手法に「環境」に知能を埋め込むという方法がある。これを**スマートオブジェクト**（smart object）という。これはオブジェクトにキャラクタを制御させる方法である[99]。例えば，ドアを開ける，という動作をさせたい。そのような動作は，ドアの前の適切な位置に立ち，手を伸ばしてドアノブに手をかけて回す，というアニメーションをさせる必要がある。このような微妙な位置合せをすべてのキャラクタごとに準備することは，たいへん難しい。そこで発想を逆転して，ドアにキャラクタを操作させる。ドアは「立つべき位置」「ドアを開くアニメーション」を所持する。キャラクタがドアの近くに来ると，ドアはキャラクタの制御権限を持ち，キャラクタに正確に冷蔵庫を開ける動作をさせる。キャラクタの身長などから，ドア自身が所持する「ドアを開けるアニメーション」をキャラクタの身体に合うように，リターゲッティング（retargeting, 調整）し実行する。必要であれば，ドアを開けた後「キョロキョロ見る」などの動作を加えてもよい（図 **7.16**）。

図 7.16　スマートオブジェクトによるキャラクタの制御

同様に，地形にキャラクタを制御させる手法を**スマートテレイン**（smart terrain）という。例えば，大きな穴をジャンプする場合には，穴の方にキャラクタを飛び越えさせるアニメーションを持たせて，さまざまなキャラクタに穴をジャンプさせる，などである。

また，実体がなくても，ある座標ポイントの周りでキャラクタたちに演技をさせたいときに，ポイントにスマートオブジェクトのようなキャラクタへの制御機能を持たせる手法を**スマートロケーション**（smart location）という。例えば，特定の場所で，キャラクタを3体つかまえて立ち話をさせる，などである[94)]。「スマートオブジェクト」「スマートテレイン」「スマートロケーション」はキャラクタ側の負荷を大きく低減すると同時に，複雑な環境内で確実な動作を保証する。

7.6.4　同期アニメーション

同期アニメーション（synchronized animation）の手法は，スマートオブジェクトの発展系といえる。スマートオブジェクトは片方が静止したオブジェクトであるが，同期アニメーションは双方がキャラクタであり，時間的・空間的に連携した動きができるように，2人のキャラクタを制御する。

例えば，ハイタッチの同期アニメーションは，2人のキャラクタがたがいにハイタッチするときにアニメーションのタイミングを合致させ，相対的な位置関係を調整する。メタAIによって2人のキャラクタがハイタッチすることが決まると，2人のキャラクタはハイタッチの同期アニメーションの制御下に入る。2人のキャラクタがたがいの方に歩きながら，適切な相対位置からハイタッチモーションの開始タイミングが指示される。

7.7　ま　と　め

本章では，キャラクタアニメーションとキャラクタAIを中心に，環境，身体，知能の関係のうえに構築されるシステムを見てきた。改めて全体図を見直す（図**7.17**）。

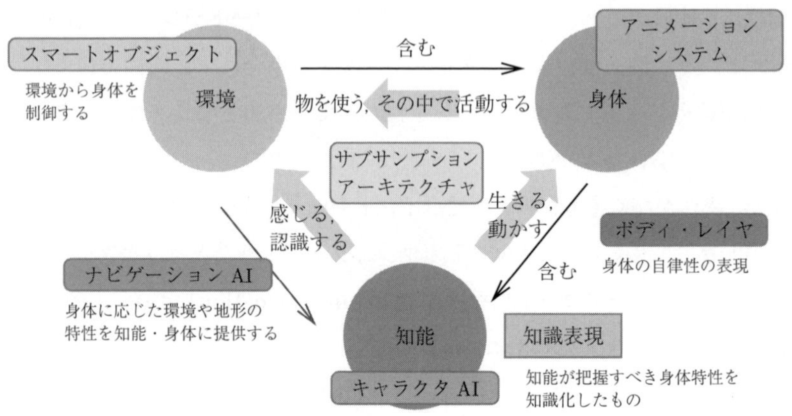

図 7.17　ゲームキャラクタにおける「環境」「身体」「知能」の関係

キャラクタ AI による意思決定は抽象的な意思決定である。知識表現を基礎として，環境からの情報をセンサとナビゲーション AI によって取得するアニメーションシステムとボディ・レイヤは，身体の自律性を持つ機構を表現している。キャラクタ AI なしでも，反射的な行動を行うことができる。キャラクタ AI，ボディ・レイヤ，アニメーションシステムは，サブサンプション構造によって階層化され，環境とナビゲーション AI と接続されている。

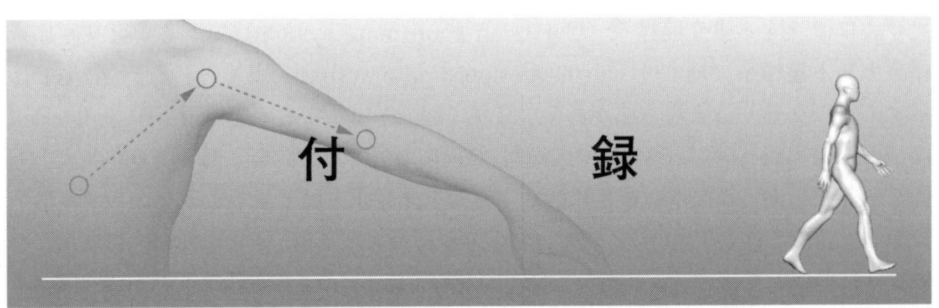

本付録では本書の読解に必要な数学，特に 3 次元の幾何学についてまとめる。本書の趣旨から外れる内容や各種証明などは省くため，詳しくは文献31) などを参照されたい。

A.1　数式の表記

本書で扱う数学記法を**表 A.1** にまとめる。ベクトルは特に断らない限り列ベクトルとし，その長さは $\|\boldsymbol{v}\|$ と表記する。また二つのベクトル $\boldsymbol{u}$ と $\boldsymbol{v}$ の内積は $\boldsymbol{u}\cdot\boldsymbol{v}$，外積は $\boldsymbol{u}\times\boldsymbol{v}$ で表し，行列 $\boldsymbol{M}$ の転置と逆行列はそれぞれ $\boldsymbol{M}^T$，$\boldsymbol{M}^{-1}$ と表す。そのほかのベクトル・行列演算については必要に応じて各箇所で定義する。

表 A.1　数式の表記

値の種別	フォント	表記例
スカラ値	オールド体の小文字	p_x, d_y, τ
角度	オールド体の θ	θ_0, θ_x
ベクトル	ボールド体の小文字	$\boldsymbol{p}$, $\boldsymbol{t}$, $\boldsymbol{d}$, $\boldsymbol{o}$
ゼロベクトル	ボールド体の $\boldsymbol{\emptyset}$	$\boldsymbol{\emptyset}$
行列	ボールド体の大文字	$\boldsymbol{M}$, $\boldsymbol{R}$, $\boldsymbol{S}$
単位行列	ボールド体の大文字 $\boldsymbol{I}$	$\boldsymbol{I}$
クォータニオン	ボールド体の小文字 $\boldsymbol{q}$	$\boldsymbol{q}$
時間微分	ライプニッツ記法あるいはドット記法	$d\boldsymbol{p}/dt$, $\dot{\boldsymbol{p}}$
集合	筆記体の大文字	$\mathcal{P}$, $\mathcal{J}$

A.2　3 次元空間における座標変換

A.2.1　座　　標　　系

3 次元 CG で扱う空間座標系は，三つの**座標軸**（orthogonal coordinate axis）が

たがいに直交する**直交座標系**（Cartesian coordinate system）である。直交座標系は**デカルト座標系**（同じく Cartesian coordinate system）とも呼ばれ，**図 A.1** に示すように 2 通りの表現方法がある。まず，図 (a) に示す**右手座標系**（right-handed coordinate system）あるいは右手系は，紙面向かって右方向を x 軸正方向，鉛直上方向を y 軸正方向，紙面から視点に向かう方向を z 軸正方向とするような 3 次元座標系である。この「右手」という呼称は，右手の親指と人差し指，中指がたがいに直角になるように伸ばした状態で，各指の先端方向が順番に x, y, z 各座標軸正方向に一致することに由来する。また，右手座標系における軸周りの正回転方向は，各軸正方向に対向する視点からみて，反時計回り方向である。これは，軸の正方向に右ネジを進めるための回転方向に一致する。一方，図 (b) に示す**左手座標系**（left-handed coordinate system）は，ここでは x 軸正方向が右手系の反対方向になっている。また，各軸周りの正回転方向も，右手系と反対に，視線方向が各軸負方向に一致する状態から見て時計回り方向である。

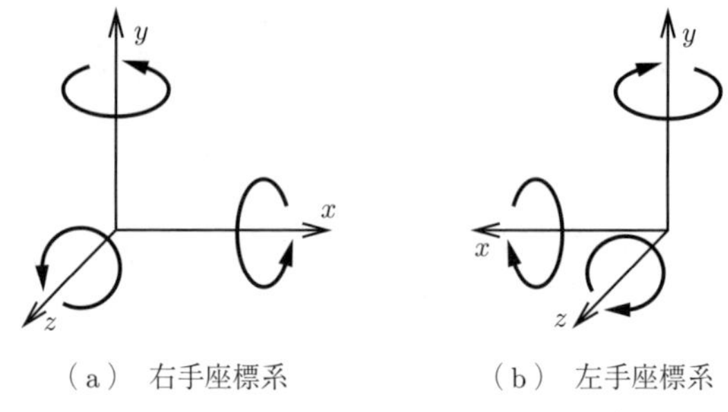

（a）　右手座標系　　　（b）　左手座標系

図 A.1　3 次元座標系

また，キャラクタが存在する空間そのものを定義している座標系を**ワールド座標系**（world coordinate system），または**グローバル座標系**（global coordinate system）と呼ぶ。空間内に配置されたさまざまな座標系は，ワールド座標系を基準として表現できる。このような座標系の表現をワールド座標系表現と呼ぶ。なお，y 軸正方向が鉛直上向き方向に対応し，x-z 平面を水平面とするような座標系は y-up 座標系とも呼ばれる。同様に，鉛直上向き方向を z 軸正方向とする z-up 座標系を用いることもあるが，x-up 座標系とすることはまれである。なお，本書で扱う座標系は，特に断らないかぎり y-up の右手座標系である。

A.2.2　空間ベクトルと座標変換

3 次元座標系における位置ベクトルを $\boldsymbol{p}$，変位ベクトルを $\boldsymbol{t}$，方向ベクトルを $\boldsymbol{d}$ と表す。例えば，ポリゴンの各頂点の座標は位置ベクトル $\boldsymbol{p}$，頂点の法線は方向ベクトル

$\boldsymbol{d}$ で表す。これらのベクトルはそれぞれ式 (A.1) から式 (A.3) のように定義される。

$$\boldsymbol{p} = \begin{bmatrix} p_x \\ p_y \\ p_z \end{bmatrix} \tag{A.1}$$

$$\boldsymbol{t} = \begin{bmatrix} t_x \\ t_y \\ t_z \end{bmatrix} \tag{A.2}$$

$$\boldsymbol{d} = \begin{bmatrix} d_x \\ d_y \\ d_z \end{bmatrix} \quad \text{subject to} \, \|\boldsymbol{d}\| = 1 \tag{A.3}$$

ここで，方向ベクトル $\boldsymbol{d}$ は，条件式のとおり $\|\boldsymbol{d}\| = \sqrt{d_x^2 + d_y^2 + d_z^2} = 1$ を満たす単位ベクトルであるとみなす。また，すべての成分が 0 の位置ベクトル，つまり原点座標は $\boldsymbol{o} = \begin{bmatrix} 0 & 0 & 0 \end{bmatrix}^T$ と表記する。

キャラクタアニメーションでは，各頂点やジョイントの位置や方向の変化を，平行移動と回転，拡大縮小の組合せのみで決定する。つまり，せん断を除いたアフィン変換で表す。そのため，せん断や射影変換など，より自由度の高い座標変換を扱うことはまれである。具体的に，変換前の位置ベクトル $\begin{bmatrix} p_x & p_y & p_z \end{bmatrix}^T$ を x 軸方向に t_x，y 軸方向に t_y，z 軸方向に t_z だけ平行移動した後の座標 $\begin{bmatrix} p'_x & p'_y & p'_z \end{bmatrix}^T$ は式 (A.4) で表される。

$$\begin{cases} p'_x = p_x + t_x \\ p'_y = p_y + t_y \\ p'_z = p_z + t_z \end{cases} \tag{A.4}$$

また x 軸に沿って s_x 倍，y 軸に沿って s_y 倍，z 軸に沿って s_z 倍する非一様なスケーリングは式 (A.5) で表される。

$$\begin{cases} p'_x = s_x p_x \\ p'_y = s_y p_y \\ p'_z = s_z p_z \end{cases} \tag{A.5}$$

x 軸周りの角度 θ_x の回転，y 軸周りの角度 θ_y の回転，z 軸周りの角度 θ_z の回転はそれぞれ式 (A.6)，式 (A.7)，式 (A.8) で表される。

$$\begin{cases} p'_x = p_x \\ p'_y = p_y \cos\theta_x - p_z \sin\theta_x \\ p'_z = p_y \sin\theta_x + p_z \cos\theta_x \end{cases} \tag{A.6}$$

$$\begin{cases} p'_x = p_x \cos\theta_y + p_z \sin\theta_y \\ p'_y = p_y \\ p'_z = -p_x \sin\theta_y + p_z \cos\theta_y \end{cases} \tag{A.7}$$

$$\begin{cases} p'_x = p_x \cos\theta_z - p_y \sin\theta_z \\ p'_y = p_x \sin\theta_z + p_y \cos\theta_z \\ p'_z = p_z \end{cases} \tag{A.8}$$

ここで，式 (A.5)～(A.8) は，それぞれ拡大縮小率や回転量を係数とする，変換元の座標値の線形結合として定義されている。すなわち，スケール後と回転後の座標は，それぞれ式 (A.9)～(A.12) に示すような行列とベクトルの乗算として書き直せる。

$$\boldsymbol{p}' = \boldsymbol{S}\boldsymbol{p} = \begin{bmatrix} s_x & 0 & 0 \\ 0 & s_y & 0 \\ 0 & 0 & s_z \end{bmatrix} \begin{bmatrix} p_x \\ p_y \\ p_z \end{bmatrix} \tag{A.9}$$

$$\boldsymbol{p}' = \boldsymbol{R}_x\boldsymbol{p} = \begin{bmatrix} 1 & 0 & 0 \\ 0 & \cos\theta_x & -\sin\theta_x \\ 0 & \sin\theta_x & \cos\theta_x \end{bmatrix} \begin{bmatrix} p_x \\ p_y \\ p_z \end{bmatrix} \tag{A.10}$$

$$\boldsymbol{p}' = \boldsymbol{R}_y\boldsymbol{p} = \begin{bmatrix} \cos\theta_y & 0 & \sin\theta_y \\ 0 & 1 & 0 \\ -\sin\theta_y & 0 & \cos\theta_y \end{bmatrix} \begin{bmatrix} p_x \\ p_y \\ p_z \end{bmatrix} \tag{A.11}$$

$$\boldsymbol{p}' = \boldsymbol{R}_z\boldsymbol{p} = \begin{bmatrix} \cos\theta_z & -\sin\theta_z & 0 \\ \sin\theta_z & \cos\theta_z & 0 \\ 0 & 0 & 1 \end{bmatrix} \begin{bmatrix} p_x \\ p_y \\ p_z \end{bmatrix} \tag{A.12}$$

このようにスケール行列 $\boldsymbol{S}$ と回転行列 $\boldsymbol{R}$ の導入によって，座標変換を簡潔な数式で記述できる。しかし，平行移動は 3 行 3 列の座標変換行列として表せないため，位置ベクトル $\boldsymbol{p}$ と変位ベクトル $\boldsymbol{t}$ の加算 $\boldsymbol{p}' = \boldsymbol{p} + \boldsymbol{t}$ によって求めなければならない。例えば，位置ベクトルをスケールした後に回転と平行移動を施す座標変換は式 (A.13)，回転後に平行移動とスケールを施す計算は式 (A.14) で表される。

$$\boldsymbol{p}' = \boldsymbol{R}\boldsymbol{S}\boldsymbol{p} + \boldsymbol{t} \tag{A.13}$$

$$\boldsymbol{p}' = \boldsymbol{S}(\boldsymbol{R}\boldsymbol{p} + \boldsymbol{t}) \tag{A.14}$$

このように乗算と加算が混在した計算式になるため，複合的な座標変換を数式で表そうとすると煩雑になり，また記述された数式の意図の読解も妨げる。また，計算機プログラムとして実装する際にも，平行移動のみベクトル加算で実現するという，条件分岐を通じた演算の切り替えを要するため非効率的である。

A.2.3　同次座標表現

平行移動を含むすべての座標変換を行列演算によって統一的に記述する方法として，**同次座標系**（homogeneous coordinate system）が広く用いられる。この表現では，3 次元空間の位置や方向を表すベクトルを，同次座標と呼ばれる w 成分を加えた 4 次元ベクトルとして表現する。まず位置ベクトル $\boldsymbol{p}$ は，式 (A.15) に示すように同次座標を $p_w = 1$ として定義される。

$$\boldsymbol{p} = \begin{bmatrix} p_x \\ p_y \\ p_z \\ p_w = 1 \end{bmatrix} \tag{A.15}$$

一方，式 (A.16) に示すとおり，変位ベクトル $\boldsymbol{t}$ と方向ベクトル $\boldsymbol{d}$ の同次座標はともに $t_w = 0$，$d_w = 0$ である。

$$\boldsymbol{t} = \begin{bmatrix} t_x \\ t_y \\ t_z \\ t_w = 0 \end{bmatrix}, \qquad \boldsymbol{d} = \begin{bmatrix} d_x \\ d_y \\ d_z \\ d_w = 0 \end{bmatrix} \tag{A.16}$$

本書では，位置ベクトル $\boldsymbol{p}$ と変位ベクトル $\boldsymbol{t}$，方向ベクトル $\boldsymbol{d}$ のいずれも，特に断らない場合は同次座標系の列ベクトルとして表現する。原点座標についても同様に $\boldsymbol{o} = \begin{bmatrix} 0 & 0 & 0 & 1 \end{bmatrix}^T$ のように同次座標を 1 とする位置ベクトルとして表現する。また，変位ベクトルのすべての成分が 0 である場合は，$\boldsymbol{t} = \boldsymbol{\varnothing} = \begin{bmatrix} 0 & 0 & 0 & 0 \end{bmatrix}^T$ のように 4 次元ゼロベクトルとなる。

なお，ベクトルの長さは位置ベクトルに対しては定義されない。その代わり，原点から任意の位置へのユークリッド距離は，$\|\boldsymbol{p} - \boldsymbol{o}\|$ のように同次座標が 0 となるような変位ベクトルの長さとして計算できる。言い換えれば，座標間の変位や差分，方向のような相対量を表す同次座標は 0 をとる一方で，それ以外の絶対的な位置を表す同次座標は 0 以外の値（多くの場合は 1）となる。この効果については，以降順次説明する。

A.2.4　同次変換行列

つぎに，同次座標ベクトルや同次方向ベクトルの移動や回転，スケールなどの演算は，

式 (A.17) に示す 4 行 4 列の**同次変換行列**（homogeneous transformation matrix）$\boldsymbol{M}$ で表す。

$$\boldsymbol{M} = \begin{bmatrix} m_{11} & m_{12} & m_{13} & m_{14} \\ m_{21} & m_{22} & m_{23} & m_{24} \\ m_{31} & m_{32} & m_{33} & m_{34} \\ m_{41} & m_{42} & m_{43} & m_{44} \end{bmatrix} \tag{A.17}$$

そして，任意の位置や方向を新しい位置や方向に移す座標変換の操作は，同次変換行列 $\boldsymbol{M}$ とベクトル $\boldsymbol{p}$ との積 $\boldsymbol{Mp}$，あるいは $\boldsymbol{d}$ との積 $\boldsymbol{Md}$ として表される。具体的に，平行移動を表す同次変換行列 $\boldsymbol{T}$ を定義する。各座標軸に沿った移動量をそれぞれ t_x，t_y，t_z と表すとき，平行移動行列は式 (A.18) で表される。

$$\boldsymbol{T} = \begin{bmatrix} 1 & 0 & 0 & t_x \\ 0 & 1 & 0 & t_y \\ 0 & 0 & 1 & t_z \\ 0 & 0 & 0 & 1 \end{bmatrix} \tag{A.18}$$

単位行列の 4 列目の 1 行目から 3 行目を，3 次元平行移動成分で上書きしたような内容になっている。この行列 $\boldsymbol{T}$ で任意の座標ベクトルを座標変換すると，式 (A.19) に示すように意図した平行移動が行われることが確認できる。

$$\boldsymbol{Tp} = \begin{bmatrix} 1 & 0 & 0 & t_x \\ 0 & 1 & 0 & t_y \\ 0 & 0 & 1 & t_z \\ 0 & 0 & 0 & 1 \end{bmatrix} \begin{bmatrix} p_x \\ p_y \\ p_z \\ 1 \end{bmatrix} = \begin{bmatrix} p_x + t_x \\ p_y + t_y \\ p_z + t_z \\ 1 \end{bmatrix} \tag{A.19}$$

なお，変換後の同次座標は $p_w = 1$ に保たれていることもわかる。一方，任意の方向ベクトルを座標変換しても，式 (A.20) に示すように同次座標は変化しない。

$$\boldsymbol{Td} = \begin{bmatrix} 1 & 0 & 0 & t_x \\ 0 & 1 & 0 & t_y \\ 0 & 0 & 1 & t_z \\ 0 & 0 & 0 & 1 \end{bmatrix} \begin{bmatrix} d_x \\ d_y \\ d_z \\ 0 \end{bmatrix} = \begin{bmatrix} d_x \\ d_y \\ d_z \\ 0 \end{bmatrix} \tag{A.20}$$

つまり，相対量を表す方向ベクトルを平行移動しようとしても，その移動量が変換結果に作用することなく，同じ値を保ち続けるという一貫した結果が得られる。

つぎに，スケールを表す同次変換行列 $\boldsymbol{S}$ を定義する。各軸に沿った拡大縮小率をそれぞれ s_x，s_y，s_z と表すとき，スケール行列は式 (A.21) で表される。

$$\boldsymbol{S} = \begin{bmatrix} s_x & 0 & 0 & 0 \\ 0 & s_y & 0 & 0 \\ 0 & 0 & s_z & 0 \\ 0 & 0 & 0 & 1 \end{bmatrix} \tag{A.21}$$

このように，単位行列の対角成分を左上から順に各軸に沿った拡大縮小率で置き換えている。このとき，任意の位置ベクトルの座標変換結果は式 (A.22) のようになる。

$$\boldsymbol{Sp} = \begin{bmatrix} s_x & 0 & 0 & 0 \\ 0 & s_y & 0 & 0 \\ 0 & 0 & s_z & 0 \\ 0 & 0 & 0 & 1 \end{bmatrix} \begin{bmatrix} p_x \\ p_y \\ p_z \\ 1 \end{bmatrix} = \begin{bmatrix} s_x p_x \\ s_y p_y \\ s_z p_z \\ 1 \end{bmatrix} \tag{A.22}$$

このように，変換後の位置ベクトルも同次座標が $p_w = 1$ である同次ベクトルになっていることがわかる。同様に，スケール行列による変位ベクトルの座標変換は式 (A.23) のように表される。

$$\boldsymbol{St} = \begin{bmatrix} s_x & 0 & 0 & 0 \\ 0 & s_y & 0 & 0 \\ 0 & 0 & s_z & 0 \\ 0 & 0 & 0 & 1 \end{bmatrix} \begin{bmatrix} t_x \\ t_y \\ t_z \\ 1 \end{bmatrix} = \begin{bmatrix} s_x t_x \\ s_y t_y \\ s_z t_z \\ 0 \end{bmatrix} \tag{A.23}$$

指定された拡大縮小率に従って，各軸に沿ってスケールした変位ベクトルが得られる。

続いて，x，y，z 各軸周りの回転を表す同次変換行列を式 (A.24)～(A.26) に示す。

$$\boldsymbol{R}_x(\theta_x) = \begin{bmatrix} 1 & 0 & 0 & 0 \\ 0 & \cos\theta_x & -\sin\theta_x & 0 \\ 0 & \sin\theta_x & \cos\theta_x & 0 \\ 0 & 0 & 0 & 1 \end{bmatrix} \tag{A.24}$$

$$\boldsymbol{R}_y(\theta_y) = \begin{bmatrix} \cos\theta_y & 0 & \sin\theta_y & 0 \\ 0 & 1 & 0 & 0 \\ -\sin\theta_y & 0 & \cos\theta_y & 0 \\ 0 & 0 & 0 & 1 \end{bmatrix} \tag{A.25}$$

$$\boldsymbol{R}_z(\theta_z) = \begin{bmatrix} \cos\theta_z & -\sin\theta_z & 0 & 0 \\ \sin\theta_z & \cos\theta_z & 0 & 0 \\ 0 & 0 & 1 & 0 \\ 0 & 0 & 0 & 1 \end{bmatrix} \tag{A.26}$$

x 軸周りの回転行列 $\boldsymbol{R}_x(\theta_x)$ による任意の位置ベクトルの座標変換を式 (A.27) に

示す。

$$
\boldsymbol{R}_x(\theta_x)\boldsymbol{p} = \begin{bmatrix} 1 & 0 & 0 & 0 \\ 0 & \cos\theta_x & -\sin\theta_x & 0 \\ 0 & \sin\theta_x & \cos\theta_x & 0 \\ 0 & 0 & 0 & 1 \end{bmatrix} \begin{bmatrix} p_x \\ p_y \\ p_z \\ 1 \end{bmatrix}
= \begin{bmatrix} p_x \\ p_y\cos\theta_x - p_z\sin\theta_x \\ p_y\sin\theta_x + p_z\cos\theta_x \\ 1 \end{bmatrix} \tag{A.27}
$$

このように，x 軸周りの回転では，変換前の x 成分を保ちつつ，y 成分と z 成分のみが変化している。ここでも，同次座標は $p_w = 1$ に保たれていることがわかる。これは $\boldsymbol{R}_x$ だけでなく $\boldsymbol{R}_y$ と $\boldsymbol{R}_z$，およびこれらの合成変換行列においても同様に成り立つ。

A.2.5　アニメーションシステムにおける同次変換

3.4.2 項で述べたように，アニメーションシステムで扱う座標変換行列はスケーリング，回転，平行移動の順に施す座標変換に対応した $\boldsymbol{M} = \boldsymbol{TRS}$ によって構成される。これは特に，原点に配置されたプリミティブ形状を任意の大きさ，方向，位置に変換する際に有用である。複数の回転や平行移動が含まれる場合も，$(\boldsymbol{T}_1\boldsymbol{T}_2)(\boldsymbol{R}_1\boldsymbol{R}_2)(\boldsymbol{S}_1\boldsymbol{S}_2)$ のように全体として必ず左側から平行移動，回転，スケールの順に座標変換行列を乗算する。

また，このとき，どのような合成変換であれ 4 行目の成分は必ず式 (A.28) のように定数となる。

$$
\boldsymbol{M} = \begin{bmatrix} m_{11} & m_{12} & m_{13} & m_{14} \\ m_{21} & m_{22} & m_{23} & m_{24} \\ m_{31} & m_{32} & m_{33} & m_{34} \\ 0 & 0 & 0 & 1 \end{bmatrix} \tag{A.28}
$$

ここで，4 列目 $\begin{bmatrix} m_{14} & m_{24} & m_{34} & 1 \end{bmatrix}^T$ は座標変換後の平行移動成分を表し，残る左上の 3 行 3 列の部分行列が回転とスケールを表す。つまり，同次変換行列の 1〜3 行目のみで平行移動，回転，スケールのすべての情報を表現できる。このことから，4 行目の定数項を省いた 3 行 4 列の行列成分のみをデータ保存するアニメーションシステムも多い。これによって $4/16 = 25\,\%$ という無視できない大きさのデータ量を削減するとともに，座標変換に必要な乗算や加算を削減して計算コストを低減できる。

なお，同次変換行列として表されたアフィン変換は，すべて基準座標系を中心として決定する。平行移動は原点のとりかたに関係しない座標系非依存な演算であるが，回転とスケールについては注意が必要である。例えば，図 **A.2**(a) に示す 2 次元平面上の星形図形は，基準座標系原点から離れた位置を中心とする。この状態で x 軸方向と y 軸方向ともに 1.5 倍に拡大するようなスケール変換を加えると，図 (b) に示すとおり，各頂点が基準座標系原点から 1.5 倍の位置に移動する結果，図形の面積が $1.5 \times 1.5 = 2.25$ 倍になるとともに，図形中心が座標系原点からさらに離れた位置に移動する。回転変換も同様に，星形図形を z 軸周りに 45° 回転させると，図 (c) に示すとおり，各頂点が座標系原点周りに回転移動する結果が得られる。各種オーサリングツールでは，各図形や各モデル固有の原点を中心として回転やスケールを施す操作体系が提供されているが，計算上はあくまでも基準座標系を中心として定義されている。

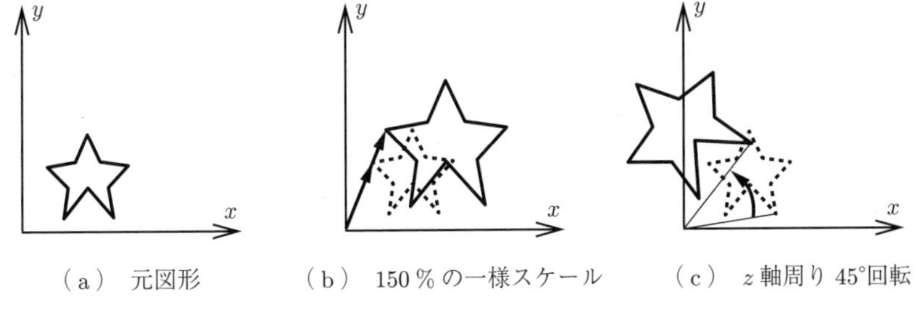

（a） 元図形　（b） 150 % の一様スケール　（c） z 軸周り 45°回転

図 **A.2**　座標系原点を基準とするスケールと回転

A.3　3 次元回転のパラメータ表現

本付録では，ここまで 3 次元空間の回転を各座標軸周りの回転，およびそれらの合成変換として説明してきた。しかし，位置や方向の表現には同次ベクトルという確立した表現手段がある一方で，3 次元回転については，いくつかの代表的なパラメータ表現の長所・短所を理解したうえでの使い分けが求められる。本節ではそうした代表的な 3 次元回転のパラメータ表現と，その特性について説明する。

A.3.1　回　転　行　列

式 (A.24)〜(A.26) やそれらの合成変換のように，同次変換行列として 3 次元回転を表すことができる。このとき，少なくとも同次変換行列の左上側の 3×3 部分行列の値，すなわち九つのパラメータによって 3 次元回転を表現する。このデータ量は以降に示すほかの表現法と比べると 2 倍以上多い。また，キーフレーム補間のように二つ以上の回転を補間する場合，基本的に $(1-\alpha)\boldsymbol{R}_1 + \alpha\boldsymbol{R}_2$ のように単純には演算できない。そのため，回転行列は座標変換行列の算出過程では必ず扱われるが，アニメーションクリップのデータ表現やキーフレーム補間において扱うことはまれである。

A.3.2　オ イ ラ ー 角

オイラー角（Euler angles）は，各座標軸周りの回転角度の組合せによって３次元回転を表すパラメータ形式である。例えば，回転量を z-x-y 軸周りの回転の合成変換 $\boldsymbol{R}_y(\theta_y)\boldsymbol{R}_x(\theta_x)\boldsymbol{R}_z(\theta_z)$ で表すとき，オイラー角は回転角度の三つ組 $\{\theta_y, \theta_x, \theta_z\}$ である。また，回転量を x-y-x 軸周りの回転の合成変換 $\boldsymbol{R}_{x_1}(\theta_{x_1})\boldsymbol{R}_y(\theta_y)\boldsymbol{R}_{x_2}(\theta_{x_2})$ で表すときには $\{\theta_{x_1}, \theta_y, \theta_{x_2}\}$ となる。さらに，場合によっては二つの軸周りの回転 $\{\theta_x, \theta_y\}$ で記述することもありえる。このようにオイラー角は座標軸回転の組合せの自由度が高いため，あらかじめどの座標軸を回転軸としてどのような順番で回転するのか定める必要がある。換言すれば，回転順序さえ定めてしまえば，３次元回転を三つの最小限のパラメータでコンパクトに表現できるという，メモリ消費量の観点では優れた特性を持つ。また，各軸周りの回転量は度数表記であれ弧度表記であれ直観的に理解しやすいため，各種オーサリングツールのインタフェースに広く採用されている。

ただし，キーフレーム補間のように二つ以上の回転を補間する場合，オイラー角を直接補間すると意図しない不自然な結果が得られる。**図 A.3** に，z-x-y 軸周りのオイラー角表現による直方体の姿勢変形の一例を示す。この例では，図 (a) に示すよう

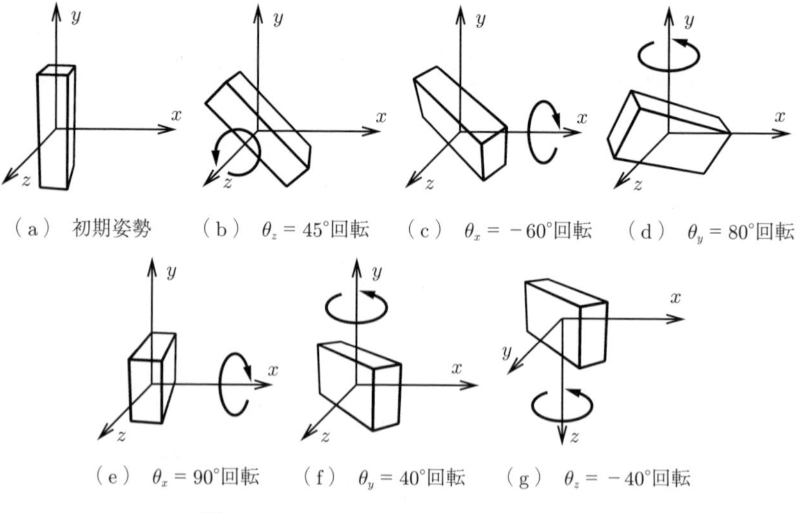

図 **A.3**　オイラー角表現とジンバルロック

な，中心が原点に位置する直方体をオイラー角 $\{\theta_y, \theta_x, \theta_z\}$ によって回転させる。まず，$\{\theta_y = 80°, \theta_x = -60°, \theta_z = 45°\}$ とするとき，図 (b)，(c)，(d) の順に座標軸周りの回転が加えられることで，最終的に図 (d) に示す回転結果が得られる。これは，回転の合成が $\boldsymbol{R}_z(\theta_z) \to \boldsymbol{R}_x(\theta_x)\boldsymbol{R}_z(\theta_z) \to \boldsymbol{R}_y(\theta_y)\boldsymbol{R}_x(\theta_x)\boldsymbol{R}_z(\theta_z)$ の順に左側から積算されることからも明らかであろう。

つぎに，同じく z-x-y 軸周りのオイラー角表現を用いつつ，最初に $\{\theta_y = 0°, \theta_x = 90°, \theta_z = 0°\}$ とすることで図 (e) に示す姿勢を定めたうえで，θ_y と θ_z を増減させるような操作を考える。まず，$\theta_z = 0°$ を維持したまま $\{\theta_y = 40°, \theta_x = 90°, \theta_z = 0°\}$ のように $\theta_y = 40°$ まで増加させると，y 軸周りの回転が加わることで図 (f) に示す姿勢が得られる。このときの回転行列の合成は，先の例と同様，$\boldsymbol{R}_x(\theta_x) \to \boldsymbol{R}_y(\theta_y)\boldsymbol{R}_x(\theta_x)$ の順で左側からの積算によって実現される。一方，$\{\theta_y = 0°, \theta_x = 90°, \theta_z = 0°\}$ から $\theta_z = -40°$ まで減少させると，図 (g) に示す直方体姿勢が得られるが，これは図 (f) と同一の姿勢である。また，このときの回転行列の合成は，先の二例とは逆に，オイラー角の定義に従って $\boldsymbol{R}_x(\theta_x) \to \boldsymbol{R}_x(\theta_x)\boldsymbol{R}_z(\theta_z)$ の順で右側からの積算によって実現される。これはつまり，図 (g) の座標軸に示すように，x 軸周りの回転によって座標軸方向そのものも回転したうえで，z 軸周りの回転を施すことに対応する。その結果，θ_y と θ_z の回転が，あたかも同一軸周りの回転を表すような状態に陥る。

このように，異なる二つのオイラー角パラメータ θ_z と θ_y が，あたかも同一の軸周りの回転を表すかのような不自然な状態は**ジンバルロック** (gimbal lock) と呼ばれる。この現象は，同一の姿勢を表すオイラー角の組合せが複数存在するために生じる。この例では，任意の角度 $\tilde{\theta}$ について，$\{\theta_y = \tilde{\theta}, \theta_x = 90°, \theta_z = 0\}$ と $\{\theta_y = 0°, \theta_x = 90°, \theta_z = -\tilde{\theta}\}$ が同じ 3 次元回転を表す状態となっている。すなわち，z-x-y 軸周りのオイラー角表現において $\theta_x = 90°$ が保たれる限り，3 次元姿勢の一つの自由度が失われ，表現できる姿勢のバリエーションが強く制限されることになる。

A.3.3　任意軸周りの回転表現

座標系軸に限らず任意の方向ベクトル $\boldsymbol{d}$ を回転軸として 3 次元回転を表現できる。これは，回転軸を表す方向ベクトルと，その軸周りの回転角度 θ の組合せ $\{\boldsymbol{d}, \theta\}$ であることから，**任意軸周りの回転表現**，あるいは英語表記のまま **axis-angle 表現**と呼ばれる。例えば，**図 A.4** に示す模式図では，実線で示す直方体を方向ベクトル $\boldsymbol{d}$ の周りに $\theta = 180°$ 回転することで，破線に示す姿勢を得ている。このように軸方向を表す 3 次元ベクトルと回転量という計四つのパラメータで 3 次元回転を表すことから，3 自由度回転に対してパラメータ数が一つ多くなる。こうした冗長性により，同一の回転を表す 2 通りのパラメータが存在するという二重性の問題を生じる。具体的

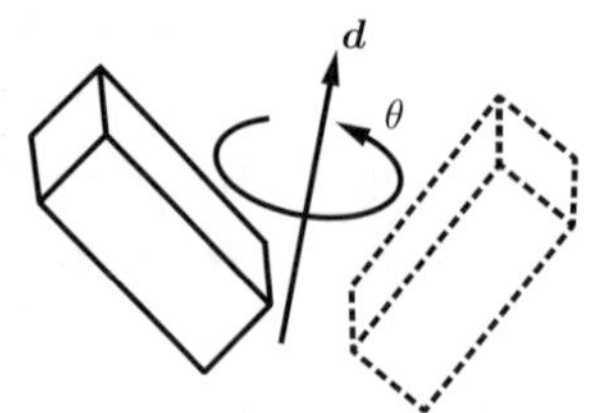

図 **A.4**　任意軸周りの回転表現

には，$\{\boldsymbol{d}, \theta\}$ と $\{-\boldsymbol{d}, -\theta\}$ は同一の回転を表す。こうした二重性の問題は，正値の回転角度のみを扱うという条件を課すことで解消される。

また，回転量の補間においても axis-angle 表現は有用である。もし二つの回転量の間の相対回転 $\{\boldsymbol{d}_{1\to2}, \theta_{1\to2}\}$ が求められれば，その中間の回転量は $\{\boldsymbol{d}_{1\to2}, \alpha\theta_{1\to2}\}$ のように単純な計算で補間できる。ただし，補間後の axis-angle 表現を用いて座標変換するためには，いったん回転行列表現に変換しなければならず，少なくない計算上のオーバーヘッドを要する。また，二つの回転量 $\{\boldsymbol{d}_1, \theta_1\}$ と $\{\boldsymbol{d}_2, \theta_2\}$ を axis-angle 表現のまま直接補間することはできない。

A.3.4　クォータニオン

クォータニオン（quaternion）あるいは**四元数**は複素数の拡張であり，一つの実数 q_w と三つの虚数 q_x，q_y，q_z で構成される。

$$\boldsymbol{q} = \begin{bmatrix} q_x & q_y & q_z & q_w \end{bmatrix} \tag{A.29}$$

このうちノルムが $\|\boldsymbol{q}\| = 1$ であるような**単位クォータニオン**（unit quaternion）を用いて 3 次元空間における回転を表すことができる。なお，本書ではクォータニオンに関する厳密な説明は行わないので，興味がある読者は文献100), 101) などを参照されたい。

ここで，3 次元空間における回転を四つの数値の組として表すことは，一見すると冗長に見えるが，これは**図 A.5** に示すように，2 次元平面上の 1 軸回転を 2 次元方向ベクトルを用いて表すことに似ている。2 次元面上の回転は単一の回転角度を用いて表せるが，このとき $0°$ と $360°$ や，$180°$ と $-180°$ が同じ回転を表すように，同じ回転量を表す複数の角度が存在する。したがって，回転角度の定義域を $[0°, 360°)$ とすると，正方向に連続して 2 回転する場合，図 (b) に示すように 2 周目を開始する瞬間に，$360°$ に限りなく近い角度から $0°$ に回転角度が不連続に変化する。

一方，2 次元回転を方向ベクトルによって表すことを考える。例えば，無回転の状態における方向ベクトルを $\boldsymbol{d}(0) = \begin{bmatrix} 1 & 0 \end{bmatrix}$ と定めれば，任意の回転量 θ に対応する方

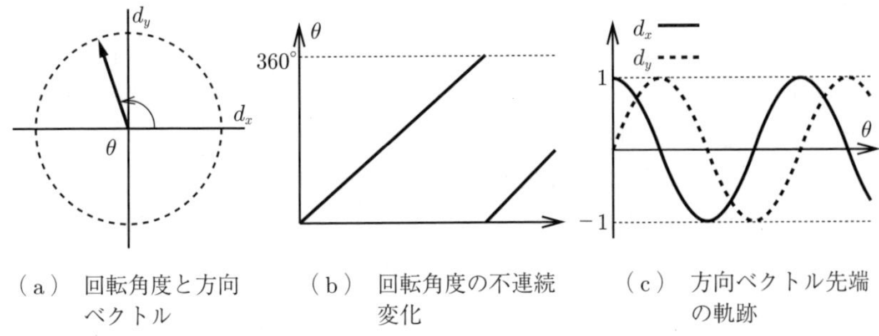

（a）回転角度と方向ベクトル　（b）回転角度の不連続変化　（c）方向ベクトル先端の軌跡

図 A.5　2 次元回転のパラメータ表現

向は $\boldsymbol{d}(\theta) = \begin{bmatrix}\cos\theta & \sin\theta\end{bmatrix}$ となる。このとき，図 (a) の破線に示す方向ベクトルの先端の軌跡，および図 (c) のグラフに示すように，隣接する回転量に対応する方向ベクトルは必ず近接した値を示す。また，何周回転するとしても方向ベクトルの値は周期的に変化しており，同一の回転を表す方向ベクトルは一意に定まっている。このように，パラメータを一つ増やすことによるデータ量増加のデメリットもともなうが，回転角度の不連続性や多重性などの不具合を解消できるメリットが得られる。

同様の考え方は，3 次元空間中の 2 軸回転にも拡張できる。例えば地球表面上の位置は緯度と経度という二つの回転角度を用いて表される。しかし，緯度経度表現では，北極と南極において特異状態を与える。すなわち，北緯 90° を示す北極点と，南緯 90° を示す南極点においては，いかなる経度も同じ地点を表す。そのため，北極点と南極点を表す経度を一意に定められないという問題が生じる。また，子午線が東経 180° と西経 180° の両方で表されるという二重性の問題もある。一方，地球中心部を原点とする基準座標系を定めたうえで，中心部から地球表面上に向かう 3 次元方向ベクトルを扱うのであれば，そうした特異点や二重性をともなわずに 2 軸回転をパラメータ表現できる。

これらのアナロジから，3 軸回転をクォータニオンという次数が一つ多いパラメータで表すことの利点が予想できるであろう。ただ，同一の回転を 2 通りのクォータニオンで表せられるという二重性は生じる。具体的には，クォータニオン $\boldsymbol{q} = \begin{bmatrix}q_x & q_w & q_z & q_w\end{bmatrix}$ のその負値 $-\boldsymbol{q} = \begin{bmatrix}-q_x & -q_w & -q_z & -q_w\end{bmatrix}$ は同一の 3 次元回転を表す。クォータニオンの w 成分を必ず正値とする制約を課すことで二重性は解消できるが，連続した回転を扱うときにクォータニオンの成分が不連続に変化する副作用が生じるため注意が必要である。

A.3.5　クォータニオンの応用

キャラクタアニメーションにおけるクォータニオンの有用性は，A.3.2 項で示したジンバルロックが発生しないことと，3.5.3 項で詳述した球面線形補間の優れた計算特性という，おもに二つの特長に代表される。また，いったん回転行列を経ることなく，クォータニオン表現のまま 3 次元ベクトルの回転結果を求められる点も，計算上の大きな特長である。そのほかにも，下記に述べるような用途において，クォータニオンはほかの 3 次元回転パラメータ表現よりも有用である。

特に，角変位を表すクォータニオンに対して，対数およびその指数が定義できる点が挙げられる[101), 102)]。例えば，二つのクォータニオン $\boldsymbol{q}_1$ と $\boldsymbol{q}_2$ の間の角変位 $\boldsymbol{q}_2\boldsymbol{q}_1^{-1}$ の対数は式 (A.30) のように定義される。

$$\begin{cases} \log\left(\boldsymbol{q}_2\boldsymbol{q}_1^{-1}\right) = \boldsymbol{\phi} = \begin{bmatrix}\phi_x & \phi_y & \phi_z\end{bmatrix} = \begin{bmatrix} q_x\dfrac{\eta}{\sin\eta} & q_y\dfrac{\eta}{\sin\eta} & q_z\dfrac{\eta}{\sin\eta}\end{bmatrix} \\ \eta = \cos^{-1}(q_w) \\ \exp(\boldsymbol{\phi}) = \boldsymbol{q}_2\boldsymbol{q}_1^{-1} \end{cases} \tag{A.30}$$

この対数クォータニオン $\boldsymbol{\phi}$ は，三つの独立な成分 $\begin{bmatrix}\phi_x & \phi_y & \phi_z\end{bmatrix}$ で表されるため，情報量を失うことなくデータ数を一つ減らすことができる。さらに，非可換なクォータニオン積は，対数空間における加算として近似できる。これは，加算ポーズブレンドにおいて重要な特長となる。例えば，基本ポーズのジョイントの回転量を $\bar{\boldsymbol{q}}$，二つの派生ポーズを $\boldsymbol{q}_1$ と $\boldsymbol{q}_2$ と表すとき，差分ポーズを対数クォータニオン $\boldsymbol{\phi}_1 = \log\left(\boldsymbol{q}_1\bar{\boldsymbol{q}}^{-1}\right)$ と $\boldsymbol{\phi}_2 = \log\left(\boldsymbol{q}_2\bar{\boldsymbol{q}}^{-1}\right)$ を用いて，加算ポーズブレンドは式 (A.31) で表される。

$$\boldsymbol{q}^* = \exp(\beta_1\boldsymbol{\phi}_1 + \beta_2\boldsymbol{\phi}_2)\,\bar{\boldsymbol{q}} \tag{A.31}$$

ここで β_1 と β_2 は，それぞれ差分ポーズに対するブレンド係数を表す。このように，複数の差分ポーズをブレンドする際にも，合成の順序やブレンド係数の相互関係を意識することなく，単純な積和計算で計算できることになる。さらにこの計算は，$\sum_{b=0}^{B}\beta_b = 1$ という仮定のもとで，式 (A.32) に示す三つ以上の回転の加重補間にも展開できる。

$$\boldsymbol{p}^* = \exp\left(\sum_{b=1}^{B}\beta_b\log\left(\boldsymbol{q}_b\bar{\boldsymbol{q}}^{-1}\right)\right)\bar{\boldsymbol{q}} \tag{A.32}$$

こうした特性は，特に複数の回転量の加重和を求める必要があるような，モーションブレンドやクォータニオン時系列のフィルタリングなどへの応用において重要な働きをする。ただし，式 (A.31) や式 (A.32) の計算は，$\boldsymbol{q}_b\bar{\boldsymbol{q}}^{-1}$ が表す差分が小さいときには高精度な結果を与えるが，差分が大きくなるほど急激に精度が低下するので注意が必要である。

A.3.6 右手系と左手系の相互変換

3次元空間上のある点 $\boldsymbol{p}$ の位置を表す座標値は，その空間にどのような座標系を設定するかによって決まる。左手座標系において $\boldsymbol{p}$ の座標値が $\boldsymbol{p}_L = \begin{bmatrix} p_x & p_y & p_z & 1 \end{bmatrix}^T$ と表されるとき，この座標値 $\boldsymbol{p}_L$ を，右手座標系で $\boldsymbol{p}$ の位置を表した座標値 $\boldsymbol{p}_R$ へと変換する方法について考える。最も単純な方法は，座標系の原点は動かさず，左手座標系を構成する三つの軸のうち，どれか一つの軸の方向を反転することによって変換先の右手座標系を定義するというものである。例えば，左手座標系の x 軸の方向を反転して得られる右手座標系での座標値は $\boldsymbol{p}_R = \begin{bmatrix} -p_x & p_y & p_z & 1 \end{bmatrix}^T$ となる。

原点を中心として点 $\boldsymbol{p}$ を回転し，$\boldsymbol{p}'$ に移動する操作を考える。右手座標系においては，回転前の座標値 $\boldsymbol{p}_R$ と回転後の座標値 $\boldsymbol{p}'_R$ の間には，ある回転行列 $\boldsymbol{M}_R$ を介して $\boldsymbol{p}'_R = \boldsymbol{M}_R \boldsymbol{p}_R$ なる関係が成り立つ。また，左手座標系で定義した座標値についても，$\boldsymbol{p}'_L = \boldsymbol{M}_L \boldsymbol{p}_L$ なる関係を成立させる回転行列 $\boldsymbol{M}_L$ が定義できる。

右手座標系の座標値から左手座標系の座標値への変換を x 軸方向の反転によって行った場合には，左手座標系での座標 $\boldsymbol{p}'_L = \begin{bmatrix} p'_x & p'_y & p'_z & 1 \end{bmatrix}^T$ は，右手座標系での座標値 $\boldsymbol{p}'_R = \begin{bmatrix} -p'_x & p'_y & p'_z & 1 \end{bmatrix}^T$ に対応している。これらの対応を座標変換行列 $\boldsymbol{H}$ によって表せば

$$\boldsymbol{p}_R = \boldsymbol{H}\boldsymbol{p}_L = \begin{bmatrix} -1 & 0 & 0 & 0 \\ 0 & 1 & 0 & 0 \\ 0 & 0 & 1 & 0 \\ 0 & 0 & 0 & 1 \end{bmatrix} \boldsymbol{p}_L \tag{A.33}$$

そして

$$\boldsymbol{p}'_R = \boldsymbol{H}\boldsymbol{p}'_L = \begin{bmatrix} -1 & 0 & 0 & 0 \\ 0 & 1 & 0 & 0 \\ 0 & 0 & 1 & 0 \\ 0 & 0 & 0 & 1 \end{bmatrix} \boldsymbol{p}'_L \tag{A.34}$$

である。このように，左手座標系の座標値から右手座標系の座標値への変換行列 $\boldsymbol{H}$ は，式 (A.35) に示す行列で表すことができる。

$$\boldsymbol{H} = \begin{bmatrix} -1 & 0 & 0 & 0 \\ 0 & 1 & 0 & 0 \\ 0 & 0 & 1 & 0 \\ 0 & 0 & 0 & 1 \end{bmatrix} \tag{A.35}$$

式 (A.33) および式 (A.34) を上式 $\boldsymbol{p}'_R = \boldsymbol{M}_R \boldsymbol{p}_R$ に代入すると

$$\boldsymbol{H}\boldsymbol{p}'_L = \boldsymbol{M}_R\boldsymbol{H}\boldsymbol{p}_L \tag{A.36}$$

となり，両辺の左側から逆変換行列 $\boldsymbol{H}^{-1}$ を掛けると

$$\boldsymbol{p}'_L = \boldsymbol{H}^{-1}\boldsymbol{M}_R\boldsymbol{H}\boldsymbol{p}_L \tag{A.37}$$

を得る。このとき，$\boldsymbol{p}'_L = \boldsymbol{M}_L\boldsymbol{p}_L$ なる関係があることを踏まえると

$$\boldsymbol{M}_L = \boldsymbol{H}^{-1}\boldsymbol{M}_R\boldsymbol{H} \tag{A.38}$$

が成り立つ。同様にして，式 (A.38) の左側から $\boldsymbol{H}$ を掛け，右側から $\boldsymbol{H}^{-1}$ を掛けると

$$\boldsymbol{H}\boldsymbol{M}_L\boldsymbol{H}^{-1} = \boldsymbol{M}_R \tag{A.39}$$

という関係が得られる。

ここで，回転行列 $\boldsymbol{M}_L$ の各要素を

$$\boldsymbol{M}_L = \begin{bmatrix} m_{11} & m_{12} & m_{13} & m_{14} \\ m_{21} & m_{22} & m_{23} & m_{24} \\ m_{31} & m_{32} & m_{33} & m_{34} \\ 0 & 0 & 0 & 1 \end{bmatrix} \tag{A.40}$$

と表記すると，右手座標系における回転行列 $\boldsymbol{M}_R$ の各要素は，式 (A.39) および式 (A.35) より

$$\boldsymbol{M}_R = \begin{bmatrix} m_{11} & -m_{12} & -m_{13} & -m_{14} \\ -m_{21} & m_{22} & m_{23} & m_{24} \\ -m_{31} & m_{32} & m_{33} & m_{34} \\ 0 & 0 & 0 & 1 \end{bmatrix} \tag{A.41}$$

となる。

このとき，左手座標系における回転行列 $\boldsymbol{M}_L$ と同等の回転を表すクォータニオンの要素を $\boldsymbol{q}_L = \begin{bmatrix} q_x & q_y & q_z & q_w \end{bmatrix}$ とすると，行列 $\boldsymbol{M}_L$ の各要素は

$$\boldsymbol{M}_L = \begin{bmatrix} 1-2(q_y^2+q_z^2) & 2(q_xq_y+q_zq_w) & 2(q_xq_z-q_zq_w) & m_{14} \\ 2(q_xq_y-q_zq_w) & 1-2(q_x^2+q_z^2) & 2(q_yq_z+q_xq_w) & m_{24} \\ 2(q_xq_z+q_yq_w) & 2(q_yq_z-q_xq_w) & 1-2(q_x^2+q_y^2) & m_{34} \\ 0 & 0 & 0 & 1 \end{bmatrix} \tag{A.42}$$

と表される。式 (A.41) の関係から，行列 $\boldsymbol{M}_L$ が表す回転を右手座標系で表した行列 $\boldsymbol{M}_R$ の各要素は

$$\boldsymbol{M}_R = \begin{bmatrix} 1-2(q_y^2+q_z^2) & 2(-q_xq_y-q_zq_w) & 2(-q_xq_z+q_zq_w) & -m_{14} \\ 2(-q_xq_y+q_zq_w) & 1-2(q_x^2+q_z^2) & 2(q_yq_z+q_xq_w) & m_{24} \\ 2(-q_xq_z-q_yq_w) & 2(q_yq_z-q_xq_w) & 1-2(q_x^2+q_y^2) & m_{34} \\ 0 & 0 & 0 & 1 \end{bmatrix} \quad \text{(A.43)}$$

となる。

右手座標系において，このような座標変換行列 $\boldsymbol{M}_R$ と同等な回転を表すクォータニオンの要素の一例としては

$$\boldsymbol{q}_R = \begin{bmatrix} q_x & -q_y & -q_z & q_w \end{bmatrix} \quad \text{(A.44)}$$

を挙げることができる。この $\boldsymbol{q}_R$ は，左手座標系における回転を表すクォータニオン $\boldsymbol{q}_L = \begin{bmatrix} q_x & q_y & q_z & q_w \end{bmatrix}$ について，座標系の x 軸を反転することで定義した右手座標系で $\boldsymbol{q}_L$ と同等の回転を表すクォータニオンである。

引用・参考文献

1) Philippe Bergeron and Pierre Lachapelle：Controlling facial expressions and body movements in the computer-generated animated short: Tony de peltrie, *SIGGRAPH '85 Tutorial Notes* (1985)

2) J. P. Lewis, Matt Cordner, and Nickson Fong：Pose space deformation: A unified approach to shape interpolation and skeleton-driven deformation, *Proceedings of SIGGRAPH 2000*, pp. 165–172 (2000)

3) Charles F. Rose, Peter-Pike J. Sloan, and Michael F. Cohen：Artist-directed inverse-kinematics using radial basis function interpolation, *Compuer Graphics Forum*, **20**, 3, pp. 239–250 (2001)

4) Thomas W. Sederberg and Scott R. Parry：Free-form deformation of solid geometric models, *Proceedings of SIGGRAPH 86*, pp. 151–160 (1986)

5) Michael S. Floater：Mean value coordinates, *Computer Aided Geometric Design*, **20**, 1, pp. 19–27 (2003)

6) Tao Ju, Scott Schaefer, and Joe Warren：Mean value coordinates for closed triangular meshes, *ACM Transactions on Graphics*, **24**, 3, pp. 561–566 (2005)

7) Pushkar Joshi, Mark Meyer, Tony DeRose, Brian Green, and Tom Sanocki：Harmonic coordinates for character articulation, *ACM Transactions on Graphics*, **26**, 3, pp. 71:1–71:10 (2007)

8) Yaron Lipman, David Levin, and Daniel Cohen-Or：Green coordinates, *ACM Transactions on Graphics*, **27**, 3, pp. 78:1–78:10 (2008)

9) Alec Jacobson, Zhigang Deng, Ladislav Kavan, and J. P. Lewis：Skinning: Real-time shape deformation, In *SIGGRAPH 2014 Courses* (2014)

10) David M. Boug 著, 榊原一矢 監訳：ゲーム開発のための物理シミュレーション入門, オーム社 (2003)

11) Matthias Müller, Jos Stam, Doug James, and Nils Thürey：Real time physics: Class notes, In *SIGGRAPH 2008 Courses*, pp. 88:1–88:90 (2008)

12) 加古 孝：数値計算（コンピュータサイエンス教科書シリーズ), コロナ社 (2009)

13) Brian Mirtich and John Canny：Impulse-based simulation of rigid bodies, *Symposium on Interactive 3D Graphics*, pp. 181–188 (1995)

14) David Baraff：Analytical methods for dynamic simulation of non-penetrating rigid bodies, *Computer Graphics*, **23**, 3, pp. 223–232 (1989)

15) Eran Guendelman, Robert Bridson, and Ronald Fedkiw：Nonconvex rigid bodies with stacking, *ACM Transactions on Graphics*, **22**, 3, pp. 871–878 (2003)

16) Philipp K. Janert 著, 野原 勉 監訳, 星 義克, 米元謙介 訳：エンジニアのためのフィードバック制御入門, オライリージャパン (2014)

17) Tina O'Hailey：Maya リギング 改訂版—正しいキャラクターリグの作り方—, ボーンデジタル (2019)

18) 梅谷信行：12 章–CG のための有限要素法ミニマム, *Computer Graphics Gems JP 2012*, ボーンデジタル (2012)

19) Ilya Baran and Jovan Popović：Automatic rigging and animation of 3D characters, *ACM Transactions on Graphics*, **26**, 3, pp. 72:1–72:8 (2007)

20) Olivier Dionne and Martin de Lasa：Geodesic binding for degenerate character geometry using sparse voxelization, *IEEE Transactions on Visualization and Computer Graphics*, **20**, 10, pp. 1367–1378 (2014)

21) Elmar Eisemann and Jean-Marc Thiery：Araplbs: Robust and efficient elasticity-based optimization of weights and skeleton joints for linear blend skinning with parameterized bones, *Computer Graphics Forum*, **37**, 1, pp. 32–44 (2018)

22) Binh H. Le and Zhigang Deng：Smooth skinning decomposition with rigid bones, *ACM Transactions on Graphics*, **31**, 6, pp. 199:1–199:10 (2012)

23) Binh H. Le and Zhigang Deng：Robust and accurate skeletal rigging from mesh sequences, *ACM Transactions on Graphics*, **33**, 4, pp. 84:1–84:10 (2014)

24) Tomohiko Mukai：Sampling-based rig conversion into non-rigid helper transformations, *Proceedings of ACM on Computer Graphics and Interactive Techniques*, **1**, 1, pp. 13:1–13:12 (2018)

25) Xuecheng Liu, Tianlu Mao, Shihong Xia, Yong Yu, and Zhaoqi Wang：Facial animation by optimized blendshapes from motion capture data, *Computer Animation and Virtual Worlds*, **19**, 3–4, pp. 235–245 (2008)

26) Hao Li, Thibaut Weise, and Mark Pauly：Example-based facial rigging,

ACM Transactions on Graphics, **29**, 4, pp. 32:1–32:12 (2010)

27）Chuhua Xian, Hongwei Lin, and Shuming Gao：Automatic cage generation by improved obbs for mesh deformation, *The Visual Computer*, **28**, 1 (2012)

28）Xiaosong Yang, Jian Chang, Richard Southern, and Jian J. Zhang：Automatic cage construction for retargeted muscle fitting, *The Visual Computer*, **29**, 5 (2013)

29）Binh Huy Le and Zhigang Deng：Interactive cage generation for mesh deformation, *Proceedings of ACM SIGGRAPH Symposium on Interactive 3D Graphics and Games*, pp. 3:1–3:9 (2017)

30）栗原恒弥, 安生健一：3DCG アニメーション—基礎から最先端まで—, 技術評論社 (2003)

31）Fletcher Dunn, Ian Parberry 著, 松田晃一 訳：実例で学ぶゲーム 3D 数学, オライリージャパン (2008)

32）伊藤大雄：データ構造とアルゴリズム（コンピュータサイエンス教科書シリーズ）, コロナ社 (2017)

33）伊藤毅志, 保木邦仁, 三宅陽一郎：ゲーム情報学概論 —ゲームを切り拓く人工知能—, コロナ社 (2018)

34）Alex Mohr and Michael Gleicher：Building efficient, accurate character skins from examples, *ACM Transactions on Graphics*, **22**, 3, pp. 562–568 (2003)

35）Jason Parks：Helper joints: Advanced deformations on runtime characters, In *Game Developers Conference* (2005)

36）Jubok Kim and Choong H. Kim：Implementation and application of the real-time helper-joint system, In *Game Developers Conference* (2011)

37）David Eberly：A fast and accurate algorithm for computing slerp, *Journal of Graphics, GPU, and Game Tools*, **15**, 3, pp. 161–176 (2011)

38）Myoung J. Kim, Myung S. Kim, and Sung Y. Shin：A general construction scheme for unit quaternion curves with simple high order derivatives, *Proceedings of SIGGRAPH 95*, pp. 369–376 (1995)

39）Samuel R. Buss and Jay P. Fillmore：Spherical averages and applications to spherical splines and interpolation, *ACM Transactions on Graphics*, **20**, 2, pp. 95–126 (2001)

40）Xiaohuan Corina Wang and Cary Phillips：Multi-weight enveloping: Least-squares approximation techniques for skin animation, *Proceedings of ACM SIGGRAPH/Eurographics Symposium on Computer Animation*, pp. 129–

138 (2002)

41) Ladislav Kavan and Jiri Zara：Spherical blend skinning: A real-time deformation of articulated models, *Proceedings of ACM SIGGRAPH Symposium on Interactive 3D Graphics and Games 2005*, pp. 9–16 (2005)

42) Ladislav Kavan, Steven Collins, Jiri Zara, and Carol O'Sullivan：Skinning with dual quaternions, *Proceedings of ACM SIGGRAPH Symposium on Interactive 3D Graphics 2007*, pp. 39–46 (2007)

43) Binh Huy Le and Jessica K. Hodgins：Real-time skeletal skinning with optimized centers of rotation, *ACM Transactions on Graphics*, **35**, 4, pp. 37:1–37:10 (2016)

44) Alec Jacobson and Olga Sorkine：Stretchable and twistable bones for skeletal shape deformation, *ACM Transactions on Graphics*, **30**, 6, pp. 165:1–165:7 (2011)

45) Ladislav Kavan and Olga Sorkine：Elasticity-inspired deformers for character articulation,*ACM Transactions on Graphics*,**31**,6,pp.196:1–196:8(2012)

46) Robert Y. Wangand, Kari Pulli, and Jovan Popović：Real-time enveloping with rotational regression,*ACM Transactions on Graphics*,**26**,3,p.73(2007)

47) Joe Mancewiczand, Matt L. Derksen, Hans Rijpkema, and Cyrus A. Wilson：Delta mush: Smoothing deformations while preserving detail, *Proceedings of Symposium on Digital Production*, pp. 7–11 (2014)

48) Binh H. Le and J. P. Lewis：Direct delta mush skinning and variants, *ACM Transactions on Graphics*, **38**, 4, pp. 113:1–113:13 (2019)

49) Stephen W. Bailey, Dave Otte, Paul Dilorenzo, and James F. O'Brien：Fast and deep deformation approximations, *ACM Transactions on Graphics*, **37**, 4, pp. 119:1–119:12 (2018)

50) Alexis Angelidis and Karan Singh：Kinodynamic skinning using volume-preserving deformations, *Proceedings of ACM SIGGRAPH/Eurographics Symposium on Computer Animation 2007*, pp. 129–140 (2007)

51) Sang Il Park and Jessica K. Hodgins：Data-driven modeling of skin and muscle deformation, *ACM Transactions on Graphics*, **27**, 3, pp. 96:1–96:6 (2008)

52) Tomohiko Mukai and Shigeru Kuriyama：Efficient dynamic skinning with low-rank helper bone controllers, *ACM Transactions on Graphics*, **35**, 4, pp. 36:1–36:11 (2016)

53) David Bollo：Inertialization: High-performance animation transitions in 'Gears of War', In *Game Developers Conference* (2018)

54) 伊藤宏司：身体知システム論 —ヒューマンロボティクスによる運動の学習と制御—, 共立出版 (2005)

55) Jehee Lee, Jinxiang Chai, Paul S. A. Reitsma, Jessica K. Hodgins, and Nancy S. Pollard：Interactive control of avatars animated with human motion data, *ACM Transactions on Graphics*, **21**, 3, pp. 491–500 (2002)

56) Hyun Joon Shin and Hyun Seok Oh：Fat graphs: Constructing an interactive character with continuous controls, *Proceedings of ACM SIGGRAPH/Eurographics Symposium on Computer Animation 2006*, pp. 291–298 (2006)

57) Rachel Heck and Michael Gleicher：Parametric motion graphs, *Proceedings of ACM SIGGRAPH Symposium on Interactive 3D Graphics and Games 2007*, pp. 129–136 (2007)

58) Alla Safonova and Jessica K. Hodgins：Construction and optimal search of interpolated motion graphs, *ACM Transactions on Graphics*, **27**, 3, p. 106 (2007)

59) Liming Zhao and Alla Safonova：Achieving good connectivity in motion graphs, *Proceedings of ACM SIGGRAPH/Eurographics Symposium on Computer Animation 2008*, pp. 127–136 (2008)

60) Philippe Beaudoin, Stelian Coros, Michiel van de Panne, and Pierre Poulin：Motion-motif graphs, *Proceedings of ACM SIGGRAPH/Eurographics Symposium on Computer Animation 2008*, pp. 117–126 (2008)

61) Jianyuan Min and Jinxiang Chai：Motion graphs++: A compact generative model for semantic motion analysis and synthesis, *ACM Transactions on Graphics*, **31**, 6, pp. 153:1–153:12 (2012)

62) Lucas Kovar, Michael Gleicher, and Frédéric Pighin：Motion graphs, *ACM Transactions on Graphics*, **21**, 3, pp. 473–482 (2002)

63) Simon Clavet：Motion matching and the road to next-gen animation, In *Game Developers Conference* (2016)

64) Jason Gregory 著, 大貫宏美, 田中 幸 訳, 今給黎 隆, 湊 和久 監修：ゲームエンジン・アーキテクチャ 第 2 版, SB クリエイティブ (2015)

65) Jing Wang and Bobby Bodenheimer：Synthesis and evaluation of linear motion transitions, *ACM Transactions on Graphics*, **27**, 1, p. 1 (2008)

66) Leslie Ikemoto, Okan Arikan, and David Forsyth：Quick transitions with cached multi-way blends, *Proceedings of ACM SIGGRAPH Symposium on Interactive 3D Graphics and Games 2007*, pp. 145–151 (2007)

67) Yuki Koyama and Masataka Goto：Precomputed optimal one-hop motion transition for responsive character animation, *The Visual Computer*, **35**, 6–8, pp. 1131–1142 (2019)

68) Charles Rose, Brian Guenter, Bobby Bodenheimer, and Michael F.Cohen：Efficient generation of motion transitions using spacetime constraints, *Proceedings of SIGGRAPH 96*, pp. 147–154 (1996)

69) Cheng Ren, Liming Zhao, and Alla Safonova：Human motion synthesis with optimization-based graphs, *Computer Graphics Forum*, **29**, 2, pp. 545–554 (2010)

70) James McCann and Nancy Pollard：Responsive characters from motion fragments, *ACM Transactions on Graphics*, **27**, 3, p. 6 (2007)

71) Adrien Treuille, Yongjoon Lee, and Zoran Popović：Near-optimal character animation with continuous control, *ACM Transactions on Graphics*, **27**, 3, p. 7 (2007)

72) Yongjoon Lee, Kevin Wampler, Gilbert Bernstein, Jovan Popović, and Zoran Popović：Motion fields for interactive character animation, *ACM Transactions on Graphics*, **29**, 5, p. 138 (2010)

73) Michael Buttner：Reinforcement learning based character locomotion in hitman: Absolution, In *Game Developers Conference* (2013)

74) Daniel Holden, Taku Komura, and Jun Saito：A deep learning framework for character motion synthesis and editing, *ACM Transactions on Graphics*, **35**, 4, pp. 138:1–138:11 (2016)

75) Daniel Holden, Taku Komura, and Jun Saito：Phase-functioned neural networks for character control, *ACM Transactions on Graphics*, **36**, 4, pp. 42:1–42:13 (2016)

76) Xue B. Peng, Pieter Abbeel, Sergey Levine, and Michiel van de Panne：Deepmimic: Example-guided deep reinforcement learning of physics-based character skills, *ACM Transactions on Graphics*, **37**, 4, pp. 143:1–143:14 (2018)

77) Sam Hocevar：Beautiful maths simplification: quaternion from two vectors (2013), http://lolengine.net/blog/2013/09/18/beautiful-maths-quaternion-

from-vectors

78) Sam Hocevar：Quaternion from two vectors: the final version (2014), http://lolengine.net/blog/2014/02/24/quaternion-from-two-vectors-final

79) Chris Welman：Inverse kinematics and geometric constraints for articulated figure manipulation, *Master's thesis, Simon Fraser University* (1993)

80) Andreas Aristidou and Joan Lasenby：FABRIK: A fast, iterative solver for the inverse kinematics problem, *Graphical Models*, **73**, 5, pp. 243–260 (2011)

81) Thomas Jakobsen：Advanced character physics, In *Game Developers Conference* (2001), https://web.archive.org/web/20021208133159/http://www.ioi.dk/Homepages/thomasj/publications/gdc2001.htm
https://www.researchgate.net/publication/228599597_Advanced_character_physics

82) Andrew Witkin and David Baraff：Physically based modeling: Principles and practice, *Online Siggraph '97 Course notes* (1997), https://www.cs.cmu.edu/~baraff/sigcourse/

83) Pawel Wrotek, Odest C. Jenkins, and Morgan McGuire：Dynamo: Dynamic, data-driven character control with adjustable balance, *Sandbox '06: Proceedings of ACM SIGGRAPH Symposium on Videogames 2006*, pp. 61–70 (2006)

84) Stephen Frye：Tackling physics, In *Game Developers Conference* (2012)

85) Khaled Mamou：Volumetric hierarchical approximate convex decomposition, In Eric Lengyel, editor, *Game Engine Gems 3*, pp. 141–158, A K Peters (2016)

86) Ming C. Lin and Dinesh Manocha：Collision detection and proximity query packages, The University of North Carolina at Chapel Hill, 1997–2003, http://gamma.cs.unc.edu/research/collision/packages.html

87) Damian Isla and Bruce Blumberg：Blackboard Architectures, *AI Game Programming Wisdom*, **1**, 7.1, pp. 333–344 (2002)

88) 三宅陽一郎：人工知能の作り方, 技術評論社 (2016)

89) 三宅陽一郎：ディジタルゲームにおける人工知能技術の応用の現在, 人工知能学会誌, **30**, 1 (2015)

90) 今村紀之, 川地克明：FINAL FANTASY XV –EPISODE DUSCAE– のアニメーション〜接地感向上のためのとりくみ〜, In *CEDEC* (2015)

91) 「FFXV –EPISODE DUSCAE–」の AI &アニメはどう作られたか？, *Game-*

Watch (2015), https://game.watch.impress.co.jp/docs/news/718117.html

92) 上段達弘, 下川和也, 高橋光佑, 並木幸介：FINAL FANTASY XV におけるレベルメタ AI 制御システム, In *CEDEC* (2016)

93) 三宅陽一郎：大規模ゲームにおける人工知能—ファイナルファンタジー XV の実例をもとに—, 人工知能学会誌, **32**, 2 (2017)

94) 株式会社スクウェア・エニックス『FFXV』AI チーム：FINAL FANTASY XV の人工知能—ゲーム AI から見える未来—, ボーンデジタル (2019)

95) Bobby Anguelov and Ben Sunshine-Hill：Managing the movement: Getting your animation behaviors to behave better, In *Game Developers Conference* (2013)

96) Rodney A. Brooks：A robust layered control system for a mobile robot, *IEEE Journal of Robotics and Automation*, **2**, 1, pp. 14–23 (1986); also *MIT AI Memo*, 864 (1985)

97) 白神陽嗣, 三宅陽一郎, 並木幸介, 横山貴規：FINAL FANTASY XV –EPISODE DUSCAE–におけるキャラクター AI の意思決定システム, In *CEDEC* (2015)

98) 川地克明, 青野孝悠, 小倉孝典, Goodhue David：障害物を乗り越えるアニメーションの制御手法とその応用, In *CEDEC* (2017)

99) 三宅陽一郎：ゲーム AI 技術入門, 技術評論社 (2019)

100) 金谷一朗：3DCG プログラマーのためのクォータニオン入門, I・O BOOKS (2004)

101) 金谷健一：3 次元回転—パラメータ計算とリー代数による最適化—, 共立出版 (2019)

102) Sebastian Grassia：Practical parameterization of rotations using the exponential map, *Graphics Tools*, **3**, 3, pp. 29–48 (1998)

索　　　引

—— 著者略歴 ——

向井　智彦（むかい　ともひこ）
1999年　佐世保工業高等専門学校電子制御工学科卒業
2001年　豊橋技術科学大学工学部情報工学課程卒業
2003年　豊橋技術科学大学大学院工学研究科修士課程修了（情報工学専攻）
2006年　豊橋技術科学大学大学院工学研究科博士後期課程修了（電子・情報工学専攻）
　　　　博士（工学）
2006年　豊橋技術科学大学助教
2009年　株式会社スクウェア・エニックス勤務
2014年　東海大学専任講師
2017年　東海大学准教授
2018年　首都大学東京（現 東京都立大学）准教授
　　　　現在に至る

川地　克明（かわち　かつあき）
1996年　東京大学工学部精密機械工学科卒業
1998年　東京大学大学院工学系研究科修士課程修了（精密機械工学専攻）
2002年　東京大学大学院工学系研究科博士課程修了（精密機械工学専攻）
　　　　博士（工学）
2002年　独立行政法人産業技術総合研究所勤務
2011年　株式会社スクウェア・エニックス勤務
　　　　現在に至る

三宅　陽一郎（みやけ　よういちろう）
1999年　京都大学総合人間学部基礎科学科卒業
2001年　大阪大学大学院理学系研究科修士課程修了（物理学専攻）
2004年　東京大学大学院工学系研究科博士課程単位取得満期退学（電気工学専攻）
2004年　株式会社フロム・ソフトウェア勤務
2011年　株式会社スクウェア・エニックス勤務
　　　　現在に至る

キャラクタアニメーションの数理とシステム
—3 次元ゲームにおける身体運動生成と人工知能—
Mathematical Models and Systems for Character Animation
—Motion Synthesis and Artificial Intelligence in 3D Videogames—
© Tomohiko Mukai, Katsuaki Kawachi, Youichiro Miyake 2020
2020 年 8 月 6 日　初版第 1 刷発行 ★
2020 年 8 月 20 日　初版第 2 刷発行

検印省略

著　者	向　井　智　彦
	川　地　克　明
	三　宅　陽一郎
発行者	株式会社　コロナ社
	代表者　牛来真也
印刷所	三美印刷株式会社
製本所	株式会社　グリーン

112–0011　東京都文京区千石 4–46–10
発行所　株式会社　コロナ社
CORONA PUBLISHING CO., LTD.
Tokyo Japan
振替 00140–8–14844・電話(03)3941–3131(代)
ホームページ　https://www.coronasha.co.jp

ISBN 978–4–339–02909–3　C3055　Printed in Japan　(新井)

JCOPY　<出版者著作権管理機構 委託出版物>
本書の無断複製は著作権法上での例外を除き禁じられています。複製される場合は，そのつど事前に，出版者著作権管理機構（電話 03-5244-5088, FAX 03-5244-5089, e-mail: info@jcopy.or.jp）の許諾を得てください。

本書のコピー，スキャン，デジタル化等の無断複製・転載は著作権法上での例外を除き禁じられています。購入者以外の第三者による本書の電子データ化及び電子書籍化は，いかなる場合も認めていません。
落丁・乱丁はお取替えいたします。